普通高等教育“十三五”规划教材

计算机基础与程序设计实验教程

翟宏宇　李海兰　闫冬梅　主编

電子工業出版社
Publishing House of Electronics Industry
北京 · BEIJING

内 容 简 介

本书是普通高等学校计算机基础课程和程序设计语言课程的实验教程，内容包括计算机应用基础篇和C语言程序设计篇两部分。全书结合教学设计了17个基础实验项目、6个综合实验项目和5个拓展实验项目，以及多种开发环境下程序调试方法的图文介绍。全书内容连贯，项目清晰，图文并茂，特色鲜明。此外，书中的程序源代码可免费下载。

本书可作为本、专科非计算机专业备考全国计算机等级考试的考生的教材，也适用于自学计算机知识的读者。

图书在版编目（CIP）数据

计算机基础与程序设计实验教程 / 翟宏宇，李海兰，闫冬梅主编. —北京：电子工业出版社，2017.7
ISBN 978-7-121-31353-0

I.①计… II.①翟… ②李… ③闫… III.①电子计算机－高等学校－教材 ②程序设计－高等学校－教材 IV.①TP3

中国版本图书馆CIP数据核字（2017）第077631号

策划编辑：谭海平
责任编辑：谭海平
印　　刷：北京京师印务有限公司
装　　订：北京京师印务有限公司
出版发行：电子工业出版社
　　　　　北京市海淀区万寿路173信箱　　邮编：100036
开　　本：787×1 092　1/16　印张：14.75　字数：377.6千字
版　　次：2017年7月第1版
印　　次：2017年7月第1次印刷
定　　价：36.00元

凡所购买电子工业出版社图书有缺损问题，请向购买书店调换。若书店售缺，请与本社发行部联系，联系及邮购电话：（010）88254888，88258888。

质量投诉请发邮件至zlts@phei.com.cn，盗版侵权举报请发邮件至dbqq@phei.com.cn。

本书咨询联系方式：（010）88254552，tan02@phei.com.cn。

前　言

计算机技术的不断发展和计算机应用的日益普及，对当前高等院校计算机通识教育课程提出了更高的要求。如何在计算机基础课程中切实提高学生的信息科学素养，培养学生的计算思维，引导学生的实践创新能力，是所有计算机基础教育工作者深思的问题。“纸上得来终觉浅，觉知此事要躬行”。多年的教育教习实践告诉我们：作为一门实践性很强的工科课程，计算机基础课程的实验环节对课程的成败有着举足轻重的影响。

本教程正是面向计算机通识教育基础课的实验环节而编写，是对一般高校“C 程序设计”和“计算机应用基础”两门课进行有机整合设计后而编写的全新体系的实验指导教材。教材对于课程，如兵器之于战斗。

本教程分为计算机应用基础篇和 C 语言程序设计篇。计算机应用基础篇分为数据处理与呈现，图像处理与设计。两部分各自以翔实有趣的教学案例，介绍了几种最新版本的工具软件的使用方法和应用技巧，并配以相应的拓展练习供学生一展身手。

C 语言程序设计篇是本教程的重点，共分为三个模块：

第一模块介绍了多种编译环境开发 C 程序的方法。该模块对当前几个比较实用的 C 语言编译器予以介绍，讲解了在不同的开发环境下 C 程序从编辑、编译，到运行、调试的一般过程，利于学生根据自己的实际情况灵活选取不同的编译环境。

第二模块为 C 语言基础实验指导，该模块精心设计了一定数量的 C 语言上机习题和数据结构实验的设计。题型灵活，富有趣味，以样例探讨、火眼金睛、无中生有、乐在其中、二级实战、拓展训练等多种形式展现，涵盖了 C 语言各章的知识重点，让学生对数据结构知识有所深化，并向 C 语言的难点问题进阶。题目选取、题目提示、题目讲解独具匠心，遵循启发式教学的理念，既考虑了无纸化计算机等级考试的需要，又尤其注重潜移默化地培养学生的计算思维。

第三模块是拓展实验。该模块以几个引人入胜的游戏程序案例的设计和实现，揭开了复杂 C 程序设计的面纱，让学生在游戏开发过程中提高学习兴趣。以此丰富课程内涵，拓展课程外延，提升学生的科学素养，使课程有更广泛的适应性。

总体上，本教程设计层次分明，循序渐进、逐层深入。适合多专业、各种不同水平的初学者，可满足大学新生从入门到高级演练的实践需要。

所以，在教材使用上，教师可根据学生实际情况，适当灵活安排实验内容。以 32 学时实验课为例，参考学时如下表：

内容 专业类别	计算机应用基础篇		C 语言程序设计篇	
	数据处理与呈现	图像处理与设计	基础实验	拓展实验
理学	2		28	2
工学	2		28	2
经管	4	2	26	

此外，根据具体专业不同，也可在细节实验内容的选择上有所不同。例如，考虑专业特色，偏电信、光电类的专业，基础实验部分建议上 2 学时的位运算，偏数学类的专业，可在基础实验部分中侧重选择如多项式求导、图形输出等类型题目。

全书由翟宏宇统稿，总体规划。其中第 1 章、第 2 章由严冬梅编写，第 3 章由邵桢编写，第 4 章由孙昉、李海兰编写，第 5 章由翟宏宇、苑丽红编写。另外，参与资料整理工作的还有徐春凤、刘丹、韩成、陈其航、陆锦壮、祝亚兵、赵璘。编写者结合多年的教学经验，并对计算机基础课程现状进行了大量的调查分析，力求编写一本知识体系全面、题目内容难易并重、实用性强的实验教材。

本书内容丰富，在课程学时内未能统一训练的章节内容，提倡学生根据自主学习，培养工程实践能力，开阔视角与思维。希望本书能够为高校非计算机专业的计算机基础教学提供有益的帮助，也希望广大读者提出宝贵意见。

目　　录

第一部分　计算机应用基础篇

第二部分　C 语言程序设计篇

第一部分　计算机应用基础篇

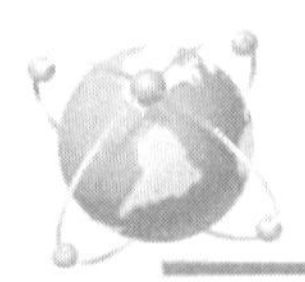

第 1 章　数据处理与呈现（Office 2016）

Microsoft Office 是微软公司开发的一套基于 Windows 操作系统的办公套装软件，常用组件有 Word、Excel、PowerPoint 等。本章以最新版本 Office 2016 为例，介绍文字、文件、数据、报表、幻灯片的制作和处理方法。

1.1　文字处理与文档编排

【实验目的】

（1）掌握文档的字体和段落格式设置方法。
（2）掌握插入图片及实现图文混排的排版方法。
（3）掌握表格的制作和格式化。
（4）掌握自绘图形和公式编辑器的使用。

【实验内容】

1．文档的编辑与格式化

输入原文、标题和三段文字。编辑前的原文样例如图 1.1 所示，编辑后的样例如图 1.2 所示。

长白山天池
长白山天池是一座休眠火山，火山口积水成湖，夏融池水湛蓝；冬冻冰面皓白，被 16 座山峰环绕，仅在天豁峰和观日峰间有一狭道池水溢出，飞泻成长白瀑布。
长白山形成于 1200 万年前地质造山运动，经过多次喷发而拓成了巨型的伞面体，当火山休眠时涌泉溢出，形成十余平方千米的浩瀚水面。天池海拔 2189.1 米，略呈椭圆型，南北长 4.4 千米，东西宽 3.37 千米。水面面积 9.82km2，平均水深 204 米，最深处达 373 米。天池水温为 0.7-11，年平均气温 7.3。
天池像一块瑰丽的碧玉镶嵌在雄伟的长白山群峰之中，是中国最大的火山湖，也是世界海拔最高、积水最深的高山湖泊。现为中朝两国的界湖。

图 1.1　编辑前样例

长白山天池

长白山天池是一座休眠火山，火山口积水成湖，夏融池水湛蓝；冬冻冰面皓白，被 16 座山峰环绕，仅在天豁峰和观日峰间有一狭道池水溢出，飞泻成长白瀑布。

长白山形成于 1200 万年前地质造山运动，经过多次喷发而拓成了巨型的伞面体，当火山休眠时涌泉溢出，形成十余平方千米的浩瀚水面。天池海拔 2189.1 米，略呈椭圆型，南北长 4.4 千米，东西宽 3.37 千米。水面面积 9.82km^2，平均水深 204 米，最深处达 373 米。天池水温为 0.7℃-11℃，年平均气温 7.3℃。

天池像一块瑰丽的碧玉镶嵌在雄伟的长白山群峰之中，是中国最大的火山湖，也是世界海拔最高、积水最深的高山湖泊。现为中朝两国的界湖。

图 1.2　编辑后样例

具体要求：

（1）字体格式化：标题文字设置为隶书，三号字，加粗，居中。三个自然段设置为宋体，小四号。m2 中的 2 设置为上标，加着重号，插入符号℃。

（2）段落格式化：三段文字设置为首行缩进，多倍行距 1.25。段落设置边框和底纹。

（3）页面格式化：分栏。

操作步骤：

（1）字体格式化。

步骤 1：选中标题文字，在“开始”选项卡的“字体”组中按要求设置。在“开始”选项卡的“段落”组中，单击“居中”按钮设置标题居中。选中三段文字，在“开始”选项卡的“字体”组中设置宋体，小四号。

步骤 2：选中 m2 中的 2，在“字体”选项组中单击上标按钮。选中文字“休眠火山”，单击“字体”组中的“对话框启动器”按钮，弹出字体对话框。在“字体”页中单击“着重号”下拉按钮设置着重号。将光标定位到插入符号的位置，在“插入”选项卡的“符号”组中单击“符号”按钮，选择“其他符号”，弹出符号对话框。在“字体”下拉列表中选择“普通文本”，找到相应的℃符号并插入。

（2）段落格式化。

步骤 1：选中三段文字，在“开始”选项卡的“段落”组中，单击“对话框启动器”按钮，弹出段落对话框。在“缩进与间距”页中设置首行缩进 2 个字符，多倍行距 1.25。

步骤 2：选中第三段文字，在“段落”组中单击展开“下框线”按钮的子菜单，选择“边框和底纹”命令，打开边框和底纹对话框，在“边框”页和“底纹”页中设置如样文所示的红色边框线和灰色底纹。注意右侧的“应用于”要选择“段落”。

（3）分栏。

选中第二段文字，在“布局”选项卡的“页面设置”组中单击“分栏”按钮，选择“更多分栏”，在弹出的分栏对话框中选择“两栏”，并勾选“分隔线”选项。

2．图文混排

制作一张样例如图 1.3 所示的光盘盘面，实现图文混排。

图 1.3　图文混排样例

具体要求：

（1）绘制圆形，调整大小，设置边框线颜色并填充颜色。

（2）插入图片、文本框及艺术字，插入自选图形。

（3）完成图文混排。

操作步骤：

（1）单击“插入”选项卡上的“形状”按钮，选择“基本形状”中的椭圆按钮，在按住 Shift 键的同时，画最外侧的大圆，圆的直径为 16 厘米（大小也可以自行选择）。然后用一幅图片填充这个圆，操作步骤是单击“格式”选项卡上的“形状填充”按钮，选择“纹理”，为其选择“新闻纸”纹理。然后单击“形状轮廓”按钮，选择“标准色”中的红色，将这个圆的边框颜色设置为红色，使用粗细按钮将圆边框的线型设置为 3 磅。

（2）再画第二个圆，其直径为 6 厘米（大小也可以自行选择），单击“格式”选项卡上的形状填充按钮，选择“无填充颜色”，单击“形状轮廓”按钮，将这个圆的边框线设置为“蓝色”。最后画最小的圆，其直径为 3 厘米（大小也可以自行选择），选择填充色为白色。单击“形状轮廓”按钮，设置为“无轮廓”。微调三个圆的位置，使它们成为同心圆。

（3）插入图片。单击“插入”选项卡中的“图片”，选择一幅图片插入。注意插入的图片是“嵌入型”的，若要移动其位置，应该将其改为“四周型”，方法是单击该图片，在“格式”选项卡中单击“环绕文字”按钮下的箭头，选择“四周型”。再用鼠标适当调整该图片的大小，并移动到合适的位置。

（4）插入文本框。单击“插入”选项卡上的“文本框”按钮，插入一个“简单文本框”，内容为“计算机基础与程序设计实验教程”（字体、字号可根据实际大小自行选择），文本要求在两行上显示。注意：设置文本框的环绕文字为“四周型”，文本框均为“无轮廓”及“无颜色”填充。拖动鼠标将文本框放到光盘中的合适位置。

（5）插入自选图形。单击“插入”选项卡上的形状按钮，选择“星与旗帜”类型中的“五角星”图形按钮，画两个五角星，填充与轮廓均为红色。

（6）插入艺术字。单击“插入”选项卡上的“插入艺术字”按钮，选择填充→黑色（第 1 行，第 1 列），输入文字“版权所有”，字号可以自行调整。选中艺术字，拖放到光盘的左侧。采用同样的方法制作“翻版必究”文本框，放到光盘的右侧。

（7）将所有对象组合在一起（选中第一个对象后，按住 Shift 键，然后依次单击其他对象），在格式选项卡中选择“排列”→“组合”，完成光盘的制作。

3. 表格和公式

按表 1.1 所示的表格样例，绘制要求的表格。插入数学公式（1-1）、（1-2）和（1-3）。

表 1.1　表格样例

<table>
<tr><th colspan="5">师资结构</th><th>学科建设</th></tr>
<tr><td>教职工总数</td><td>1955</td><td colspan="2">学生总数</td><td>24892</td><td rowspan="4">1 个一级国家重点学科
7 个博士学位授权一级学科
17 个硕士学位授权一级学科
57 个本科专业</td></tr>
<tr><td rowspan="3"></td><td colspan="4">专职教师</td></tr>
<tr><td colspan="2">博导</td><td>正高</td><td>副高</td></tr>
<tr><td colspan="2">108</td><td>202</td><td>382</td></tr>
</table>

$$e^x = 1 + x + \frac{x^2}{2!} + \frac{x^3}{3!} + \cdots + \frac{x^n}{n!} \tag{1-1}$$

$$\int_{-\infty}^{\infty} e^{-\alpha x^2} dx = \sqrt{\frac{\pi}{\alpha}} \tag{1-2}$$

$$x_{1,2} = \frac{-b \pm \sqrt{b^2 - 4ac}}{2a} \tag{1-3}$$

具体要求：

（1）表格制作：插入表格，输入文字。设置边框和底纹。

（2）插入公式：编辑完成样文所示的公式。

操作步骤：

（1）表格制作。

步骤 1：单击“插入”选项卡，在“表格”的下拉菜单中选择“插入表格”，在弹出的对话框中选择需要的列数和行数（2 列、5 行）。也可以拖动鼠标直接选择需要的行数和列数。

步骤 2：将鼠标定位在表格中，在“布局”选项卡中，使用“绘制表格”按钮和“橡皮擦”按钮可以任意绘制表格线和擦除表格线。输入文字，表格首行设置为黑体居中，小四号，表中其他行的文字设置为宋体五号、左对齐。

步骤 3：选中整张表格，单击“设计”选项卡。再单击“边框”按钮，弹出“边框和底纹”对话框，选择“边框”页。选择“直线”样式，“黑色”颜色，1.5 磅“宽度”，最后单击左侧的“全部”按钮，完成表格的边框设计。也可按照自己的风格设计不同颜色和样式的边框。

步骤 4：选中要设置底纹的单元格，单击“底纹”按钮设置相应的底纹颜色。也可在“边框和底纹”对话框中，选择“底纹”页，完成设置。

（2）插入公式。

步骤 1：单击“插入”选项卡。再单击“公式”按钮，在出现的编辑器中输入要求的公式，单击“设计”选项卡，利用给出的“公式”模板选择需要的运算符和符号等。完成公式录入后，在公式编辑器外单击，即可将公式插入到文档中。公式可以调整大小和重新编辑修改。

步骤 2：Word 2016 和 Office.com 提供多种常用公式供用户直接插入到文档中，用户可以根据需要直接插入这些内置的公式。

1.2　数据处理与图表制作

【实验目的】

（1）掌握 Excel 2016 工作表的编辑和格式化。

（2）掌握公式和函数的使用。

（3）掌握图表的创建和格式化。

（4）掌握工作表数据清单的排序、筛选和分类汇总。

【实验内容】

1．创建和编辑 Excel 表格

利用 Excel 2016 建立工作表文档，编辑并格式化工作表。根据表 1.2 给定的数据建立某学院的学生成绩表文件，并按要求生成编辑格式化后的工作表，如表 1.3 所示。

具体要求：

（1）创建学生成绩原始表。

（2）利用公式和函数求总分、平均分、最高分和最低分。平均分要求保留 2 位小数，最高分和最低分标题要合并居中。

表 1.2　学生成绩原始表

	A	B	C	D	E	F	G	H	I
1	学生成绩单								
2	学号	姓名	高等数学	外语	计算机程序设计	总分	平均分	等级	名次
3	160511201	林萧	55	70	50				
4	160511202	顾里	58	86	87				
5	160511203	唐宛如	99	98	97				
6	160511204	南湘	78	69	77				
7	160511205	宫洺	48	75	80				
8	160511206	顾源	39	30	62				
9	最高分								
10	最低分								

（3）对学生的平均分设置条件格式：平均分<60 分的设为红色，60≤平均分≤80 分的设为绿色。

（4）用 IF 函数完成“等级”单元格中数据的统计。

表 1.3　编辑后的学生成绩表

	A	B	C	D	E	F	G	H	I
1	学生成绩单							☺😐☹	
2									
3	学号	姓名	高等数学	外语	计算机程序设计	总分	平均分	等级	名次
4	160511201	林萧	55.00	70.00	50.00	175.00	58.33	不合格	5
5	160511202	顾里	58.00	86.00	87.00	231.00	77.00	合格	2
6	160511203	唐宛如	99.00	98.00	97.00	294.00	98.00	优秀	1
7	160511204	南湘	78.00	69.00	77.00	224.00	74.67	合格	3
8	160511205	宫洺	48.00	75.00	80.00	203.00	67.67	合格	4
9	160511206	顾源	39.00	30.00	62.00	131.00	43.67	不合格	6
10	最高分		99.00	98.00	97.00	294.00	98.00		
11	最低分		39.00	30.00	50.00	131.00	43.67		
12									
13					学霸！				
14									

（5）统计每位学生的总分成绩在班级的名次（不能直接输入名次）。

（6）表格标题占 2 行，黑色、黑体、字号 18，加双下划线，居中，添加☺、😐、☹符号，分别设置为绿色、蓝色和红色。

（7）表格各栏标题设置为粗体、居中、橙色底纹；将表格中的其他内容居中，加表格及单元格边框线。

（8）特殊标注成绩最高的学生。

操作步骤：

（1）创建学生成绩原始表。

步骤 1：单击桌面上的 Excel 2016 图标，或单击“开始”菜单选择“所有程序→Microsoft Office→Microsoft Office Excel 2016”，启动 Excel 工作表软件，进入工作表“Sheet1”编辑窗口。

步骤 2：按表 1.2 输入原始数据，并保存到 E 盘上，文件名为“学号+姓名.xls”。输入学号过程中，可采用自动填充序列数的方法：在单元格 A3 输入第一名学生的学号后，选中 A3，将鼠标指向 A3 右下角的黑色方块（即填充柄），当鼠标指针变为黑色“十”字状时，同时按住 Ctrl 键和鼠标左键向下拖动，即可填充其他学生的学号。

（2）利用公式和函数求总分、平均分、最高分和最低分。平均分要求保留 2 位小数，最高分和最低分标题要合并居中。

步骤 1：首先用鼠标拖动选择数据区域（C3:F3），单击“公式”工具栏中的“自动求和”

按钮，计算第 1 位学生的总分，直接拖动填充柄（复制操作无须按 Ctrl 键），将其总分单元格中的公式复制到下面的单元格中，即可计算其他学生成绩的总分。

步骤 2：求第 1 位学生的平均分有两种方法。第一种方法是输入公式：首先单击单元格 G3，输入“=F3/3”，然后按回车键。第二种方法是使用函数：首先单击单元格 G3，再单击编辑栏上标有 f_x 的插入函数按钮，在打开的“插入函数”对话框的函数列表框中，选择求平均值的函数“AVERAGE”（注意数据的范围），再用拖动填充柄的方法统计其他学生的平均分。

步骤 3：选中“平均分”列中的所有数据，右击鼠标，从快捷菜单中选择“设置单元格格式”，打开“单元格格式”对话框，选择“数字”选项卡，在数据分类列表框中选择“数值”，设置小数位数为 2。

步骤 4：拖动选择 A9:B9 单元格，右击鼠标，从快捷菜单中选择“设置单元格格式”，打开“对齐”对话框，选择“水平居中”、“合并单元格”。单击“确定”后在合并后的单元格输入“最高分”（“最低分”操作同上）。

步骤 5：参考步骤 2，利用 max、min 函数求最高分和最低分。

（3）对学生的平均分设置条件格式：平均分＜60 分的设为红色，60≤平均分≤80 分的设为绿色。

步骤 1：用鼠标拖动选中“平均分”列中的所有数据，依次选择“开始”选项卡内的“样式→条件格式→突出显示单元格规则”对话框，在条件列表框中选择“小于”，在数值框中输入“60”（ 不要输入引号），设置为“红色文本”。

步骤 2：参考步骤 1，在条件列表框中选择“界于”，在数值列表框中分别输入 60 和 80，设置为“绿色文本”。

（4）用 IF 函数完成“等级”单元格中数据的统计。

等级的标准：平均分≥90 时，“等级”为“优秀”；60≤平均分＜90 时，“等级”为“合格”；平均分＜60 分时，等级为“不合格”。

单击单元格 H3，输入公式“=IF(G3>=90, "优秀", IF(G3>=60, "合格", "不合格"))”，按回车键。用填充柄复制其他学生的等级。

（5）统计每位学生的总分成绩在班级的名次（不能直接输入名次）。

步骤 1：先用 RANK 函数求出第 1 位学生的名次。选择 I3 单元格，输入“=RANK(F3, $F$3:$F$8, 0)”，RANK 函数的第一个参数指明要排序的数值，第二个参数指明所有参与排序的数据，第三个参数为 0 按降序排序（为 1 按升序排序）。

步骤 2：求得第 1 位学生的名次后，直接拖动 I3 填充柄（复制操作无须按 Ctrl 键），将其单元格中的 RANK 公式复制到下面的单元格中，即可求得其他学生成绩的名次。

（6）表格标题占 2 行，黑色、黑体、字号 18，加双下划线，居中；添加☺、😐、☹符号，分别设置为绿色、蓝色和红色。

右键单击单元格 A2，选择“插入→整行”，插入一行，用鼠标拖动选择前两行，右击鼠标，选择“设置单元格格式”，单击“对齐”选项卡，设置好居中及合并单元格（参考要求 2）后，单击“字体”选项卡，设置字体格式。选择“插入→符号”，在“符号”对话框的字体列表框中，选择 Wingdings，插入符号☺、😐、☹。

（7）将表格各栏标题设置为粗体、居中、橙色底纹；将表格中的其他内容居中，加表格及单元格边框线。

在右键菜单“设置单元格格式”中，分别选择“字体”、“对齐”、“边框”和“填充”选项卡进行设置。

（8）对成绩最高的学生做特殊标注。

步骤 1：在“插入”选项卡中，选择“插图”组内“形状”中的椭圆按钮，在指定位置画一个椭圆，右击椭圆，从快捷菜单中选择“设置形状格式”，选择“填充→无填充”，“线条→实线→红色”。

步骤 2：在“插入”选项卡的“插图”组内，选择“形状”内“标注”中需要的图形，并为其添加文字“学霸！”。

2. 图表的创建与编辑

根据已创建的“学生成绩表”，绘制本班前 4 名学生三科成绩的柱形图，结果如图 1.4 所示。

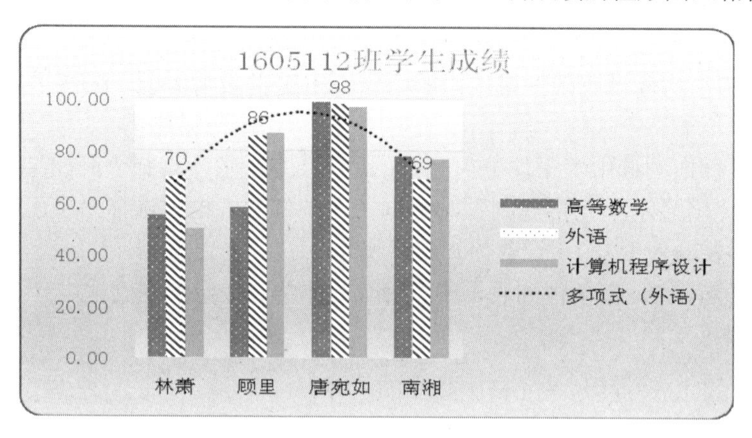

图 1.4 学生成绩柱形图

具体要求：

（1）柱形图标题为“1605112 班学生成绩”，分类 X 轴为“姓名”，数值 Y 轴为“成绩”，将图例位置调整到图表右侧，并适当修饰图表标题和图例中的文字。

（2）将数据 Y 轴数值的最大值设置为 100，主要刻度单位设置为 20。

（3）将数据系列“外语”填充为带图案的红色，并添加数据标志和趋势线。

（4）用渐变色填充图表区背景，边框设置为粉色圆角，绘图区域用渐变色填充。

操作步骤：

（1）柱形图的标题为“1605112 班学生成绩”，分类 X 轴为“姓名”，数值 Y 轴为“成绩”，将图例位置调整到图表底部，并适当修饰图表标题和图例中的文字。

步骤 1：选择表 1.2 中的源数据（B3:E7），注意在选取区域时不要遗漏字段名的选取。选择“插入”选项卡下的“柱形图→二维柱形图→簇状柱形图”。

步骤 2：选择“图表工具→设计”选项卡下的“切换行/列”，创建过程中按“列”产生系列（默认按“行”产生）。

步骤 3：选择“图表工具→设计”选项卡中“图表布局→快速布局”下的布局 1，输入图表标题“1605112 班学生成绩”。

（2）将数据 Y 轴数值的最大值设置为 100，主要刻度单位设置为 20。

右击 Y 轴的“数值轴”线，在弹出的快捷菜单中选择“设置坐标轴格式”，在打开的“设置坐标轴格式”对话框中，单击“坐标轴选项”，在最大值中设置 100，在主要刻度单位中设置 20。

（3）将数据系列“外语”填充为带图案的红色，并添加数据标志和趋势线。

步骤 1：右击数据系列“外语”，从快捷菜单中选择“添加数据标签”，添加的数据标签默认为“值”，可通过右击该数据系列，选择“设置数据标签格式”进行修改。

步骤 2：右击数据系列“外语”，从快捷菜单中选择“设置数据系列格式”，选择“填充→图案填充→红色前景色”。

步骤 3：右击数据系列“外语”，从快捷菜单中选择“添加趋势线”，为“外语”系列加一条“多项式”趋势线。

（4）用渐变色填充图表区背景，边框设置为橙色圆角，绘图区域用渐变色填充。

步骤 1：双击图表区的空白处，打开“设置图表区格式”对话框，选择“填充→渐变填充→预设渐变”，选择“边框→实线→粉色”，选中复选框内的“圆角”。

步骤 2：双击绘图区的空白处，打开“设置绘图区格式”对话框，选择“填充→渐变填充→预设渐变”。

3．工作表的数据管理

对已创建的工作表进行复制、重命名、筛选、分类汇总及复杂排序操作。

具体要求：

（1）把 Sheet1 表的内容复制到 Sheet2 中，将 Sheet1 表改名为“学生成绩单”。

（2）修改工作表 Sheet2，删除、增加相应的内容，修改后的工作表如表 1.4 所示。

表 1.4　修改后的学生成绩原始表

	A	B	C	D	E	F	G	H	I	J
1	学生成绩单 ☺😐☹									
2										
3	班级	学号	姓名	高等数学	外语	计算机程序设计	总分	平均分	等级	名次
4	1	160511101	林萧	55.00	70.00	50.00	175.00	58.33	不合格	
5	2	160511201	顾里	58.00	86.00	87.00	231.00	77.00	合格	
6	1	160511102	唐宛如	99.00	98.00	97.00	294.00	98.00	优秀	
7	2	160511202	南湘	78.00	69.00	77.00	224.00	74.67	合格	
8	1	160511103	宫洺	48.00	75.00	80.00	203.00	67.67	合格	
9	2	160511203	顾源	39.00	30.00	62.00	131.00	43.67	不合格	

（3）筛选计算机成绩在区间[80, 90]内的学生记录。

（4）按班级汇总，统计每个班的各科平均值及总计平均值，平均值要求保留 2 位小数，结果如表 1.5 所示。

（5）复杂排序（按班级及总分降序排序）。

操作步骤：

（1）把 Sheet1 表的内容复制到 Sheet2 中，将 Sheet1 表改名为“学生成绩单”。

步骤 1：选定 Sheet1 表中要复制的数据 A1:I9，复制并粘贴到表 Sheet2 中。

步骤 2：双击要改名的工作表标签 Sheet1，出现灰底黑字时为可修改状态，输入工作表名“学生成绩单”。

表 1.5 分类汇总每班各科平均分

	A	B	C	D	E	F	G	H	I	J
1–2	学生成绩单 ☺😐☹									
3	班级	学号	姓名	高等数学	外语	计算机程序设计	总分	平均分	等级	名次
4	1	160511101	林萧	55.00	70.00	50.00	175.00	58.33	不合格	
5	1	160511102	唐宛如	99.00	98.00	97.00	294.00	98.00	优秀	
6	1	160511103	宫洺	48.00	75.00	80.00	203.00	67.67	合格	
7	1 平均值			67.33	81.00	75.67				
8	2	160511201	顾里	58.00	86.00	87.00	231.00	77.00	合格	
9	2	160511202	南湘	78.00	69.00	77.00	224.00	74.67	合格	
10	2	160511203	顾源	39.00	30.00	62.00	131.00	43.67	不合格	
11	2 平均值			58.33	61.67	75.33				
12	总计平均值			62.83	71.33	75.50				

（2）修改工作表 Sheet2，删除、增加相应的内容，修改后的工作表如表 1.4 所示。

步骤 1：单击工作表标签 Sheet2，删除椭圆。

步骤 2：选中区域 A3:A9（即 7 个单元格），单击鼠标右键，从快捷菜单中选择“插入”，在打开的插入对话框中选择“活动单元格右移”，然后在插入的 7 个单元格内分别输入“班级”、1、2、1、2、1、2。

步骤 3：将工作表 Sheet2 中的“学号”数据按照表 1.4 修改。

修改完表 Sheet2 后，右击 Sheet2 表的标签，从快捷菜单中选择“移动或复制工作表”，在打开的对话框中选择“建立副本”，复制两次，生成工作表 Sheet2(2)和 Sheet2(3)。

（3）筛选计算机成绩在区间[80, 90]内的学生记录。

在 Sheet2 表中，选取要筛选的计算机成绩（即 F3:F9 区域），执行“数据”选项卡内的“筛选”，此时“计算机程序设计”单元格旁出现下拉按钮，单击后选择“数字筛选→介于”。在出现的“自定义自动筛选方式”对话框中，设定筛选条件即可（本题筛选出 2 条记录）。若要取消筛选，可再次单击“筛选”按钮。

（4）按班级汇总，统计每个班的各科平均值及总计平均值，平均值要求保留 2 位小数，结果如表 1.5 所示。

在表 Sheet2(2)中，选取待排序数据 A3:J9，单击“数据”选项卡下的“排序”按钮，在排序对话框内选择主要关键字为“班级”，次序为“升序”，按班级进行升序排序。然后选择数据区域（A3:J9），执行“数据”选项卡内的“分类汇总”，在分类汇总对话框的分类字段列表框中选择“班级”，在汇总方式列表框中选择“平均值”，在汇总项中选择“高等数学”、“外语”和“计算机程序设计”。

（5）复杂排序（按班级及总分降序排序）。

在表 Sheet2(3)中，选中要排序的数据（A3:J9），执行“数据→排序”，在打开的“排序对话框”的主要关键字列表框中，选择“班级”，同时选择“升序”，单击“添加”条件按钮，在次要关键字列表框中选择“总分”，同时选择“降序”。

1.3 演示文稿制作

【实验目的】

（1）掌握演示文稿 PowerPoint 2016 的基本操作。

（2）掌握幻灯片中各种类型对象的插入与编辑。

（3）熟练掌握幻灯片风格的设计。

（4）熟练掌握超链接的应用。

（5）熟练掌握幻灯片动画的制作和播放技巧。

【实验内容】

用 PowerPoint 2016 建立“个人简历”的演示文稿，演示文稿由 8 张幻灯片组成，文件命名为“D:\jsj\个人简历.pptx”，演示文稿的内容与效果如图 1.5 所示。

图 1.5　演示文稿“个人简历”样例

具体要求：

（1）建立文件名为“个人简历.pptx”的演示文稿，并保存在“D:\jsj”文件夹中。

（2）按样例分别创建 8 张幻灯片。

（3）为幻灯片设置背景，添加各种对象，设置格式。

（4）在幻灯片之间设置超链接。

（5）插入声音，在首页幻灯片中插入歌曲“我相信.mp3”，并设置为从第一张幻灯片播放到最后一张幻灯片。

（6）设置对象的动画效果及幻灯片的切换效果。

操作步骤：

（1）创建“个人简历.pptx”文件。

打开 PowerPoint 2016 程序，在“文件”选项卡中选择“另存为”命令，选择路径“D:\jsj”，输入文件名“个人简历.pptx”。

（2）创建 8 张幻灯片的内容。

① 创建第 1 张幻灯片的内容。

步骤 1：在“开始”选项卡下单击“新建幻灯片”下拉按钮，选定“空白”版式，如图 1.6 所示。

步骤 2：在“插入”选项卡下选择“图片”按钮，在弹出的“插入图片”对话框中选择目录“D:\演示文稿制作素材”，选中“背景 1.jpg”，单击“插入”按钮。单击选中插入的图片后，四周出现控制点，拖动控制点调整图片大小，使图片正好覆盖整张幻灯片作为背景。

步骤 3：单击“插入”选项卡下“艺术字”的下拉按钮，如图 1.7 所示，从中选择一种艺术字样式，在文本框中输入“个人简历”，并将该文本框拖动到合适的位置，艺术字的字号也可根据需要自由选择。采用同样的方法，插入艺术字“张博文”和“南洋理工大学”，放在一个文本框中即可，设置与“个人简历”不同的字号和艺术效果。

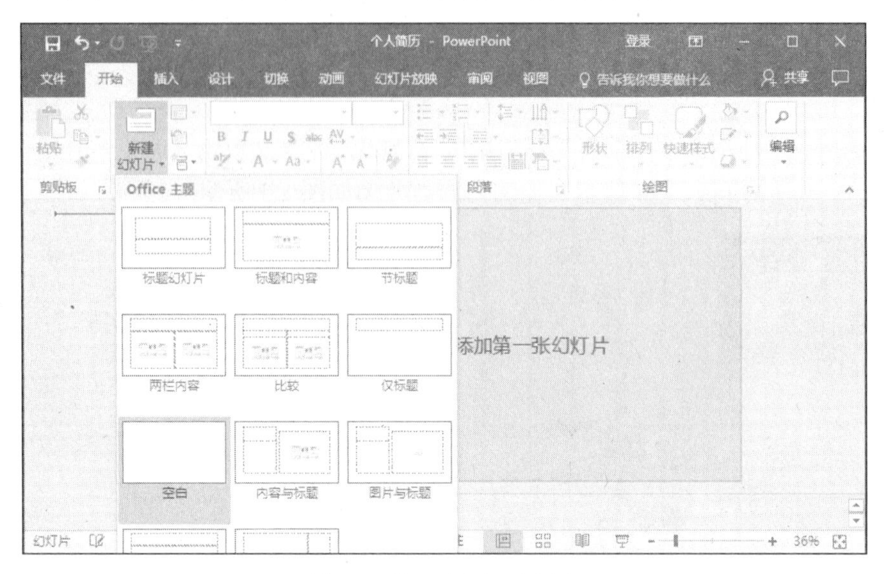

图 1.6　第 1 张幻灯片版式

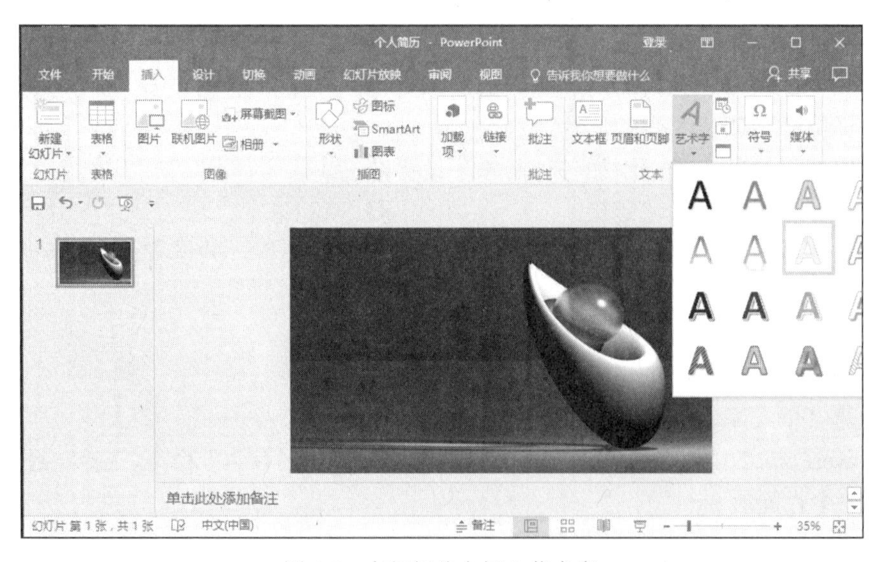

图 1.7　在幻灯片上插入艺术字

② 创建第 2 张幻灯片的内容。

步骤 1：在“开始”选项卡下单击“新建幻灯片”下拉按钮，选定“空白”版式。

步骤 2：在“插入”选项卡下选择“图片”按钮，在弹出的“插入图片”对话框中选择目录“D:\演示文稿制作素材”，选中“背景 2.jpg”，单击“插入”按钮。调整插入图片的大小，使图片正好覆盖整张幻灯片作为背景。选中图片，在“格式”选项卡下选择“艺术效果”下拉按钮，选择“塑封”效果，如图 1.8 所示。在“格式”选项卡下选择“颜色”下拉按钮，选择“蓝色，个性色 5 浅色”，如图 1.9 所示，完成幻灯片的背景设置，复制已设置好背景的空白幻灯片，作为后面 7 张幻灯片的样式。

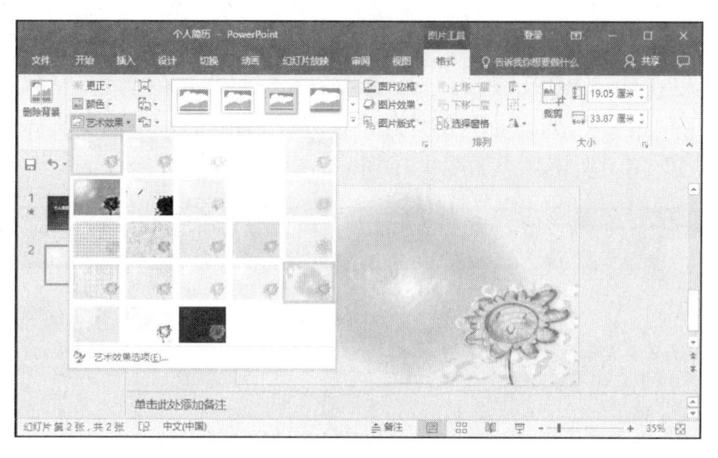

图 1.8　设置图片的艺术效果

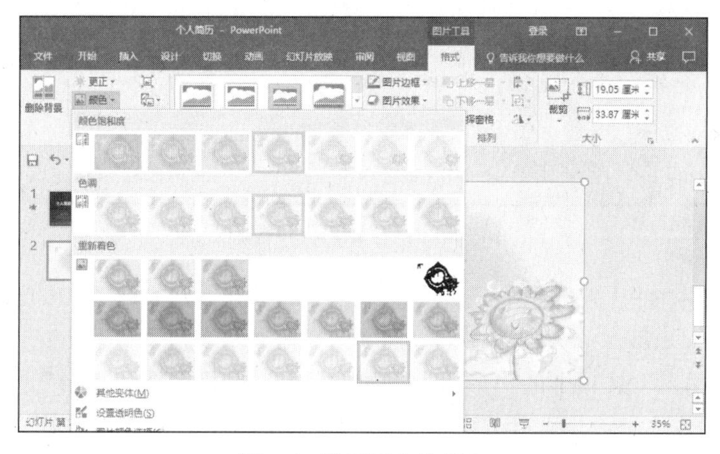

图 1.9　设置图片的颜色

步骤 3：为第 2 张幻灯片添加内容。在“插入”选项卡的“文本框”下拉按钮下，选择“横排文本框”，输入文字“目录”，设置字体为“隶书”，字号为“48”、“加粗”。按同样的方法插入第二个文本框，字体为“隶书”，字号为“36”、“加粗”，输入内容如图 1.10 所示。选中该文本框中的所有内容后，在“开始”选项卡中选择“项目符号”，单击所选项目符号样式。

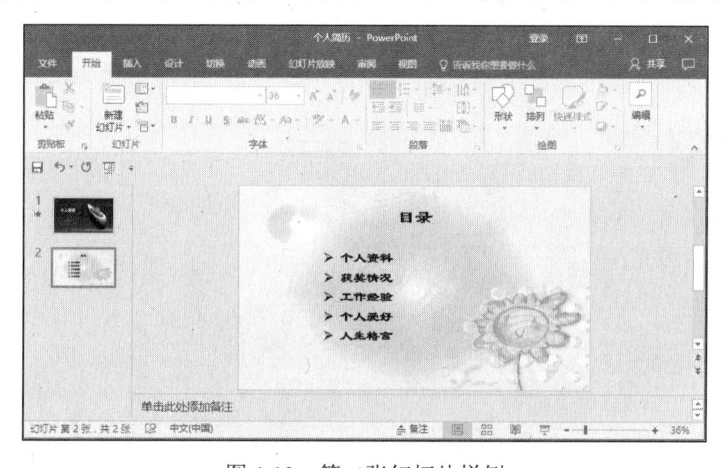

图 1.10　第二张幻灯片样例

③ 制作第 3 张幻灯片内容。

插入两个文本框，输入相应的内容，标题“个人资料”的字体为“微软雅黑”，字号为“40”、“加粗”（从第 3 张到第 8 张幻灯片，标题设置相同），下面的具体内容字体为“微软雅黑”，字号为“32”、“加粗”，如图 1.11 所示。

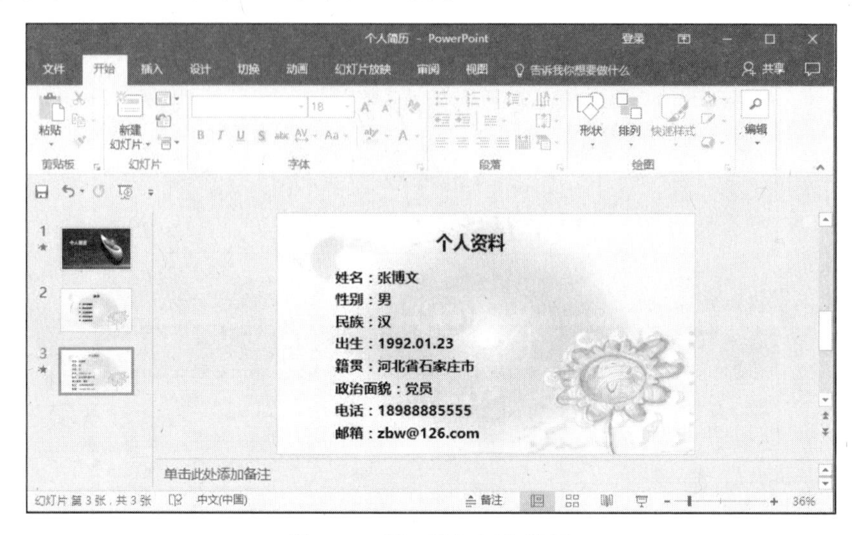

图 1.11 第 3 张幻灯片样例

④ 制作第 4 张幻灯片内容。

步骤 1：插入文本框，输入标题。

步骤 2：在“插入”选项卡的“形状”下拉按钮处，选择“圆角矩形”，拖拽到合适大小和位置，在“格式”选项卡下选择“形状填充”、“形状轮廓”和“形状效果”，选择个性化的效果。将这一圆角矩形复制 3 份，并排列好位置。

步骤 3：在目录“D:\演示文稿制作素材”中找到“插图 1.jpg”、“插图 2.jpg”和“插图 3.jpg”，分别插入到幻灯片中，调整图片的大小和位置，设置图片的效果，如图 1.12 所示。

步骤 4：插入三个文本框，分别输入相应的信息，字体、字号可自行设置。

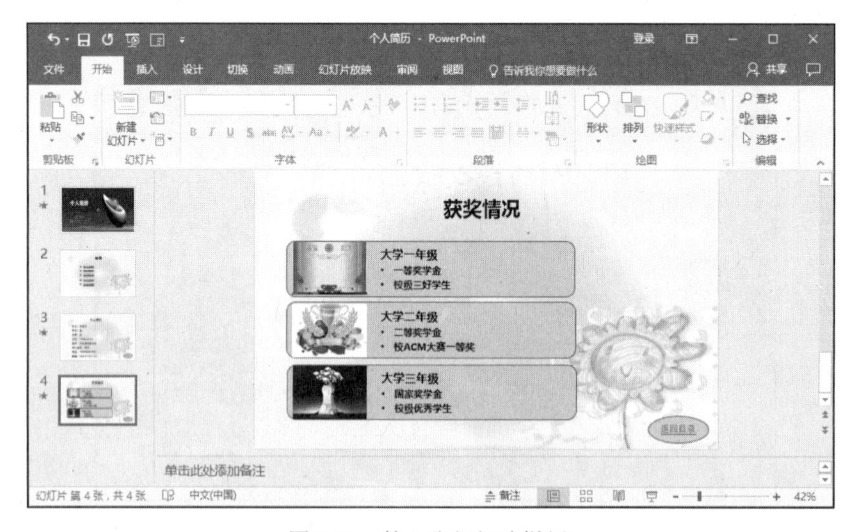

图 1.12 第 4 张幻灯片样例

⑤ 制作第 5 张幻灯片的内容。

步骤 1：插入文本框，输入标题。

步骤 2：在“插入”选项卡下单击“表格”下拉按钮，选择 5 行 3 列表格，输入信息如图 1.13 所示，字体为“宋体”，字号为“28”、“加粗”，拖拽控制点调节表格大小，拖动表格调整位置，在“设计”选项卡下选择一种个性化的表格样式。

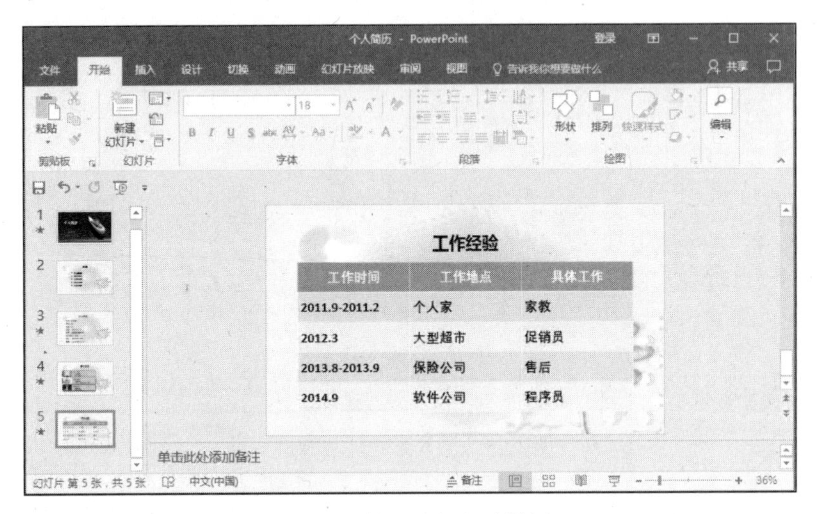

图 1.13　第 5 张幻灯片样例

⑥ 制作第 6 张幻灯片的内容。

步骤 1：插入文本框，输入标题。

步骤 2：在“插入”选项卡下单击 SmartArt，选择“关系”中的“射线列表”，如图 1.14 所示，按提示输入内容并插入图片“插图 4.jpg”，根据需要调整大小和位置，在“设计”选项卡下可以选择“更改颜色”和“SmartArt 样式”，如图 1.15 所示。

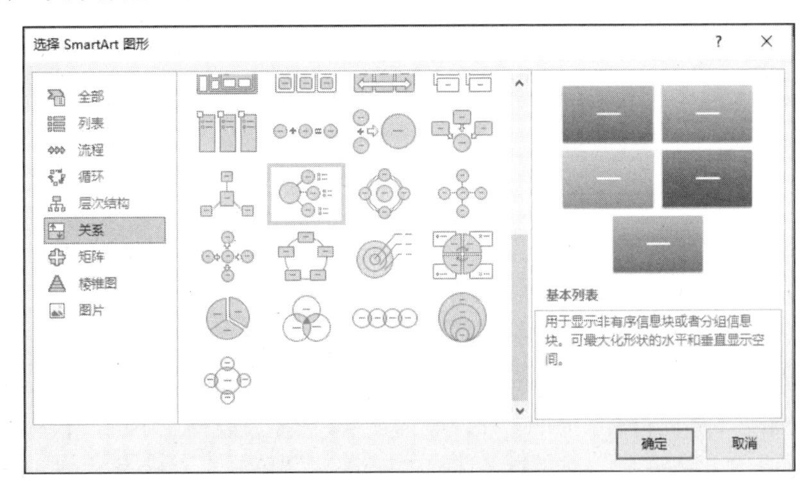

图 1.14　SmartArt 图形选择窗口

⑦ 制作第 7 张幻灯片的内容。

步骤 1：插入文本框，输入标题。

步骤 2：在“插入选项卡”中单击“形状”下拉按钮，选择“星与旗帜”中的“卷形：水平”，拖拽到合适大小与位置，在“格式”选项卡中设计“形状样式”，选中对象后，单击鼠标右键选择“编辑文字”，在对象中输入内容，字体为“隶书”，字号为“48”，“加粗”，选择字体颜色，如图 1.16 所示。

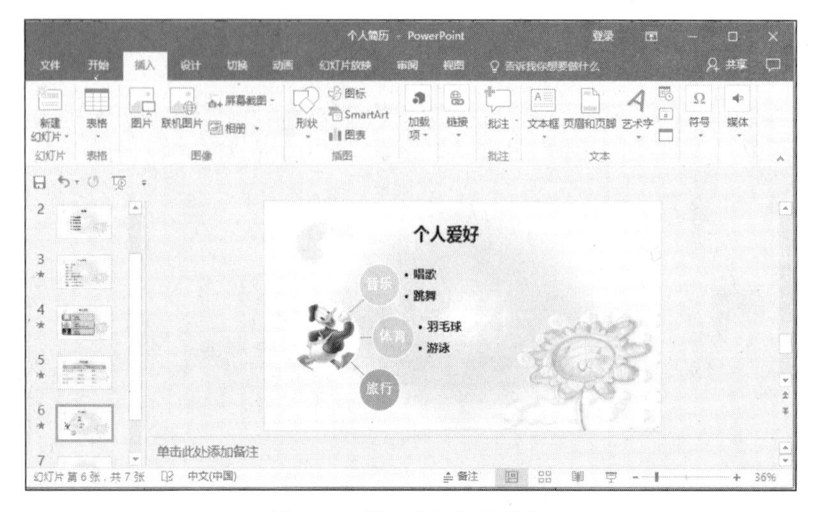

图 1.15　第 6 张幻灯片样例

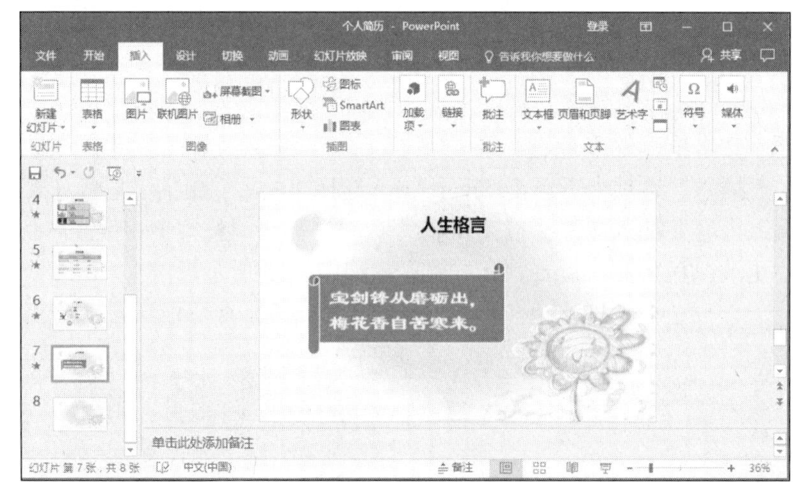

图 1.16　第 7 张幻灯片样例

⑧ 制作第 8 张幻灯片的内容。

插入文本框，输入内容“谢谢！”，进行个性化设置。

（3）插入声音。

步骤 1：选择第 1 张幻灯片，单击“插入”选项卡，选择“媒体”中的“音频”，选择“PC 上的音频”，弹出“插入音频”对话框，选择“D:\演示文稿制作素材\我相信.mp3”，即可在当前幻灯片中插入一个喇叭图标。

步骤 2：单击“播放”选项卡，设置声音的播放方式，如播放音量、是否循环播放、放映时图标是否隐藏等，可根据需要进行选择。若需要在播放所有幻灯片时连续播放音频，则需选择“跨幻灯片播放”，如图 1.17 所示。

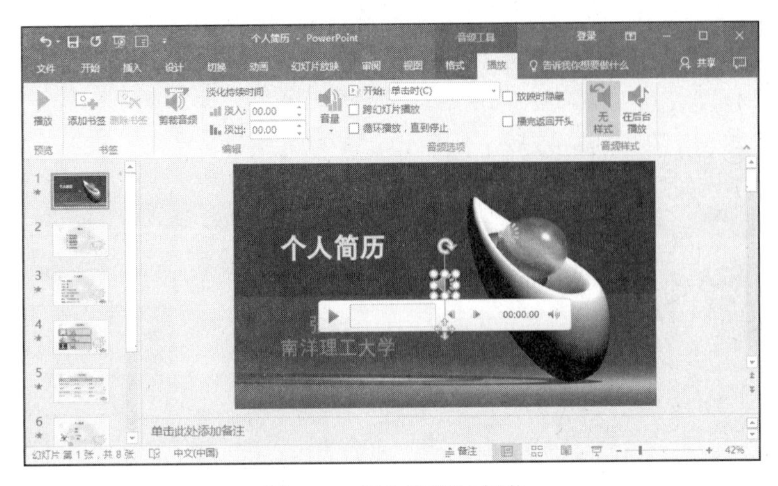

图 1.17　插入音频示意图

（4）设置幻灯片之间的超链接。

步骤 1：进入第 2 张幻灯片，选中“个人资料”，单击“插入”选项卡，选择“超链接”，弹出“插入超链接”对话框，选择“链接到”列表中的“本文档中的位置”，选择“幻灯片 3”，如图 1.18 所示。超链接设置完成后，文字“个人资料”就具有链接标记。其他几个目录标题可按照相同的方法进行设置。

步骤 2：进入第 3 张幻灯片，在右下角插入“形状”中的“椭圆”，输入“返回目录”，选中该对象，为其插入超链接，链接到第 2 张幻灯片。把已设置超链接的椭圆复制到第 4 张到第 8 张幻灯片中。

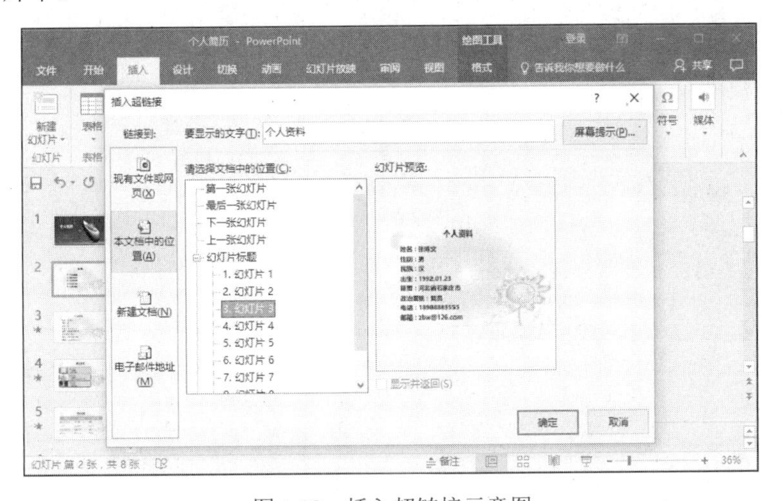

图 1.18　插入超链接示意图

（5）为幻灯片中的对象添加动画效果。

在“动画”选项卡中，可以给对象添加动画，设置各种动画效果。在“动画窗格”中，可以调整动画的顺序，如图 1.19 所示。

步骤 1：进入第 3 张幻灯片，选中“个人简历”所在的文本框，在“添加动画”下拉按钮下选择“强调”中的“加粗展示”，选中第二段文字所在的文本框，选择“强调”中的“画笔颜色”。

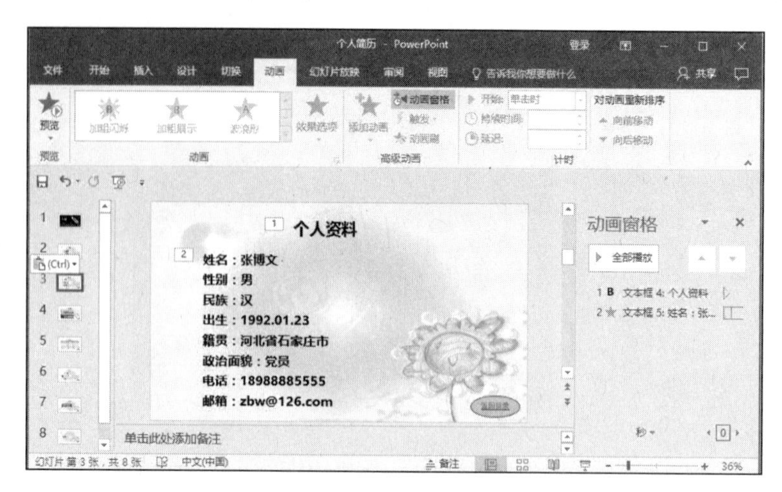

图 1.19 动画设置示意图

步骤 2：分别进入第 3 张到第 8 张幻灯片，设置个性化的动画效果。

（6）设置幻灯片的切换效果。

步骤 1：在“切换”选项卡下，可以设置切换幻灯片的效果。把第 2 张幻灯片设置为“推进”，并把“效果选项”设置为“自底部”，如图 1.20 所示。采用同样的方法，为其他幻灯片设置个性化的切换效果。

步骤 2：在“切换”选项卡下，把“换片方式”选择为“设置自动换片时间”，把时间设置为 10 秒，取消对“单击鼠标时”复选框的选定。

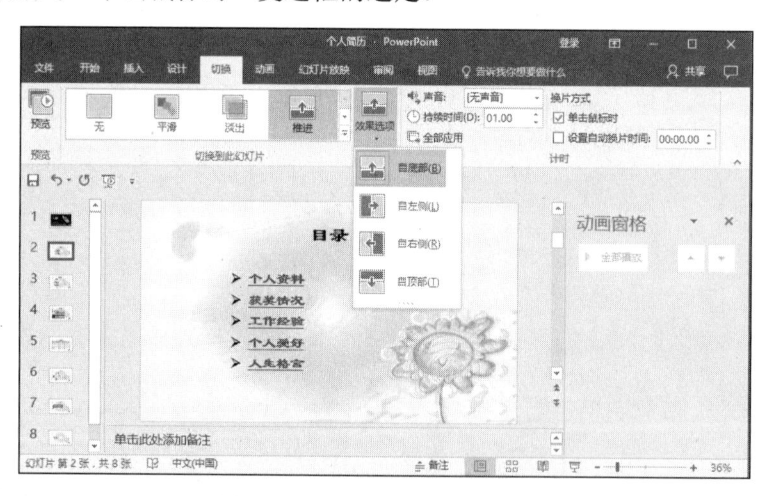

图 1.20 幻灯片切换设置示意图

（7）放映幻灯片。

单击“幻灯片放映”选项卡，选择“从头开始”，观看放映效果。

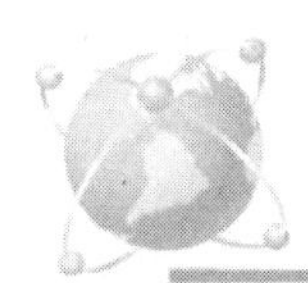

第 2 章　图像处理与设计（Photoshop CS6）

Photoshop 是大名鼎鼎的图像处理软件，它由 Adobe 公司开发，主要处理以像素构成的数字图像。Photoshop 的应用领域非常广泛，例如平面设计、修复照片、广告摄影、包装设计、艺术文字及视觉创意等领域。

自 1990 年 2 月发布的 Photoshop 1.0.7 到今天的 Photoshop CC，Photoshop 的版本超过数十个，但界面总体上看差异并不大：左侧是工具栏，右侧是工作面板，顶部是菜单栏。Adobe 公司的用户体验做得很好，不管是新用户还是老用户，都不会感到陌生。所以初学者在选择版本时不用担心不同版本对应的功能有差异，基本功能足够初学者探索。

Photoshop CS6（Creative Suite 创意组件）号称是 Adobe 公司历史上最大规模的一次产品升级，它更新为一个很酷的全新暗色界面，集图像扫描、编辑修改、图像制作、广告创意、图像输入与输出于一体的图形图像处理软件，目前主要用于编辑和处理艺术作品或数码照片，因此本章的示例选择 Photoshop CS6 制作。

Adobe Photoshop CC（Adobe Creative Cloud Photoshop）是Photoshop CS6 的下一个全新版本，它开启了全新的云时代 PS 服务。目前版本已更新至 CC 2017。Adobe Photoshop CC 特别针对摄影师新增了智能锐化、条件动作、扩展智能对象支持、智能放大采样、相机震动减弱等功能。感兴趣的读者可以自行学习。

【实验目的】

（1）熟悉桌面环境、文件存取、窗口操作、系统参数设置。

（2）熟悉 Photoshop 中选择工具、画笔工具的使用方法和技巧。

（3）熟悉 Photoshop 中图层、钢笔路径工具、滤镜的使用方法和技巧。

【实验内容】

1. 魔棒和选择工具的使用

给一寸免冠证件照片更换背景颜色。

操作步骤：

（1）打开 Photoshop CS6，并打开所要修改的一寸照片（要求学生自己准备个人免冠照片的电子文件）。

（2）在 Photoshop CS6 右下角的控制面板处，可以看到当前的照片是背景层，后面有一把小锁，这时按下键盘上的 Alt 键，并双击小锁处，可解锁当前图片，如图 2.1 所示。

（3）解锁完成后，单击控制面板右下方倒数第二个按钮“新建图层”，并在控制面板处把新建图层拖动到原照片的下方，如图 2.2 所示。

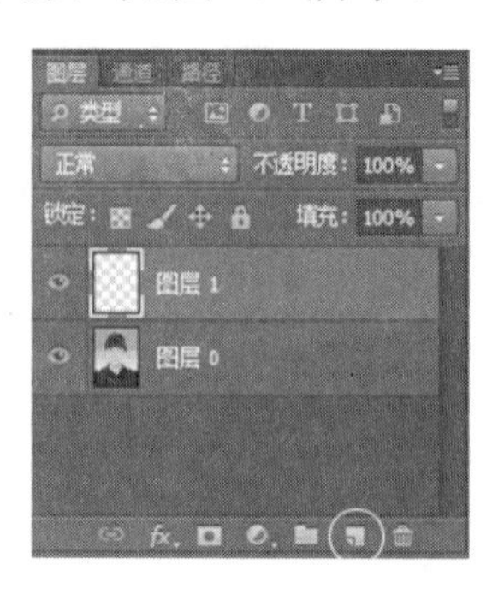

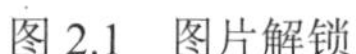

图 2.1　图片解锁　　　　图 2.2　新建图层

（4）在控制面板处，选择新建的图层，然后在控制面板右上角处单击选择前景色按钮，在弹出的“拾色器”对话框中选择所要的背景颜色（红色）后，单击“确定”按钮，按组合键 Ctrl+Delete，把背景色填充到新建的图层，如图 2.3 所示。

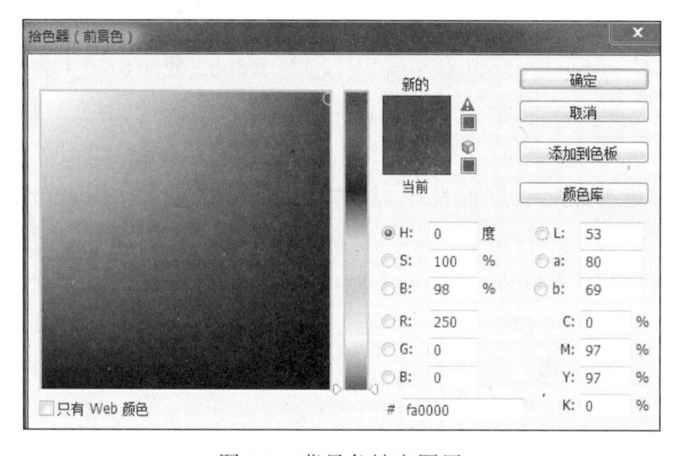

图 2.3　背景色填充图层

（5）在工具栏中选择吸管工具，在原照片的背景处，按下 Alt 键的同时，单击鼠标左键，吸取原背景色，以作为后景色。

（6）选择背景橡皮擦工具，并设置参数。在控制面板处选择原照片所在的那个图层，然后在照片上进行涂抹。涂抹完成后，保存，就可完成背景修改（蓝底照片变红底照片），如图 2.4 所示。

2．图层、画笔、文字工具的使用

制作一张精美的邮票，如图 2.5 所示。

制作邮票时，要注意图层的上下层次关系，要始终保持对当前图层的操作。可以利用画笔工具的间距来处理邮票的锯齿形状，并适当运用文字工具来处理邮票的最终效果。通过邮票的制作，可以掌握 Photoshop 中最重要的概念之一——图层的处理与运用，达到举一反三的目的，例如制作明信片、电影胶片等平面设计作品。

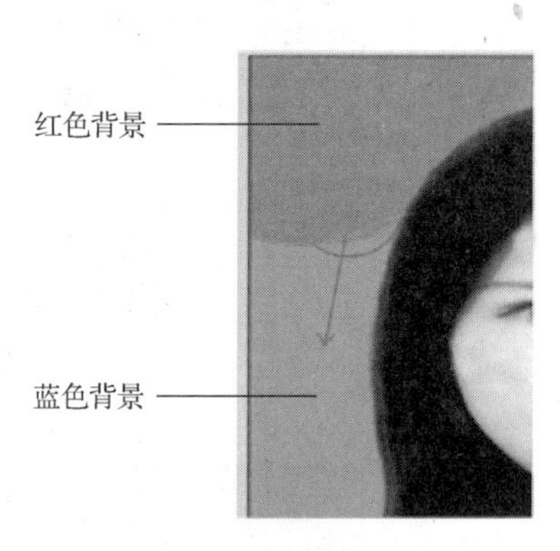

图 2.4　用红色背景替换蓝色背景

图 2.5　邮票效果

操作步骤：

（1）在 Photoshop CS6 中打开一幅图片，作为邮票的图案背景。

（2）复制一层，将背景图层填充为任意颜色。这里填充的是白色。

（3）选择副本图层，选择图像菜单中的调整画布大小，将宽度和高度均减小 5 厘米，如图 2.6 所示，也可根据自己的图片大小来进行设置。

（4）此时，会出现白色的背景层。按住 Ctrl 键，单击副本的缩览图，按组合键 Ctrl+t，然后按组合键 Shift+Alt，从两边往里面拉动。注意，要留出邮票锯齿的边缘。

（5）找到画笔工具，然后按 F5 键，弹出画笔对话框，如图 2.7 所示。

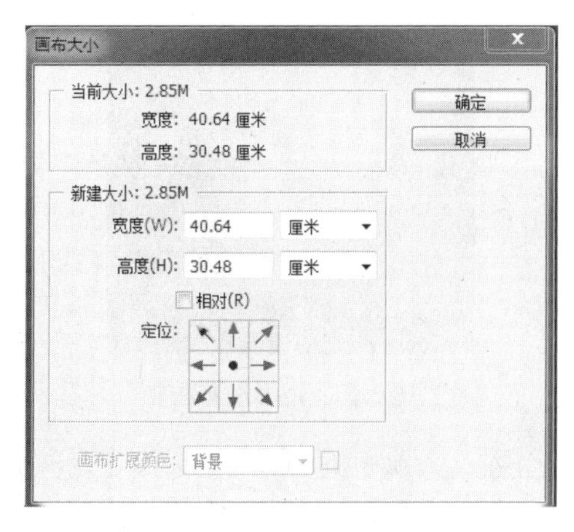

图 2.6　自定义图片尺寸

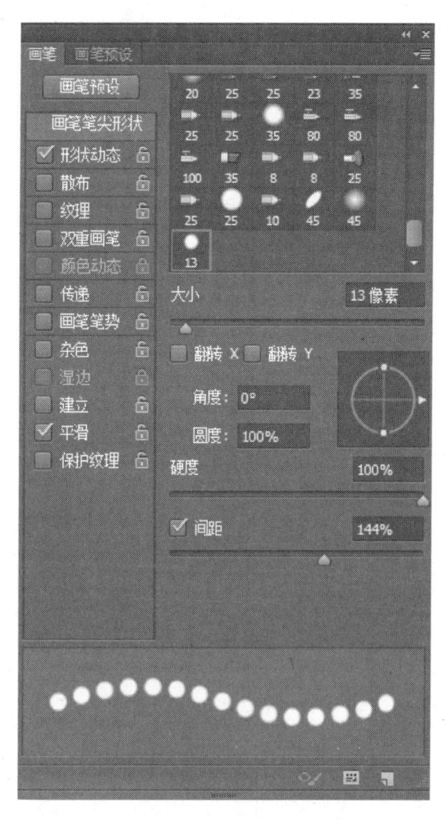

图 2.7　画笔对话框

（6）调整画笔间距数值。然后按住 Shift 键，上下左右挨着擦除白色图层的边缘。应用文字工具 T 添加文字，效果如图 2.5 所示。

图 2.8　设计示例

3．图层、选区、渐变工具的使用

透明玻璃酒杯的制作。

首先在没有任何素材图片的前提下，构思玻璃酒杯画面的整体布局。建立适当大小的文件，首先利用选区的透视效果做出酒杯及酒水部分，然后利用图层的相互关系制作透明效果，选择深色背景来突出主题。通过本次设计，读者应能掌握构图的方式、方法，颜色的选取，以及渐变工具的使用方法，进一步掌握工具箱中基本工具的使用，深刻体会图层在整个平面设计中的重要性。

大大的高脚杯配以零星的水滴，从形式美上讲是整体与细节的对比。采用左右对称的构图方式，深色背景上打上冷光，与前面的酒杯、酒水形成了鲜明的对比。

操作步骤：

（1）建立一个适当大小新文件，选择填充工具将背景填充为黑色，并新建一个图层。

（2）选择渐变工具（线性渐变）工具，单击颜色选取下拉框，打开“渐变编辑器”，选择断点并按图 2.9 设置渐变值。色标的值从左到右分别设置如下：

R：203	R：249	R：248	R：106	R：135
G：104	G：230	G：131	G：49	G：52
B：34	B：45	B：46	B：9	B：8

（3）用矩形选框选取一个矩形选区，并用线性渐变工具拉出渐变，如图 2.10 所示。

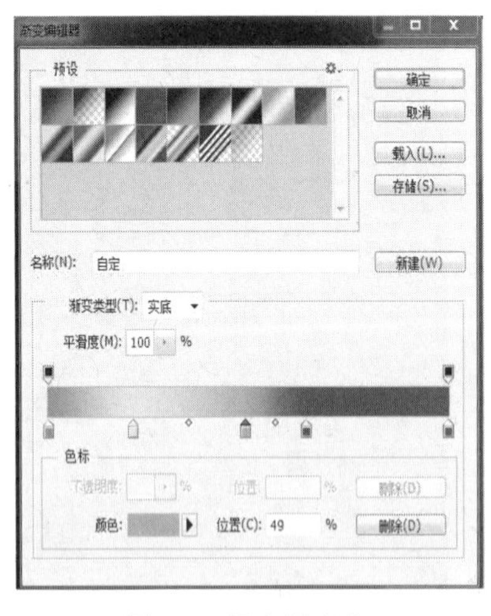

图 2.9　设定渐变值

图 2.10　矩形渐变选取

（4）执行菜单“编辑”→“变换”→“透视”命令，透视变化后的效果如图 2.11 所示。

（5）新建一个图层作为酒杯中的液面，选择椭圆选择工具，拖出一个椭圆选区，采用步骤（2）的方法，选取渐变值，色标从左到右的值分别设置如下：

R：248	R：249	R：248	R：106
G：249	G：230	G：131	G：49
B：153	B：45	B：46	B：9

（6）在液面椭圆选区从左到右拉出渐变，效果如图 2.12 所示。

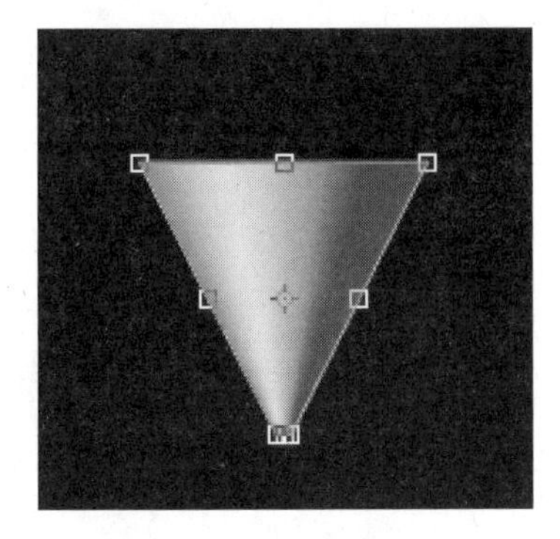

图 2.11　执行透视命令

图 2.12　制作液面椭圆渐变

（7）新建一个图层，画一个梯形作为杯壁辅助图形，注意杯壁的比例，且要与液面的两侧交界处吻合。再新建一个图层作为杯口的辅助椭圆图形，如图 2.13 所示。各图层之间的关系如图 2.14 所示。

图 2.13　制作杯壁、杯口

图 2.14　各图层的关系

（8）注意，现在要对透明玻璃部分进行选区范围组合：当前层是杯口层，按组合键 Ctrl+Shift，并用鼠标单击杯壁层和液面层，使选区范围叠加。

（9）新建一个图层，使用眼睛图标关闭杯壁和杯口图层，选取前景色为白色，选择画笔工具，画笔流量设置为 15%，沿杯壁方向喷画出透明玻璃效果，如图 2.15 所示。

（10）在按住 Ctrl 键的同时，用鼠标单击杯口图层，并在新图层中利用“编辑”→“描边”

命令，画出杯口效果。

（11）新建图层，利用黑、白、灰线性渐变制作杯柄效果。制作过程需要反复练习，在此不做详细描述。

（12）制作背景。在背景图层上，选择一个矩形选区，执行菜单“选择”→“修改”→“羽化”命令，羽化值设置为 15，采用径向渐变工具，从下到上拉出渐变效果。色标从左到右的值如下，最后效果如图 2.8 所示。

R：246	R：183	R：0
G：245	G：190	G：0
B：240	B：222	B：0

4. 多边形和路径工具的使用

题目 1 多边形工具的使用方法——绿草茵茵，黑白相间的足球，让人联想起在草坪上运动驰骋的足球运动健儿，以及在运动员脚下灵动的足球。那空中的足球呢？发挥自己的想象吧！

图 2.15 透明玻璃杯效果

图 2.16 空中的足球

具体要求：

首先建立适当大小的文件，选择形状工具以黑色五边形为中心，周围放置五个白色六边形，注意六边形绕排五边形的角度要正好能平分 360°。使用动作控制面板可以重复执行相同的动作。最后利用球面化、图层样式、图层羽化等功能完成设计，结果如图 2.16 所示。

通过本次设计，读者应能掌握以一点为中心进行自动绕排的方法，这种方法可以应用在花瓣、齿轮等的设计中。另外，在平面设计中，动与静的结合、背景图案和前景事物的有机结合，是平面设计的精髓。

题目 2 钢笔路径工具的使用方法——红苹果还是绿苹果？

具体要求：

观察苹果边缘曲线并应用钢笔工具画出。注意锚点不要添加得太多，要控制好锚点的曲度，尤其要注意苹果的顶部和底部，尽量做到细致入微。应用钢笔路径工具画出自己喜欢的事物，历来都是具有绘画功底的读者发挥想象力和创造力的较好方式。路径工具用于绘制曲线，曲线可以闭合转换为选区，也可以就是曲线路径，因此能绘制香蕉、茄子等，如图 2.17 所示。

本次设计，应重点掌握钢笔路径工具、图层、通道的综合运用。看起来简单的曲线，实际动手画时并不如想象的那么容易。平面设计其实是需要耐心和毅力的工作。

图 2.17　设计步骤示例

第二部分　C 语言程序设计篇

第3章 C语言多种开发环境的编译与调试

3.1 Microsoft Visual C++ 6.0

Microsoft Visual C++ 6.0 是一个基于 Windows 操作系统的可视化集成开发环境，是目前常用的 C 语言软件开发工具。

3.1.1 Microsoft Visual C++ 6.0 的相关概念

1．工程（Project）

工程又称为项目。Microsoft Visual C++ 6.0（以下有时简称 VC++ 6.0）以工程为单位对整个程序开发过程涉及的代码文件、图标文件等资源进行管理，扩展名为.dsp。一个完整程序的新建、打开或保存是对工程文件进行的，代码文件只是工程文件中的一部分。

2．工作区（Workspace）

项目是由多个工程组成的大项目时，可将其归属于一个工作区，工作区的扩展名为.dsw。工程工作区就像是一个“容器”，由它来“盛放”相关工程的所有相关信息。工作区同一时刻只能有一个活动项目，在项目上单击鼠标右键可以将其设置为活动项目。

3．代码文件

代码文件指用于存储程序的文件。C++代码文件的扩展名为.cpp，C 语言代码文件的扩展名为.c，存储函数或变量声明的头文件的扩展名一般为.h。

4．调试（Debug）

调试是指输入代码、编译、连接、运行并不断修正错误的整个过程。

3.1.2 Microsoft Visual C++ 6.0 的编译和简单调试

1．启动 Visual C++ 6.0

从开始菜单或桌面启动 VC++ 6.0，启动之后的界面如图 3.1 所示。左侧的工程资源管理器窗口从不同角度对工程资源进行查看和快速定位。下侧为信息输出窗口，显示调试信息、查找信息等。

2．首先创建新工程。单击“文件”菜单，选择该菜单下的“新建”命令，如图 3.2 所示。

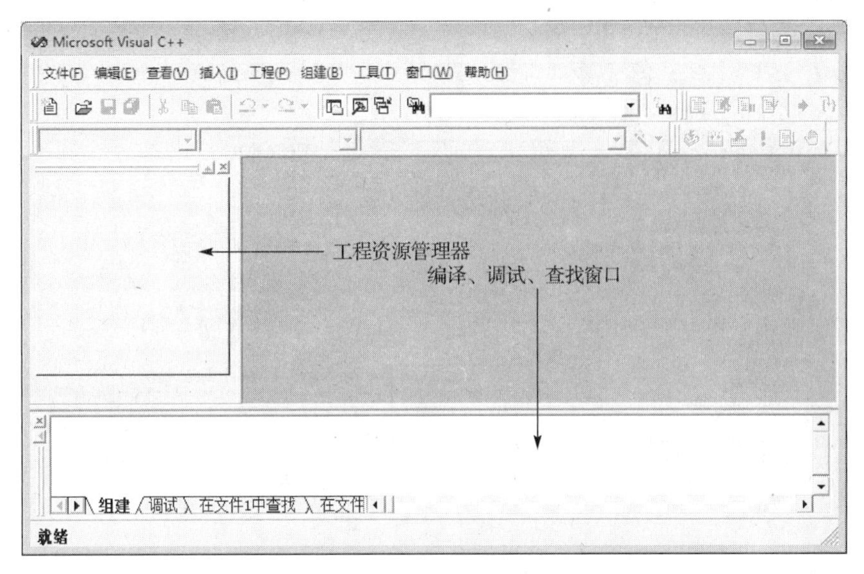

图 3.1　VC++ 6.0 启动界面

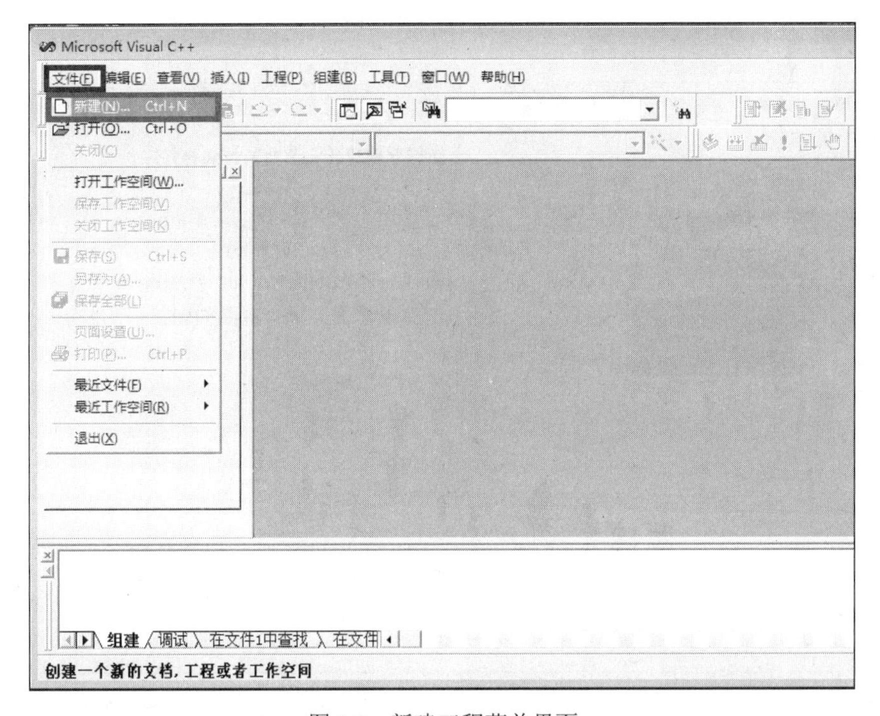

图 3.2　新建工程菜单界面

3．在新建窗口下，选中“工程”选项卡下的工程类型 win32 console application，填写“工程名称”，选择“位置”，确定之后，创建“一个空工程”，如图 3.3 和图 3.4 所示。

4．为工程添加代码文件

选择“文件”菜单下的“新建”命令，进入如图 3.5 所示的“新建”窗口，切换到“文件”

标签，根据需要选择要添加到工程中的文件类型，选择其中的“C++ Source File”，并在右侧输入文件名称及对应的扩展名.cpp。

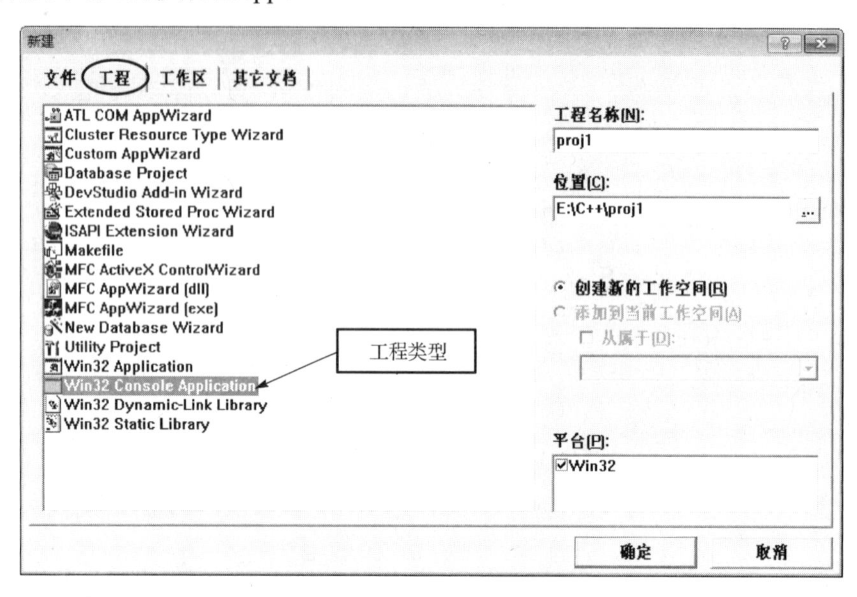

图 3.3 新建工程窗口界面

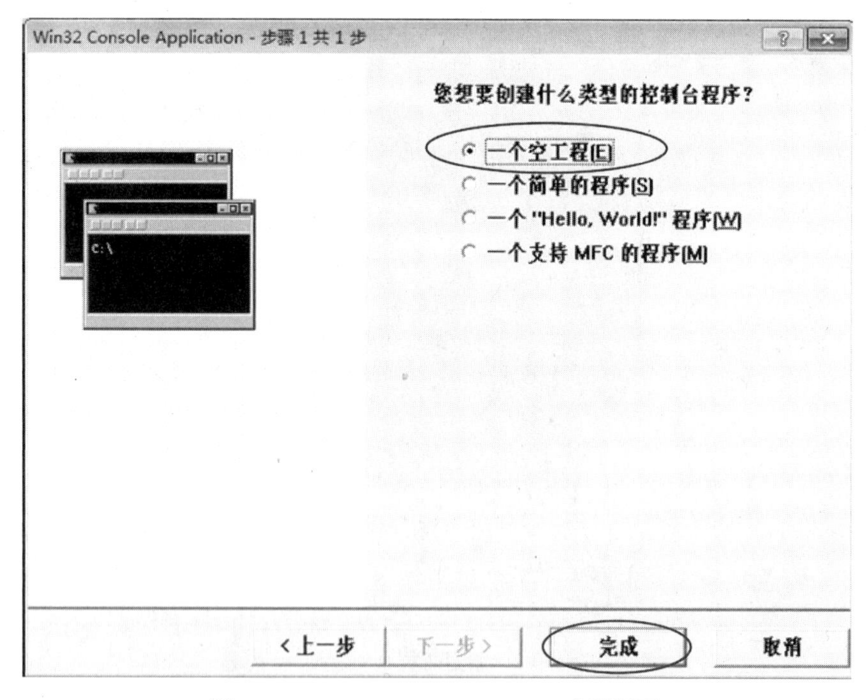

图 3.4 Win32 Console Application 步骤界面

代码文件添加完毕后，输入源程序代码并保存，如图 3.6 所示。这时，可以从左侧工程资源管理器的 FileView 文件视图中查看当前的各类资源文件，ClassView 视图则从类和函数的角度查看代码，在这种视图下，可以通过双击快速定位。

如果硬盘上已有代码文件，则可通过“工程”菜单项来将现有资源文件添加到当前工程中。在 FileView 视图中的对应文件上按 Del 键，可将文件从工程中移除（注意：仅从工程中移除，并非从硬盘上删除文件）。

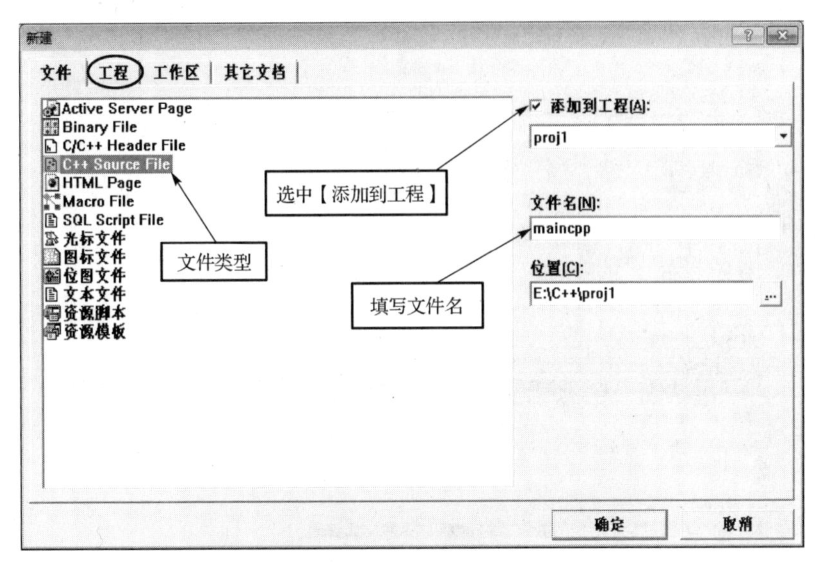

图 3.5　新建文件操作界面

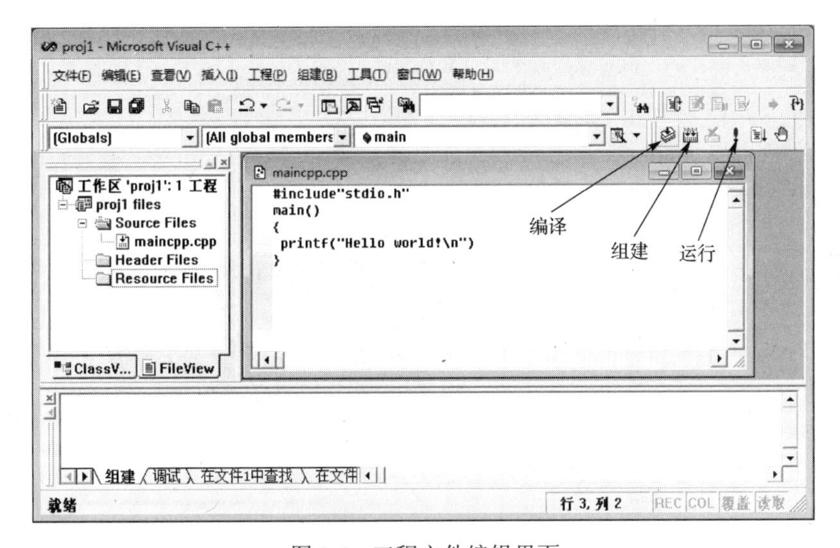

图 3.6　工程文件编辑界面

5. 编译程序

源代码保存后，可在“组建”菜单中选择“编译”命令，或在“组建”工具栏上单击“编译”命令按钮，来对程序进行编译，并观察下方的编译信息窗口。编译信息窗口会显示编译成功与否，若编译出错，则可通过双击错误信息快速定位出错位置，如图 3.7 所示，本例中的错误是语句缺失分号。

6. 修改错误代码，重新编译

编译成功后，可在“组建”菜单或“组建”工具栏上，依次选择或单击“组建”、“执行”

命令或命令按钮，来对程序进行连接、运行，并观察下方的编译信息窗口和运行结果窗口，如图 3.8 所示。

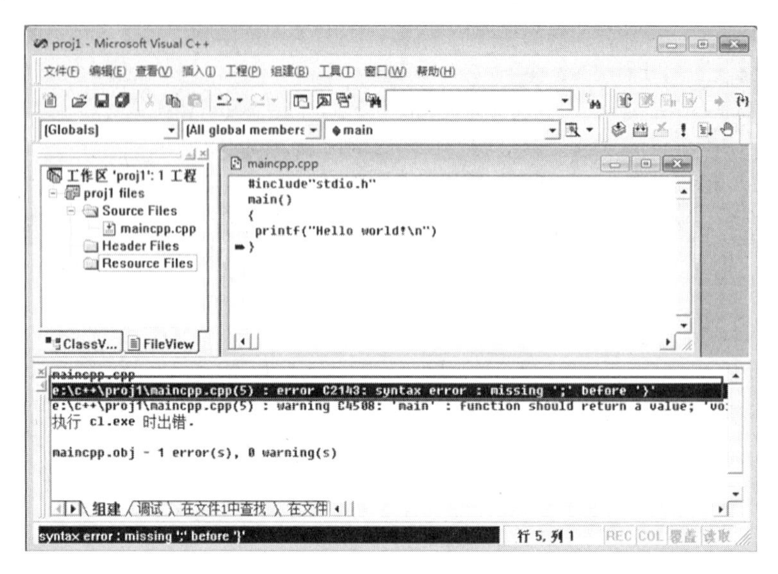

图 3.7 编译信息窗口界面

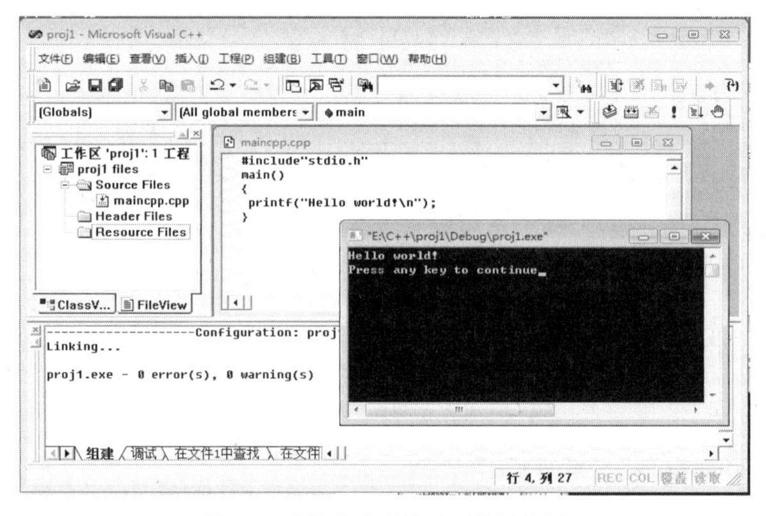

图 3.8 编译成功后的运行结果界面

3.1.3 单步调试

程序运行结果有错误，很难看出错在哪里时，可以使用调试功能，调试功能有助于进行逻辑检查。需要单步跟踪每个语句的执行过程并观察运行结果时，可以使用单步调试。

调试实例： 输入整数 x，计算并输出分段函数 $f(x)$的值：

$$y=f(x)=\begin{cases}x, & x<1\\ 2x-1, & 1\leqslant x<10\\ 3x-11, & x>10\end{cases}$$

源代码：

```
1  #include <stdio.h>
2  int main(void)
3  {
4    int x,y;
5    printf("input x:");
6    scanf("%d",&x);
7    if(x<1)
8      y=x;
9    else
10     if(x<10)
11       y=2*x-1;
12     else
13     y=3*x-11;
14    printf("x=%d,y=%d\n",x,y);
15  }
```

测试用例 1：

```
input x:0↙
x=0,y=0
```

测试用例 2：

```
input x:5↙
x=5,y=9
```

测试用例 3：

```
input x:20↙
x=20,y=49
```

1. 执行“工具”→“定制”命令，如图 3.9 所示，在“工具栏”选项卡选中“调试”（如图 3.10 所示），可将该工具条拖动到工具栏上。

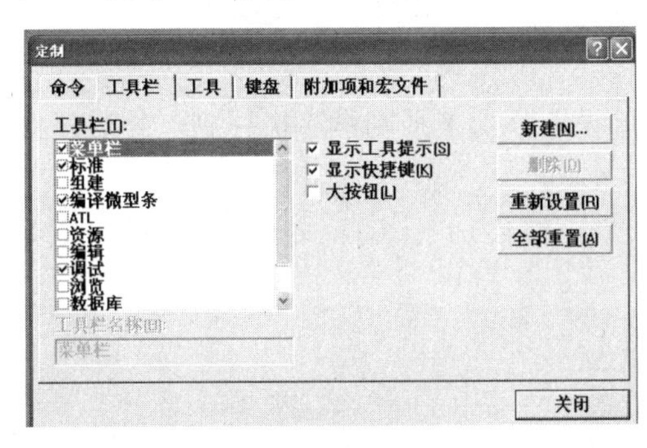

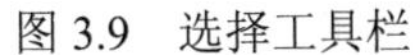
图 3.9　选择工具栏

图 3.10　调试工具条

2. 调试程序开始，调试工具条中 {}➔（Step Over）按钮的功能是单步执行，单击一次执行一行，编辑窗口中的箭头指向某一行，表示程序将要执行该行。界面中可以看到变量窗口（Variables Window）和观察窗口（Watch Window），在观察窗口中可以改变变量的值。

3. 单击 {}➔（Step Over）按钮，将箭头移到输入语句这一行，同时运行窗口显示“input x:”

（此时将要执行输入语句），继续单击 ，在运行窗口中输入“0”，按 Enter 键后，箭头指向“if(x<1)”一行，在变量窗口可以看到变量 x 的值是 0，继续单击 ，就能看到 y 变量的值是 0，如图 3.11 所示。

图 3.11 单步调试过程

最后所有语句全部运行后，可以在运行窗口看到结果，如图 3.12 所示。

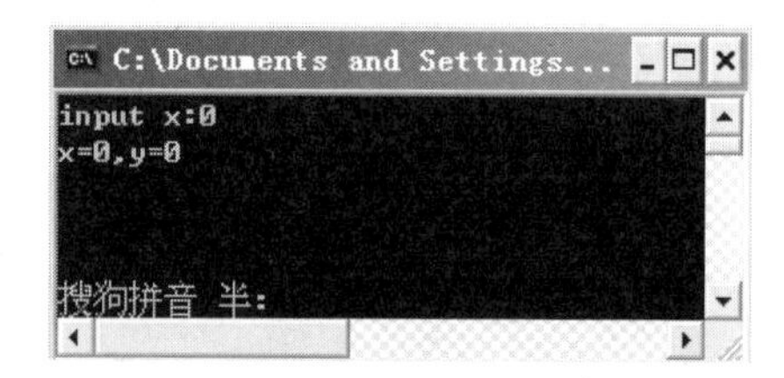

图 3.12 在运行窗口中显示结果

4．按钮 （Stop Debugging）的作用是终止调试，单击它，程序结束调试。

5．重复步骤 1～4，采用单步调试的方法验证另外两组测试用例。

3.1.4 断点设置

C 程序调试方法除了单步调试，还可以通过设置断点来强制程序执行到一处后停止，更深入地找出程序的逻辑错误。

调试实例：改正下列程序中的错误。输入一个正整数 n，计算下式的和（保留 4 位有效小数），要求使用嵌套循环。

$$e = 1 + \frac{1}{1!} + \frac{1}{2!} + \frac{1}{3!} + \cdots + \frac{1}{n!}$$

源程序（有错误的程序）：

```
1    #include <stdio.h>
2    int main(void)
3    {
4       double e,item;              /*item 是对应 i 的阶乘值*/
5       int i,j,n;
```

```
6      printf("input n: ");
7      scanf("%d",&n);
8      e=0;
9      item=1;
10     for(i=1;i<=n;i++){
11
12       for(j=1;j<=n;j++)
13         item=item*j;
14          e=e+1.0/item;         /*调试时设置断点*/
15     }
16     printf("e=%.4f\n",e);       /*调试时设置断点*/
17
18     return 0;
19     }
```

运行示例：

```
input n:10↙
e=2.7183
```

1．在调试程序之前，按照源程序中的注释设置断点（按快捷键 F9 设置/取消断点）。

2．执行“组建”→“开始调试”→“Go”命令，输入 10，程序运行到断点处，在观察窗口，输入变量 i 的值为 1，变量窗口显示 item=3628800 即 1!为 3628800，显然不对，且变量 j=11，如图 3.13 所示。分析原因，变量 j 的值为 11，是因为内循环的循环条件是 j<=n，当 n 为 10 时，内循环执行 10 次乘法运算，使得 item 的值为 10!即 3628800，j 自增到 11 不满足循环条件，退出内循环，按题目要求计算 i 的阶乘第 12 行的内循环条件应该是 j<=i。

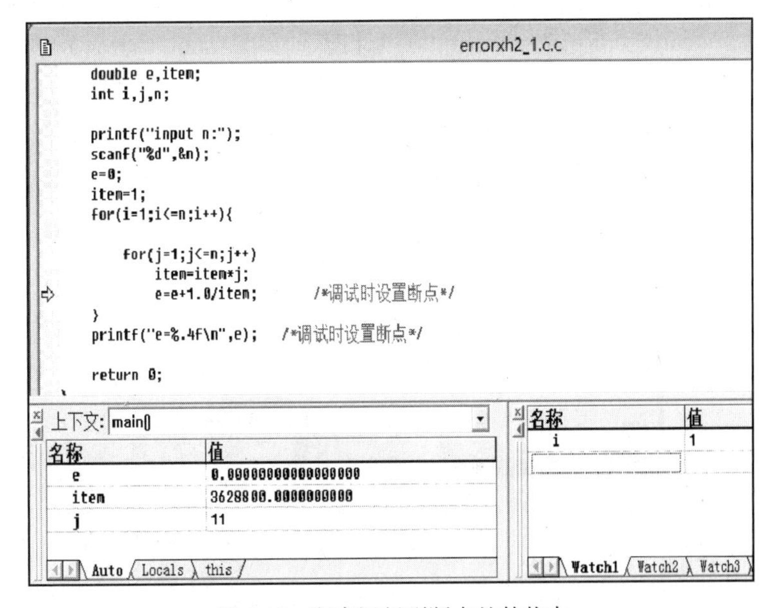

图 3.13　程序运行到断点处的状态

3．单击 （Stop Debugging）按钮停止调试，按照上述分析修改程序，重新编译、连接，单击 Go 按钮，变量窗口显示 item=2，为 2 的阶乘，显示正确。

4．单击 Go 按钮，变量窗口显示 item=12，观察窗口显示 i=3，出现错误，如图 3.14 所示。分析原因，问题是 item=1 这条语句的位置有误，按题目要求外循环每执行一次都要将 item=1，故第 9 行的 item=1 应放在 12 行。

5．改正错误后取消第 1 个断点，然后单击 Go 按钮，程序运行到断点处，变量窗口显示变量 e 的值是 1.7183（保留 4 位小数）。它与正确结果相差 1，错误原因是由第 8 行对 e 赋初值的语句 e=0;引起的，按照题目要求应改为 e=1。

6．单击（Stop Debugging）按钮，停止调试，修改错误，重新编译、连接，并去掉所有断点，运行程序，运行窗口显示结果。

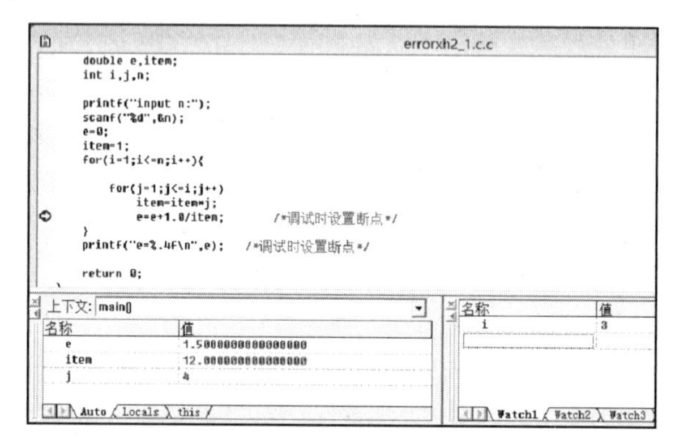

图 3.14 查看变量 3 的阶乘的值

3.2 Visual Studio

1．首次启动 Visual Studio 时，默认环境设计应选择“Visual C++开发设置”，如图 3.15 所示。

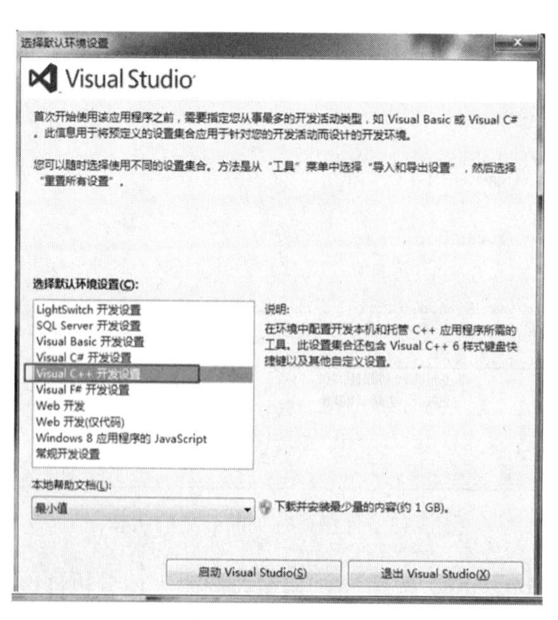

图 3.15 进入 Visual Studio 界面

2．创建工程。选择菜单“文件”→“新建”→“项目”，在出现的界面中选择“Win32 控制台应用程序”，填写项目名，必要时更改文件的存储路径，如图 3.16 所示。选择 cpp 文件，如图 3.17 所示。

3．在编辑区输入程序并编辑，连接，运行。编辑界面如图 3.18 所示。

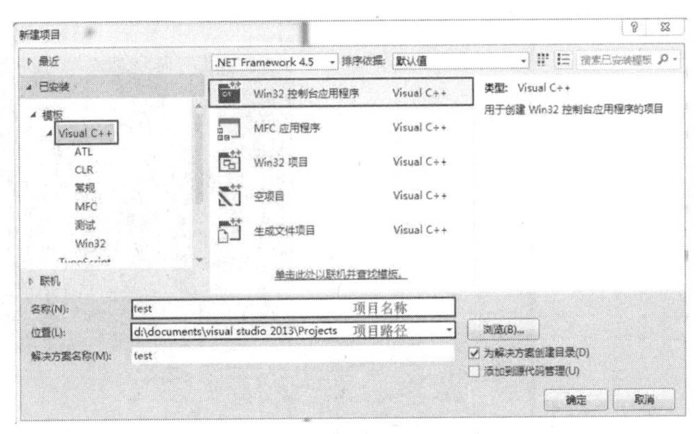

图 3.16　创建项目界面

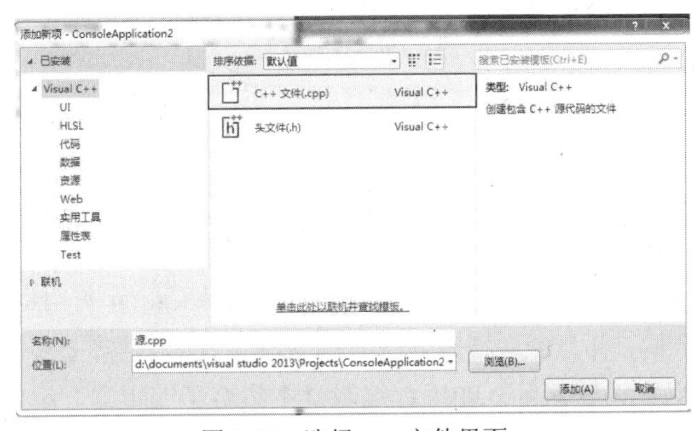

图 3.17　选择 cpp 文件界面

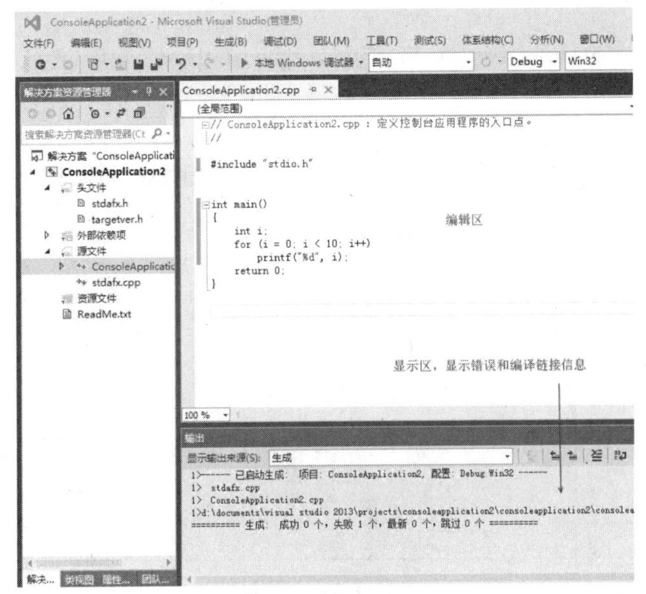

图 3.18　编辑界面

4．单击“本地 Windows 调试器”调试、运行并查看结果，结果界面如图 3.19 所示。

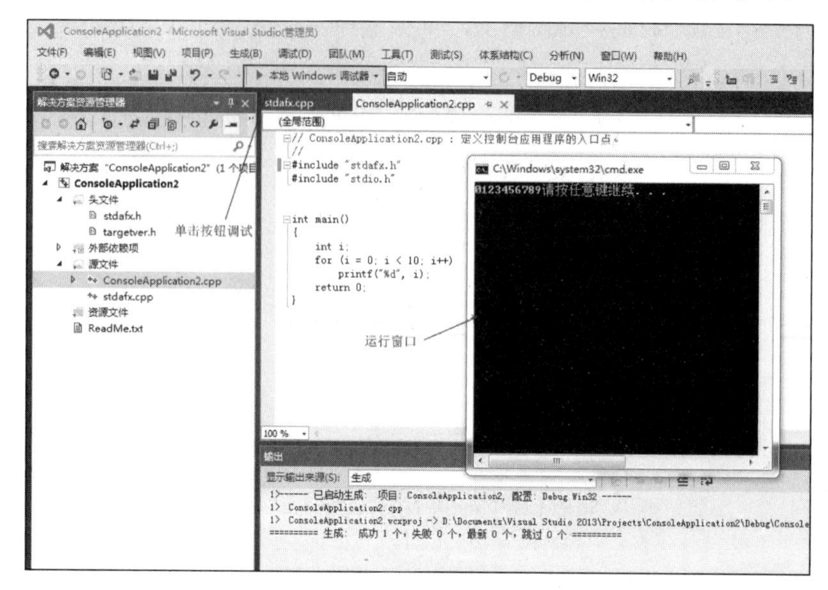

图 3.19 结果界面

5．完成。

3.3 Dev-C++

Dev-C++是 Windows 环境下的一个 C/C++集成开发环境（IDE），是一款自由软件，遵守 GPL许可协议分发源代码，并且能取得最新版本的各种工具的支持。Dev-C++开发环境包括多页面窗口、工程编辑器和调试器等，在工程编辑器中集合了编辑器、编译器、连接程序和执行程序，还具有完善的调试功能，适合初学者与编程高手的不同需求，是学习 C 或 C++的首选开发工具。

在 Dev-C++开发环境中编辑调试一个程序，输出 Hello World!。具体步骤如下。

1．新建一个项目，如图 3.20 所示，选择“文件”→“新建”→“项目”。

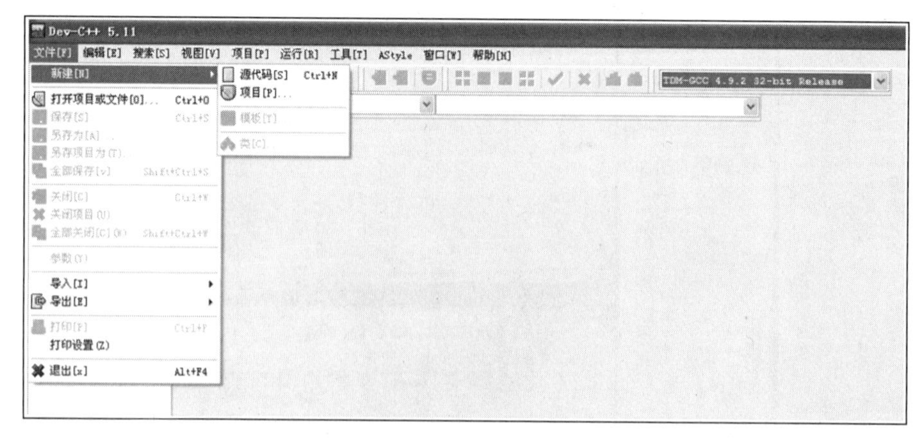

图 3.20 新建项目

2．选择 Console Application，在“新项目”窗口中选择“C 项目”（写 C++程序时选择“C++项目”），输入项目名称，如图 3.21 所示。

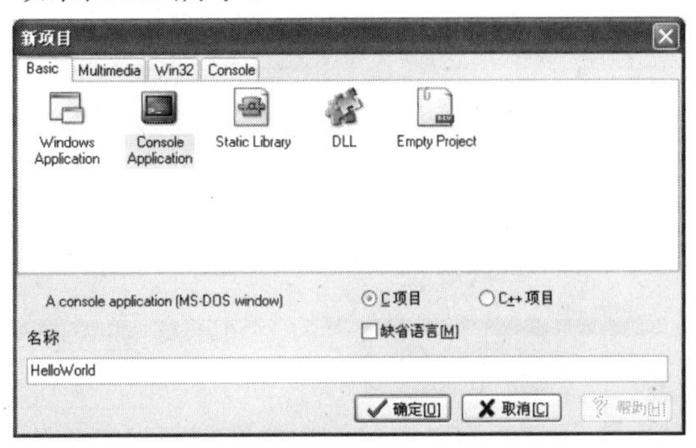

图 3.21　选择项目

3．单击“确定”按钮后，需要保存项目，这时可以选择合适的路径来保存项目代码，为便于管理，建议新建一个目录来保存当前的项目。保存之后，回到开发界面，在左侧的“项目管理”窗口中出现新建的项目，并自动创建一个 main.c 文件和基本的代码框架，如图 3.22 所示，保存即可。

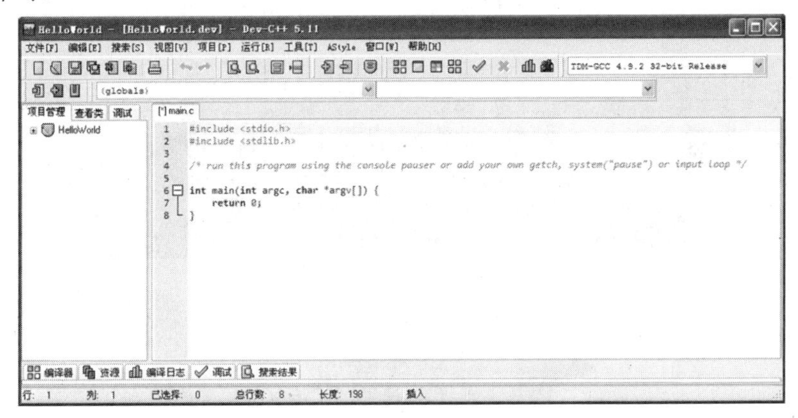

图 3.22　编辑界面

4．在 main 函数中输入语句 printf("Hello World\n");。选择“运行”→“编译”，开始编译程序（也可按快捷键 F9）。编译完成后，结果如图 3.23 所示。

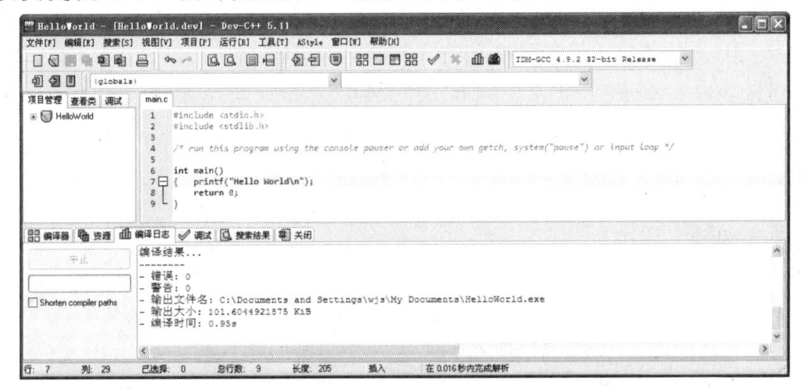

图 3.23　编译界面

程序出现编译错误时，会在编译器中提示错误信息，如图 3.24 所示。在编译器中选择错误行，编辑界面中会定位到相应的程序行，修改程序后再重新编译，直到编译通过。

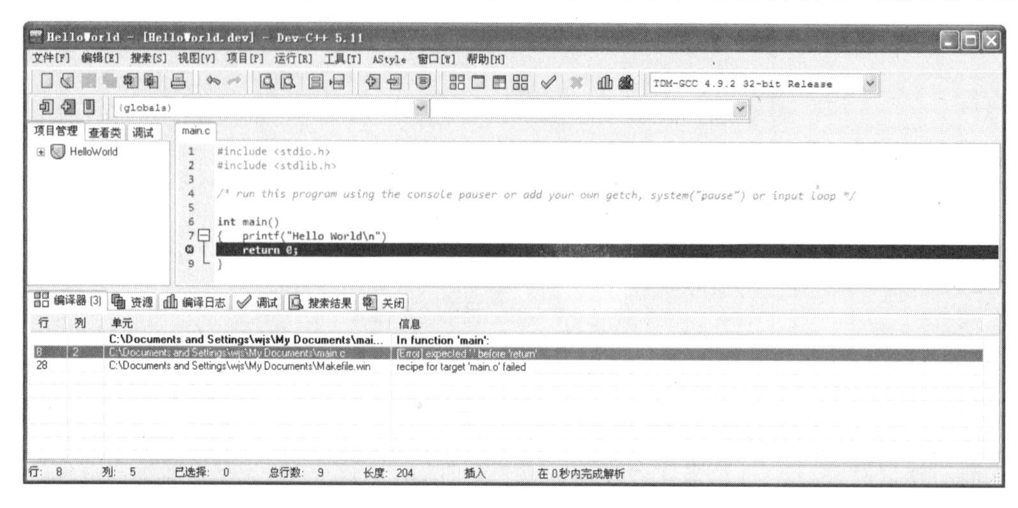

图 3.24　编译出错界面

5．编译通过后，选择“运行”开始运行程序（也可按快捷键 F10），运行结果如图 3.25 所示。

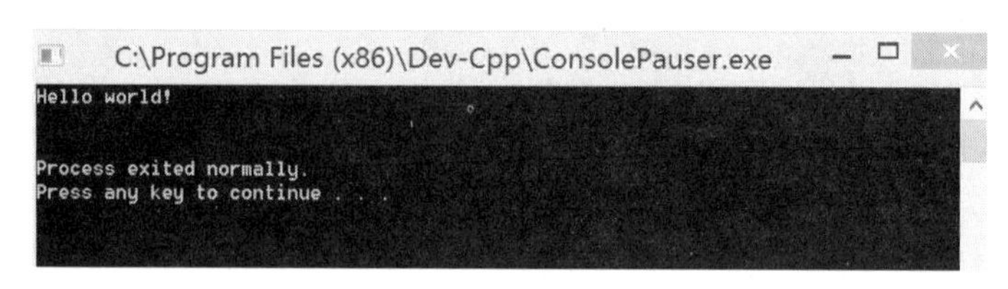

图 3.25　运行示例图

3.4　Code::Blocks

Code::Blocks 是一个开放源码的全功能跨平台 C/C++集成开发环境。它具有灵活而强大的配置功能，除支持 C/C++文件的工程管理、项目构建、调试外，还支持 AngelScript、批处理、CSS、D 语言、Fortan77、GameMonkey 脚本文件、Python 等多种文件，且可识别 Dev-C++工程、MS VS 6.0-7.0 工程文件，工作空间、解决方案文件。在编辑 C/C++程序方面，Code::Blocks 支持语法彩色醒目显示，提供了非常舒适的用户体验。

2016 年，Code::Blocks 16.01 版发布。下面简要介绍如何在 Code::Blocks 16.01 环境下开发 C/C++程序。

3.4.1　.c 程序的编辑与运行

1．启动 Code::Blocks 后，选择 Create a new project 选项，如图 3.26 所示。

2．单击 Files，双击选择 C/C++ source 项，如图 3.27 所示，然后单击 Go 按钮。

3．为编辑 C 源程序，选择 C，如图 3.28 所示，然后单击 Next 按钮。

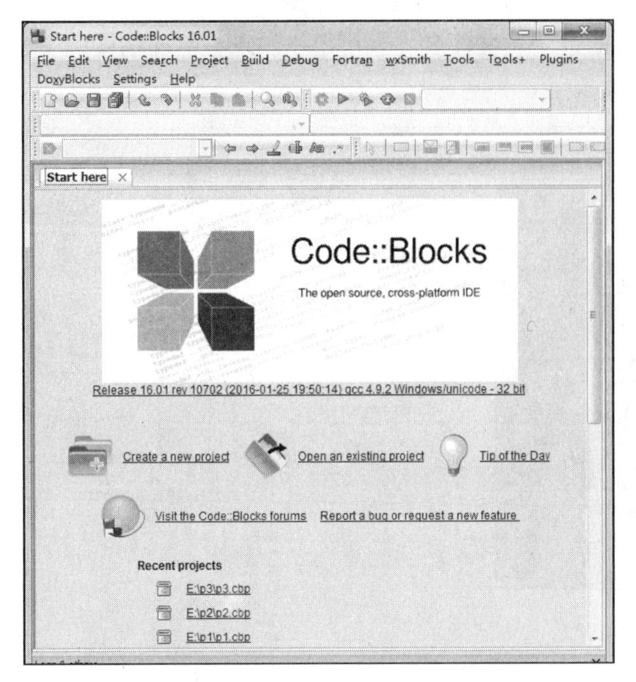

图 3.26　Code::Blocks 启动界面

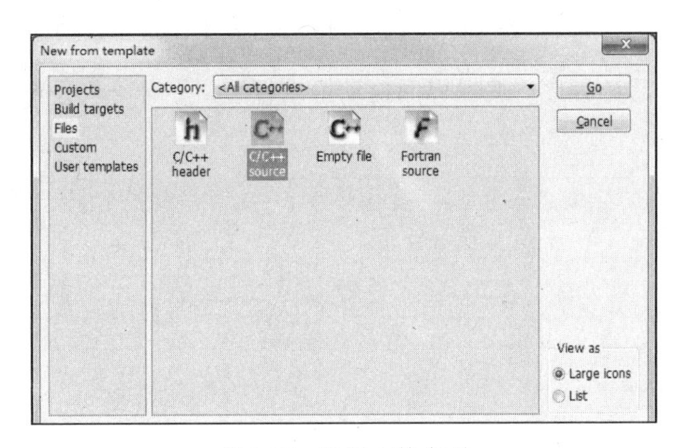

图 3.27　选择文件类型

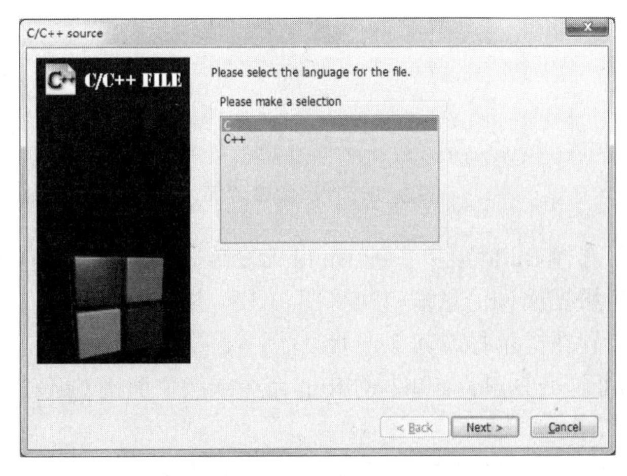

图 3.28　选择类型：C 程序

4. 输入文件保存的位置、文件名（也可单击输入框后面的图标来选择路径），如图 3.29 所示，然后单击 Finish 按钮。

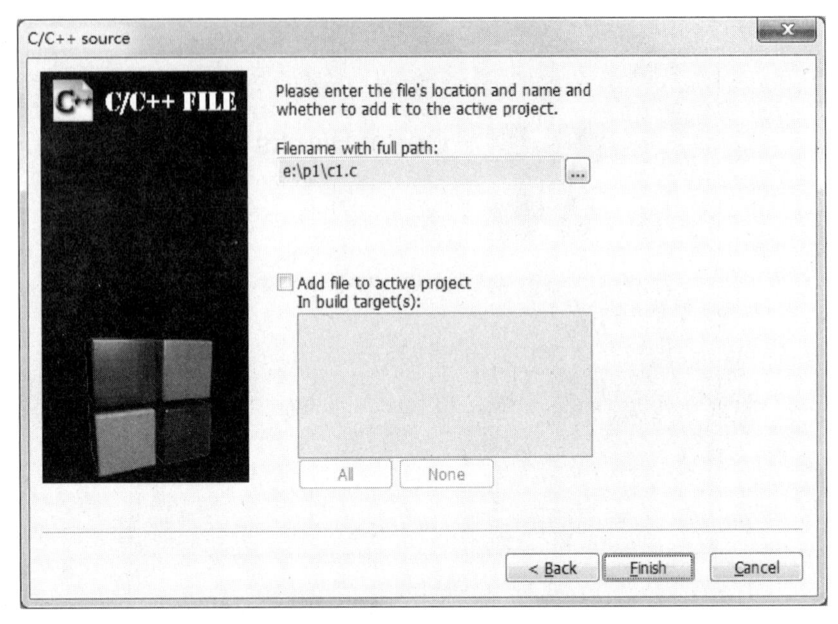

图 3.29 输入文件路径、文件名

5. 接下来即可编辑 C 程序。编辑界面自动给出行号，并对语法分类予以彩色支持，赏心悦目，如图 3.30 所示。

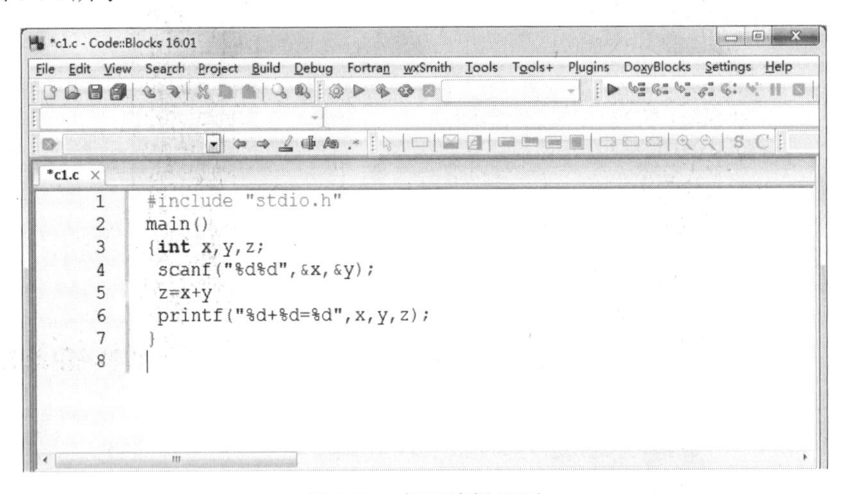

图 3.30 代码编辑界面

6. 程序编辑完后，选择 Build 菜单中的 Build 命令或按快捷键 Ctrl+F 即可编译，如图 3.31 所示。如编译出错，可根据编译信息窗口（见图 3.32）提示的行号与信息改错，直到编译成功。一般来说，错误位置在提示行或其上一行。

7. 编译成功后，可单击 Build 菜单中的 Run 命令或按快捷键 Ctrl+F10 运行。输入所需的数据，结果如图 3.33 所示。

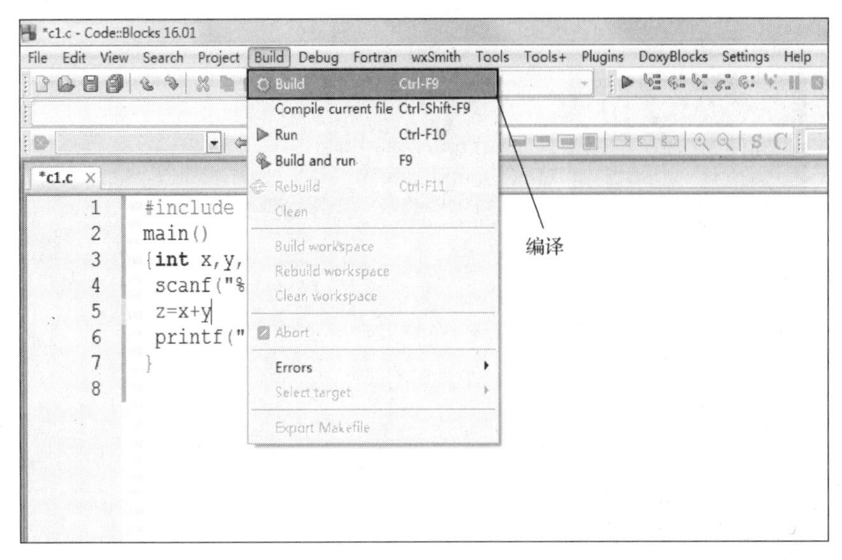

图 3.31　选 Build 可进行编译

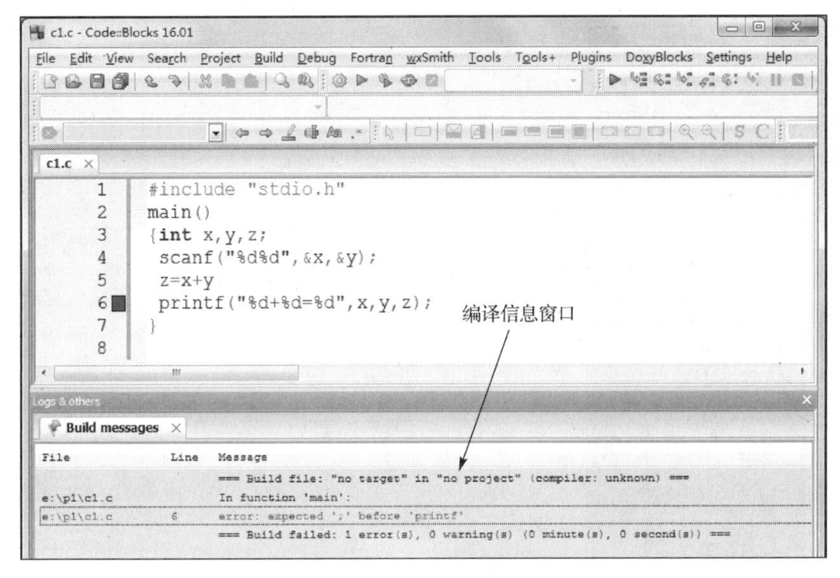

图 3.32　编译结果示例

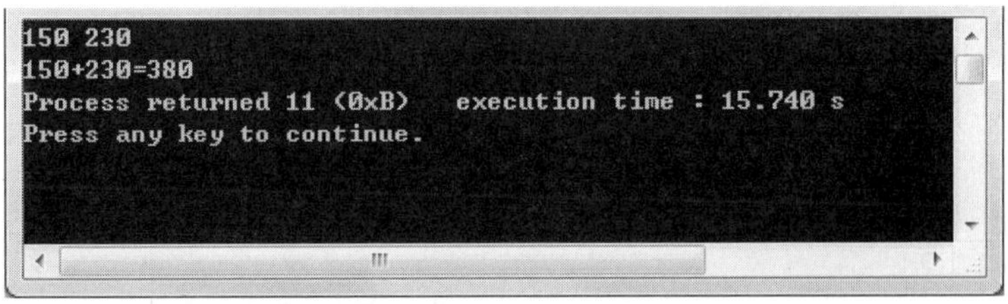

```
150 230
150+230=380
Process returned 11 (0xB)   execution time : 15.740 s
Press any key to continue.
```

图 3.33　运行结果示例

3.4.2　.cpp 程序的编辑与运行

.cpp 程序的编辑与运行方法，与.c 程序的类似。只是要在上述的第 3 步选择 C++，如图 3.34 所示，然后单击 Next 按钮。

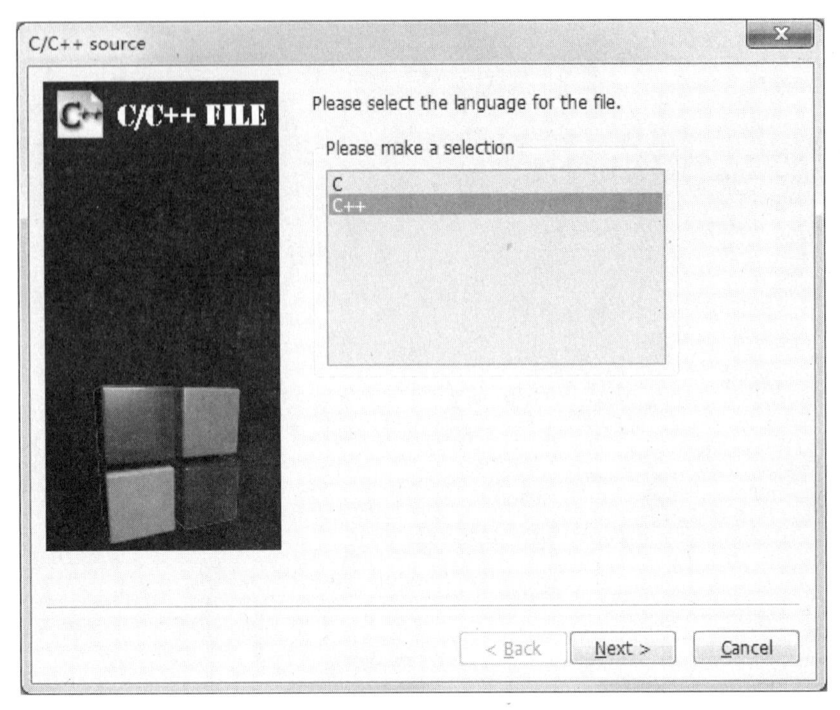

图 3.34　选择类型：C++程序

然后在文本框中输入文件路径与扩展名为.cpp 的文件名，如图 3.35 所示，再单击 Finish 按钮。

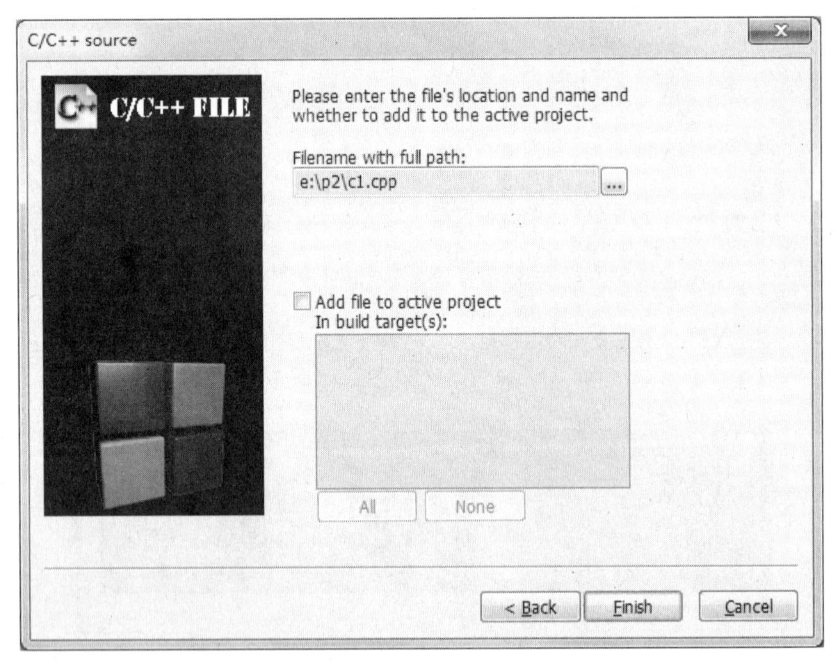

图 3.35　输入文件路径、文件名

后续的编译、运行方法与.c 程序的相同。工欲善其事，必先利其器。初步掌握 Code::Blocks 的编译环境后，读者就可大展身手！

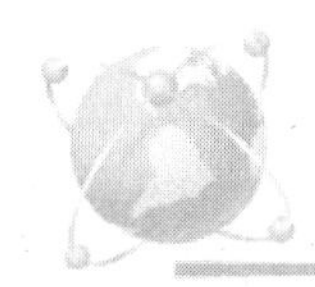

第4章　基础实验

4.1　顺 序 结 构

4.1.1　格式化输入与输出

【实验目的】

（1）熟悉VC++编译环境，掌握运行C程序的基本步骤。

（2）了解C程序的基本构架，体会“程序”的概念及“输入”和“输出”的用法。

（3）初步了解程序调试思想，找出并改正C程序中的语法错误。

【实验内容】

1．样例探讨

人生第一个计算机程序。在屏幕上显示第一条C语言学习赠言“衣带渐宽终不悔，为伊消得人憔悴!”。运行示例如图4.1所示。

源程序：

```
1  #include<stdio.h>
2  int main(void)
3  {
4    printf("衣带渐宽终不悔，为伊消得人憔悴!\n");
5    return 0;
6  }
```

运行示例：

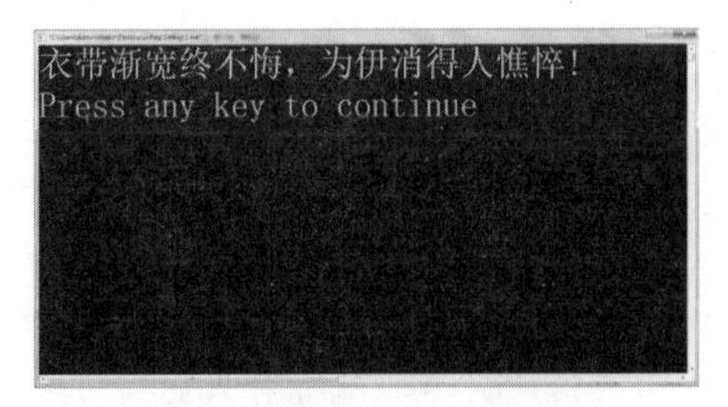

图4.1　样例探讨运行示例

操作步骤：

（1）新建文件夹。新建一个以自己学号命名的文件夹，用于存放C程序。

（2）启动 Visual C++ 6.0。

（3）新建文件。选择“文件”→“新建”，在“文件”选项卡中选择“C++ Source File”选项，在“文件名”对应的文本框中输入“file.c”，在“位置”对应的文本框中选择已建立的文件夹。单击“确定”按钮。

（4）编辑和保存。在编辑窗口中输入源程序，执行“文件”→“保存”命令。

（5）编译。选择“组建”→“编译 file.c”，在弹出的消息框中单击“是”按钮，开始编译。

（6）连接。选择“组建”→“构件 file.exe”命令，完成连接。

（7）运行。选择“组建”→“执行 file.exe”命令，自动弹出运行窗口，显示运行结果，其中“Press any key to continue”提示用户按任意键返回编辑窗口。

（8）关闭工作区。选择“文件”→“关闭工作区”命令，在弹出的消息框中单击“是”按钮，关闭工作区。

2. 火眼金睛——赠言“三分编程，七分调试。”

题目 1 改正下列程序中的错误。在屏幕上显示短语“Hello World!”。运行示例如图 4.2 所示。

源程序：

```
1   #include<stdio.h>
2   int mian(void)
3   {
4     printf (Hello World!\n")
5     return 0;
6   }
```

运行示例：

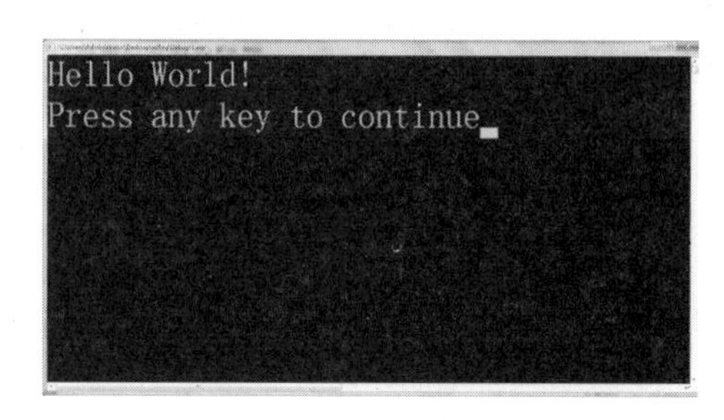

图 4.2 输出 Hello World!

在 VC++环境下对程序进行编译、连接和运行，分析错误原因，指出错误的位置并给出正确语句：

错误行号：_______，正确语句：____________________________

错误行号：_______，正确语句：____________________________

错误行号：_______，正确语句：____________________________

提示

（1）在错误信息窗口，双击错误提示，鼠标箭头会指向出错位置。很多情况下，修改一处错误后可能会使得错误量大大减少。这是因为程序中的一个语法错误常常会导致编译系统产生许多相关联的错误信息。修改后要重新编译。

（2）程序运行结束后要关闭工作区，否则打开另一个程序后，运行的仍是前一个程序。

题目 2　改正下列程序中的错误，程序功能是求数学表达式 3÷4+1÷4 的正确值。从键盘输入 a、b、c 的值分别为 3、1、4。运行示例如图 4.3 所示。

源程序：

```
1   #include<stdio.h>
2   int main(void)
3   {
4      int a,b,c;
5      scanf("%d%d%d",&a,&b,&c);
6      printf("%d\n", a/c+b/c);
7      return 0;
8   }
```

运行示例：

图 4.3　求数学表达式的值

在 VC++环境下对程序进行编译、连接和运行，分析错误原因，指出错误的位置并给出正确语句：

错误行号：________，正确语句：____

错误行号：________，正确语句：____

3．小试牛刀——赠言“宝剑锋从磨砺出，梅花香自苦寒来。”

编写程序，在屏幕上分两行显示自己的班级、学号、姓名和 C 语言编程感受，如图 4.4 所示。

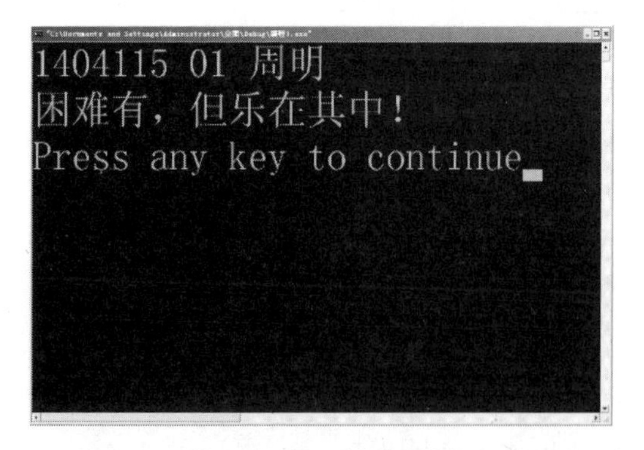

图 4.4　输出班级、学号、姓名和感受

4．乐在其中——赠言“千淘万漉虽辛苦，吹尽狂沙始到金。”

编写程序，在屏幕上显示如图 4.5 所示的图形。

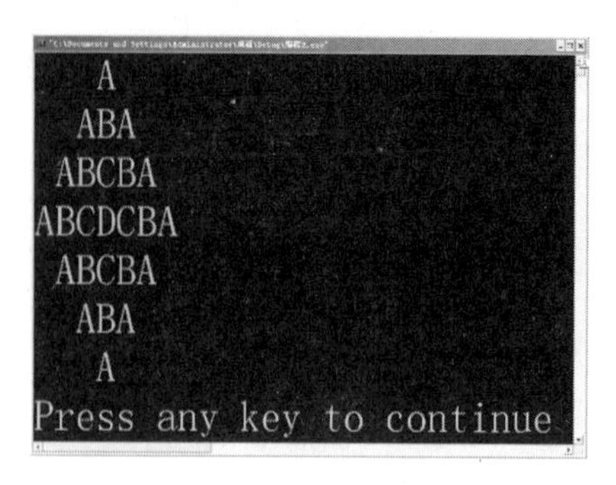

图 4.5 程序显示的图形

> **提示**
>
> 考虑用一条或多条输出函数实现，写出源程序，分析使用输出函数的体会。

【拓展训练】

题目 1 庖丁解牛——简单的 C 语言程序背后的故事。

编写程序在屏幕上输出“This is a C program.”。进入 Visual C++ 6.0 调试模式下的汇编视图（Disassembly），看看这个 C 语言程序背后隐藏的秘密。返回源代码窗口，体会并简要写出 C 语言背后故事的感受。

> **提示**
>
> （1）在汇编视图中，可以看到 C 语言程序中的各条语句所对应的汇编代码。C 语言程序语句所对应的汇编语句，反映了 C 语言程序语句操作硬件的实质。
>
> （2）这个程序很简单，但编译器却在背后做了很多事情，生成了机器相关的汇编代码。因为汇编语言晦涩枯燥而 C 语言简洁易懂，所以 C 语言成为了大家钟爱的语言。
>
> （3）单击“工具”菜单，选择“定制”。在“工具栏”页中勾选“调试”，调出调试工具栏，单击 Restart 按钮，重新启动程序，进入调试状态。再单击 Disassembly 按钮，可以进入汇编视图。观察完毕后，再次单击 Disassembly 按钮返回源代码窗口，最后单击 Stop Debugging 按钮停止调试运行的程序。

题目 2 编写程序，从键盘上输入两个正整数，输出这两个数的和。

题目 3 自由和制约共存，学习与乐趣同在！——编写程序，用可显示的字符、字母、数字等打印输出自己设计的个性图形。

4.1.2 运算符与表达式的使用

【实验目的】

（1）掌握算术表达式和赋值表达式的使用。

（2）掌握基本输入/输出函数的使用。

（3）能够编程实现简单的数据处理。

（4）理解编译错误信息的含义，掌握简单 C 程序的查错方法。

【实验内容】

1. 样例探讨

改正下列程序中的错误。输入整数 x，计算 x 的平方值 y，并分别以“$y=x*x$”和“$x*x=y$”的形式输出 y 的值。运行示例如图 4.6 所示。

源程序（有错误的程序）：

```
1  #include <stdio.h>
2  int main(void)
3  {
4    int x,y;
5    printf("Enter x:");
6    y=x*x;
7    printf("%d=%d*%d",x);/*输出*/
8    printf("%d*%d=%d",y);
9    return 0;
10 }
```

运行示例：

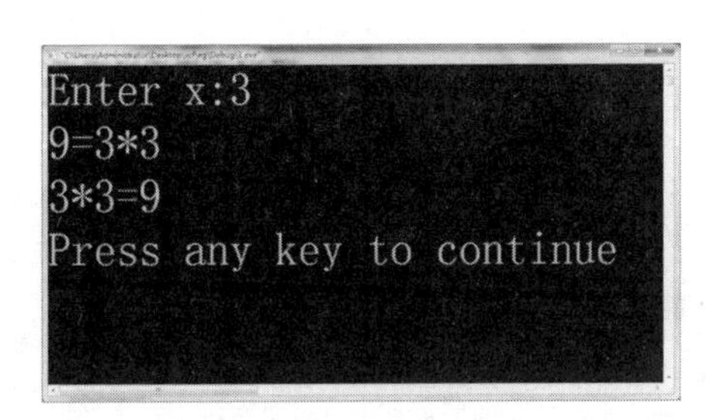

图 4.6　计算 x 的平方值

在 VC++环境下对程序进行编译，信息窗口显示___error(s)___warning(s)。

运行结果为______________________________________

是否正确：______________

仔细查看源程序，指出错误的位置并给出正确的语句：

错误行号：______，正确语句：__________________________

错误行号：______，正确语句：__________________________

错误行号：______，正确语句：__________________________

提示

（1）变量使用前需要初始化。

（2）输出函数中格式符的个数要与变量的个数相对应。

2. 火眼金睛

“我是演说家”演讲比赛中，评委将从演讲内容、演讲能力、演讲效果三个方面为选手打分，各项成绩均按百分制计分，然后计算选手的三项成绩的平均分为最终成绩，如表 4.1

所示。改正下列程序中的错误。从键盘上任意输入某位选手的三项成绩，编程求该选手的最终成绩。运行示例如图 4.7 所示。

表 4.1 选手成绩表

选 手	演 讲 内 容	演 讲 能 力	演 讲 效 果
乐嘉	78	69	82
鲁豫	95	85	95

源程序（有错误的程序）：

```
1  #include <stdio.h>
2  int main(void)
3  {
4    int content,ability,effect;
5    printf("请输入演讲内容、演讲能力、演讲效果三项成绩：\n");
6    scanf("%d,%d,%d", content,ability,effect);
7    ave=content+ability+effect/3;
8    printf("演讲内容=%d\n 演讲能力=%d\n 演讲效果=%d\n 平均分=%.1f",
            content,ability,effect,ave);
9    return 0;
10 }
```

运行示例：

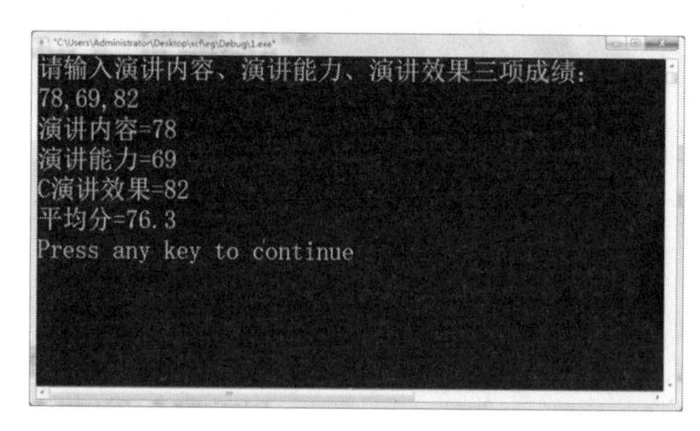

图 4.7 “我是演说家”选手成绩

（1）仔细查看源程序，指出错误的位置并给出正确的语句：

错误行号：________，正确语句：________________________

错误行号：________，正确语句：________________________

错误行号：________，正确语句：________________________

（2）如果输入示例采用如下形式，程序应如何修改？

输入示例：

```
请输入演讲内容、演讲能力、演讲效果三项成绩：
78↙
69↙
82↙
```

修改行号：________，修改后语句：________________________

提示

（1）注意输入函数的参数列表的格式。

（2）C 语言中的“/”运算符，当两个操作数是整数时，结果也是整数。

（3）变量在使用前，一定要事先定义。

3. 无中生有

一个 4 位十进制整数 *x*，由千（m1）、百（m2）、十（m3）、个（m4）位组成。4 位数码管显示 *x* 时，需要将 *x* 用 m1、m2、m3、m4 表示出来，然后将 m1、m2、m3、m4 送给显示缓冲区，此时即可在 LED 数码管上显示出来。例如。显示数字 *x* 为 409，通过计算 m1 = 0、m2 = 4、m3 = 0 和 m4 = 9，如图 4.8 所示。编写一个程序，实现用户从键盘任意输入一个三位正整数，程序输出该数的个位数字、十位数字和百位数字的值。根据题意，请将下面的程序补充完整。运行示例如图 4.9 所示。

源程序：

```
1  #include <stdio.h>
2  main()
3  {
4  int num,ge,shi,bai;
5  printf("请输入一个三位正整数：\n");
6  scanf("%d",________);
7  ge=num%10;          /*求个位数*/
8  shi=________;  /*求十位数*/
9  bai=num/100;        //求百位数
10  printf("该数的个位数字是%d,十位数字是%d,百位数字是%d\n",ge,shi,bai);
11  }
```

图 4.8　数码管显示

运行示例：

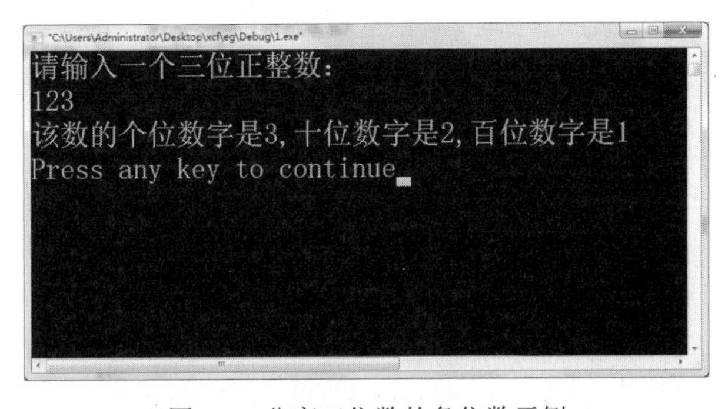

图 4.9　分离三位数的各位数示例

提示

（1）注意输入函数参数列表的要求。

（2）十位数的分离方法可以参考个位数的分离方法，也可以自己选择一种合适的方法。

如果 num 是一个 4 位正整数，求它的每一位数字应该怎样编写程序？

求个位数的语句：________________________________

求十位数的语句：________________

求百位数的语句：________________

求千位数的语句：________________

> **提示**
>
> 参考三位数的各个位数的分离方法。

4．小试牛刀

题目 1 编程实现求华氏温度 150℉对应的摄氏温度。

计算公式为 $C=\dfrac{5(F-32)}{9}$，其中 C 表示摄氏温度，F 表示华氏温度。

> **提示**
>
> 注意 C 语言中“/”的特点，对于 5/9，结果为 0（两个操作数为整数时，结果为整数），所以在编写程序时，针对这个问题要做一下处理。

题目 2 毛主席教导我们：“千万不要忘记阶级斗争。”现在我们来清算狗地主钱剥皮残酷剥削贫农张大伯那笔“利上加利”的罪恶账。贫农张大伯原来只向狗地主借了 3 元钱，10 个月后，“利上加利”到 $3(1+30\%)^{10}$ 元，即 3×1.3^{10} 元。现在让我们编程来看看这个数字究竟有多大。

> **提示**
>
> 1.3^{10} 可利用<math.h>头文件中的库函数 pow(1.3,10)计算。计算利息的流程如图 4.10 所示。

【拓展训练】

题目 1 从键盘输入两个大写字母，输出与之相应的小写字母。

> **提示**
>
> 观察 ASCII 码中的规律。输出小写字母的流程如图 4.11 所示。

包含stdio.h、math.h头文件
定义变量：y
y=3*pow(1.3,10)
输出y的值

图 4.10 计算利息流程

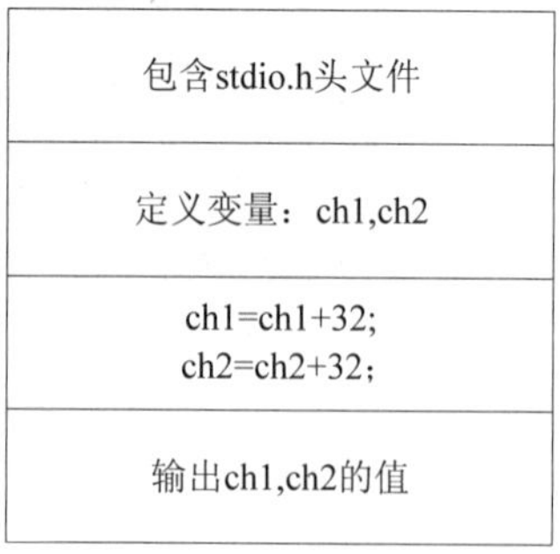

包含stdio.h头文件
定义变量：ch1,ch2
ch1=ch1+32; ch2=ch2+32;
输出ch1,ch2的值

图 4.11 输出小写字母流程

题目 2 编程求解鸡兔同笼问题。笼内有鸡和兔两种动物，数头共有 35 个，数脚共有 94 只，求鸡和兔各多少只。

提示

注意 C 语言中赋值运算符"="的使用方法，左侧只能是变量，不能是表达式。设鸡 x 只，兔 y 只，头数为 h，脚数为 f，则有

$$\begin{cases} x+y=h \\ 2x+4y=f \end{cases} \quad \text{可以推知} \begin{cases} x=2h-\frac{1}{2}f \\ y=f/2-h \end{cases}$$

，根据此公式计算即可。

题目 3　输入一个正整数 x，输出 2^x 的值。运行示例如图 4.12 所示。

运行示例：

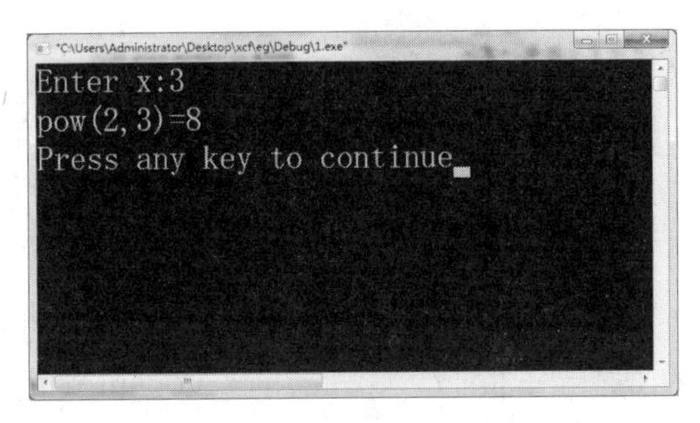

图 4.12　输出 2^x 的值

提示

需要使用数学库函数。参考流程如图 4.13 所示。

题目 4　编写标准体重计算器。输入性别、身高，根据公式（身高（cm）-100）×0.9 = 标准体重（kg），输出对应的标准体重。运行示例如图 4.14 所示。

运行示例：

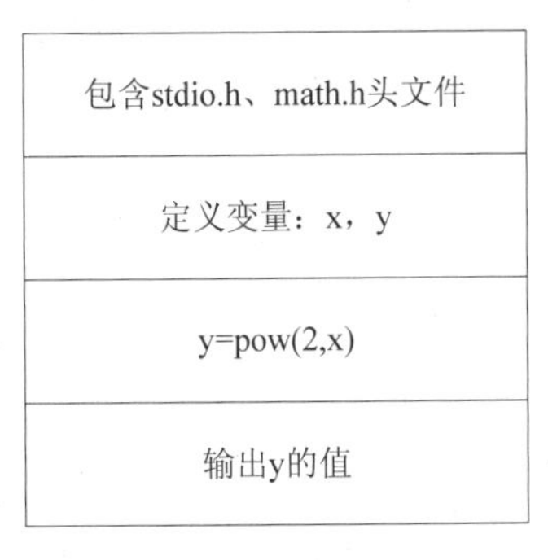

图 4.13　输出 2^x 流程

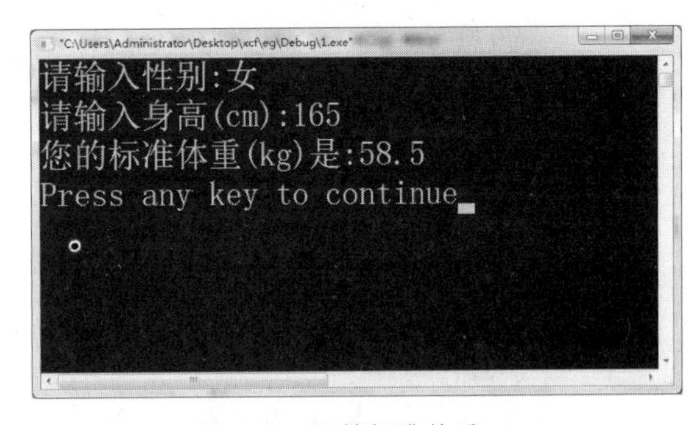

图 4.14　计算标准体重

提示

直接根据公式计算即可，注意赋值运算符的用法。

题目 5　输入一个 double 类型的数据，使该数保留小数点后两位，使用提示的算法对第三位小数进行四舍五入处理，并输出此数。运行示例如图 4.15 所示。

运行示例：

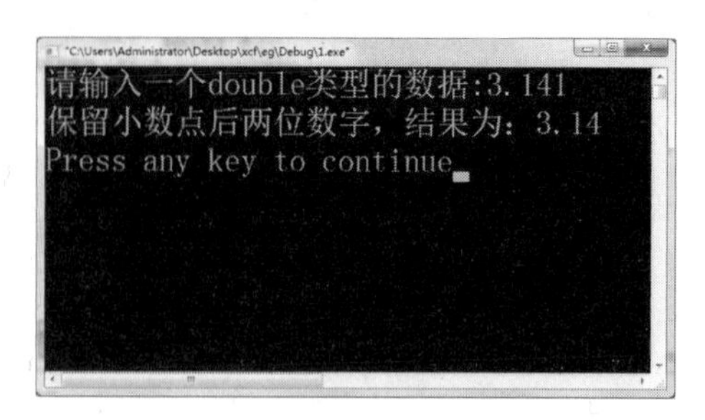

图 4.15　数据的四舍五入

> **提示**
> 设 x 为所给的数据，将 x 扩大 100 倍，加上 0.5 之后取整，再缩小 100 倍。

【二级实战】

将两个两位数的正整数 a、b 合并成一个整数放在 c 中。合并的方式如下：将 a 数的十位数和个位数依次放在 c 数的千位和十位上，将 b 数的十位数和个位数依次放在 c 数的百位和个位上。例如，$a=45$，$b=12$ 时，合并后，$c=4152$。

解题思路：

分解两位数 n 的个位和十位，可用 n%10 和 n/10 实现。设 x0、x1、x2、x3 为被分解的一位数，并分别为个位、十位、百位、千位，则所构成的 4 位数为 x0 + x1×10 + x2×100 + x3×1000。

参考源程序如下：

```
#include <stdio.h>
void main()
{
    int a,b,x0,x1,x2,x3,c;
    printf("input two integers:");
    scanf("%d,%d",&a,&b);
    x0=a/10;
    x1=b/10;
    x2=a%10;
    x3=b%10;
    c=x0*1000+x1*100+x2*10+x3;
    printf("合并后为%d\n",c);
}
```

4.2　选 择 结 构

【实验目的】

（1）熟练掌握关系运算符和逻辑运算符。

（2）熟练掌握 if 语句和 switch 语句的用法。

（3）能够正确调用 C 语言中提供的数学库函数。

【实验内容】

1. 样例探讨

编写一个程序，输入整数 x，计算并输出分段函数 $f(x)$的值，算法如图 4.16 所示。

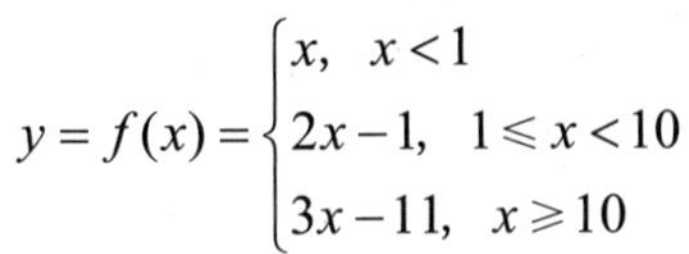

$$y=f(x)=\begin{cases}x, & x<1\\ 2x-1, & 1\leqslant x<10\\ 3x-11, & x\geqslant 10\end{cases}$$

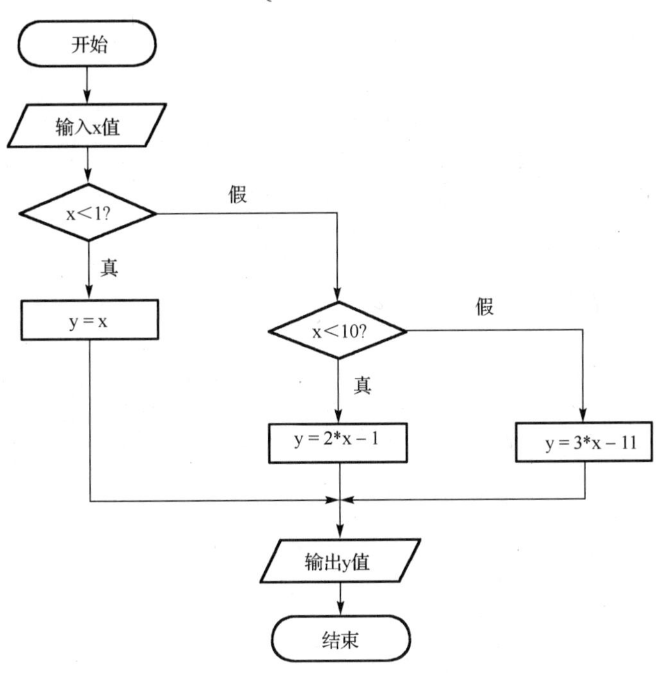

图 4.16　分段函数算法

源程序：

```
1  #include<stdio.h>
2  int main(void)
3  {
4    int x,y;
5    printf("input x:");
6    scanf("%d",&x);
7    if(x<1)
8      y=x;
9    else
10     if(x<10)
11       y=2*x-1;
12     else
13     y=3*x-11;
14    printf("x=%d,y=%d\n",x,y);
15  }
```

运行示例 1：

```
input x:0↙
x=0,y=0
```

运行示例 2：

```
input x:5↙
x=5,y=9
```

运行示例 3：

```
input x:20↙
x=20,y=49
```

2. 火眼金睛

改正下列程序中的错误。输入整数 x，计算并输出如下函数 $f(x)$的值，算法如图 4.17 所示。

$$y = f(x) = \begin{cases} x, & x = 10 \\ x+5, & x \neq 10 \end{cases}$$

源程序：

```
1  #include<stdio.h>
2  int main(void)
3  {
4    int x,y;
5    printf("Enter x:\n");
6    scanf("%d",x);
7    if(x=10)
8    {
9       y=x
10   }
11   else(x!=10)
12   {
13    y=x+5;
14   }
15   printf("f(%d)=%d\n",x,y);
16   return 0;
17  }
```

运行示例：

```
Enter x:10↙（第 1 次运行）
f(10)=10
Enter x:20↙（第 2 次运行）
f(20)=25
```

（1）打开源程序，对程序进行编译，指出错误位置、分析错误原因并给出正确语句。

错误行号：_______，正确语句：______________________________

错误行号：_______，正确语句：______________________________

错误行号：_______，正确语句：______________________________

错误行号：_______，正确语句：______________________________

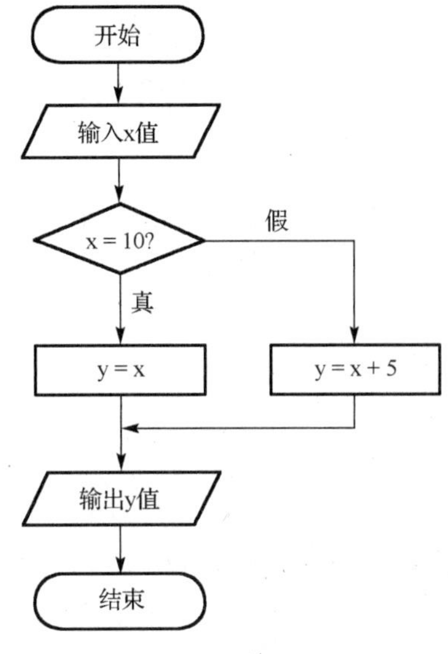

图 4.17　函数算法

3. 无中生有

给出 100 分制成绩，要求输出对应的等级。90 分以上为 A，80～89 分为 B，70～79 分为 C，60～69 分为 D，60 分以下为 E。请将程序补充完整。

源程序：

```
1  #include<stdio.h>
2  void main()
3  {
4    char grade;  /*等级*/
5     float score;  /*分数*/
6    printf("请输入学生成绩：");
7     ____________________;   /*读入分数*/
8    switch(_______________) /*将分数 score 换算成 case 后对应的常量*/
9    {
10       case 10:
11       case 9: grade='A'; break;  /*求 grade 对应的等级*/
12       case 8: grade='B'; break;
13       case 7: grade='C'; break;
14       case 6: grade='D'; break;
15       case 5: case 4: case 3: case 2: case 1:
16       case 0: grade='E'; break;
17   }
18   printf("分数：%4.1f  等级：%c\n",score,grade);
19   }
```

运行示例：

```
请输入学生成绩：95.6↙
分数：95.6  等级：A
```

4．小试牛刀

编写一个程序，输入三个整数，输出其中绝对值最小的数。

> **提示**
>
> 利用<math.h>头文件中求绝对值的函数 abs()，即 abs(x)的结果是 x 的绝对值。

运行示例：

```
Input three integers:-4,6,-8↙
The absolute minimum number is -4
```

5．乐在其中

欧亚卖场店庆职业套装大甩卖，也单件出售。购买的套数多于 50（含 50）时，每套 80 元；不足 50 套时，每套 100 元；只购买上衣时，每件 60 元；只购买裤子，每件 45 元。编程实现从键盘上任意输入顾客所买的上衣和裤子的件数，输出应付总金额，算法如图 4.18 所示。

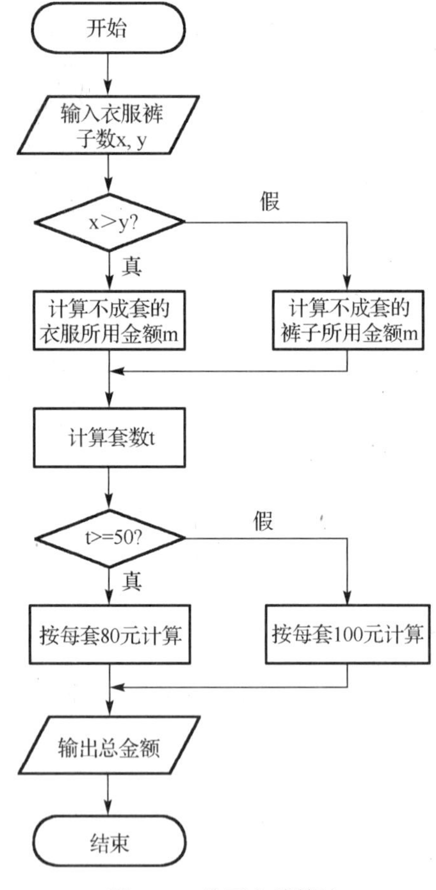

图 4.18　购买衣裤算法

运行示例：

```
Input the numbers of jacket and trousers:10,10↙
The amount of payment is:1000
```

【拓展训练】

题目 1　编写程序，从键盘输入一个 4 位数，如果 4 位数各位上的数字相等且为偶数，则输出“YES”，否则输出“NO”。

提示

算法的关键是 4 位数相等的条件和该数为偶数的条件同时满足。

题目 2　输入三角形的三边长 a、b、c，若三边长不能构成三角形，给出提示信息，若构成三角形，则给出是等边、等腰还是普通三角形的判断结果。

提示

为了简化算法，注意题目中各种条件的判断顺序，先判断是否构成三角形，然后判断是否为等边三角形，继而判断是等腰还是普通三角形。

题目 3　输入某年某月某日，判断这一天是这一年的第几天？

提示

算法 1:

（1）定义变量 year、month、day 分别代表输入的年、月、日，daysum 代表所求结果这一年中的第几天，选用 switch 语句，把月份从 1 到 12 按顺序作为 case 后的常量，算法如图 4.19 所示。

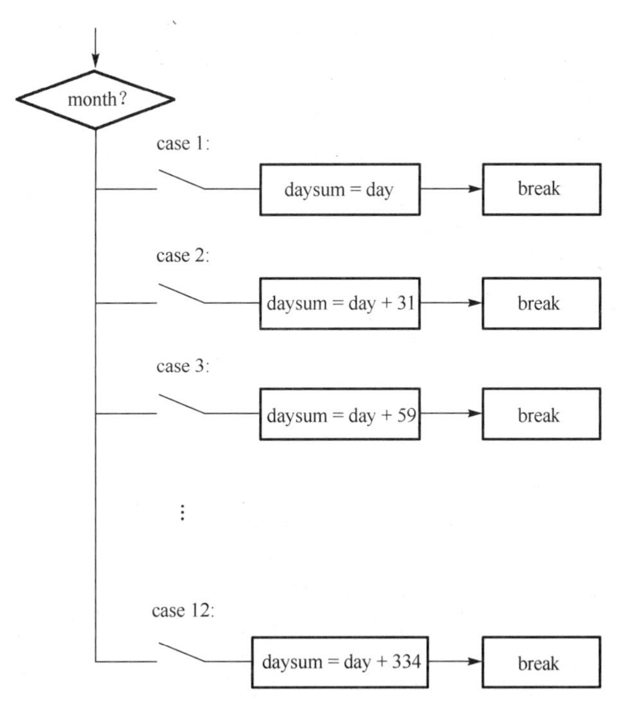

图 4.19　方法一中 switch 结构

（2）若是闰年，结果 daysum 就再多加 1 天。闰年的判定条件是：能被 4 整除但不能被 100 整除或能被 400 整除的年份。

算法 2:

把月份从 12 到 1 按顺序作为 case 后的常量，就可不用 break 语句。利用 switch 语句的执行顺序可从上到下进行累加求和，直到退出 switch 语句，就可计算出 daysum 的值。

【二级实战】

1. 程序填空题

（1）函数 fun 的功能是：从三个形参 a、b、c 中找出中间的那个数，作为函数值返回。例如，当 a = 3，b = 5，c = 4 时，中数为 4。请在程序的下画线处填入正确的内容，并把下画线删除，使程序得出正确的结果。注意：源程序存放在考生文件夹下的 BLANK1.C 中。不得增行或删行，也不得更改程序的结构！

题目源程序：

```
#include <stdio.h>
int fun(int a, int b, int c)
{
int t;
/**********found**********/
t = (a>b) ? (b>c? b :(a>c?c:___1___)) : ((a>c)?___2___ : ((b>c)?c:___3___));
return t;
}
main()
{ int a1=3, a2=5, a3=4, r;
r = fun(a1, a2, a3);
printf("\nThe middle number is : %d\n", r);
}
```

解题思路：

① 将表达式逐层分解，整体分解如图 4.20 所示。

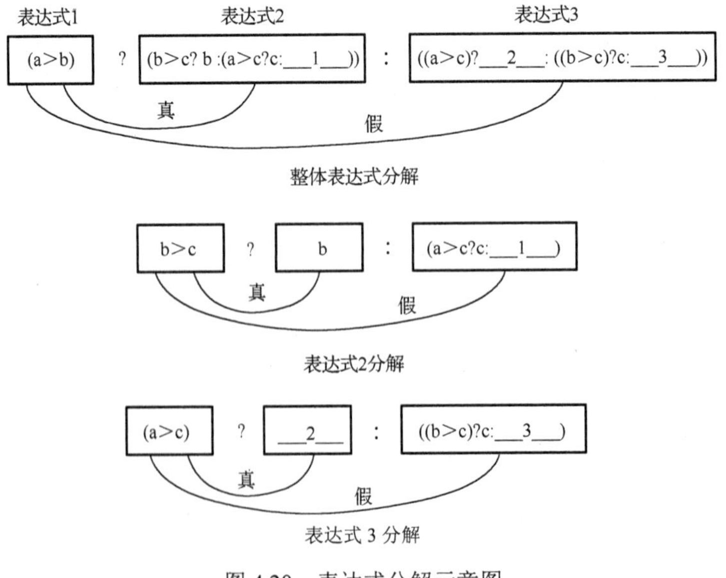

图 4.20 表达式分解示意图

② 答案：

第一处：a。

第二处：a。

第三处：b。

（2）函数 fun 的功能是进行字母转换。若形参 ch 中是小写英文字母，则转换成对应的大写英文字母；若 ch 中是大写英文字母，则转换成对应的小写英文字母；若是其他字符，则保持不变。将转换后的结果作为函数值返回。请在程序的下画线处填入正确的内容，并把下画线删除，使程序得出正确的结果。注意：源程序存放在考生文件夹下的 BLANK1.C 中。不得增行或删行，也不得更改程序的结构！

题目源程序：

```
#include <stdio.h>
#include <ctype.h>
char fun(char ch)
{
/**********found**********/
if ((ch>='a')____1____ (ch<='z'))
return ch -'a' + 'A';
if ( isupper(ch) )
/**********found**********/
return ch +'a'- ____2____;
/**********found**********/
return ____3____;
}
main()
{ char c1, c2;
printf("\nThe result :\n");
c1='w'; c2 = fun(c1);
printf("c1=%c c2=%c\n", c1, c2);
c1='W'; c2 = fun(c1);
printf("c1=%c c2=%c\n", c1, c2);
c1='8'; c2 = fun(c1);
printf("c1=%c c2=%c\n", c1, c2);
}
```

解题思路：

① 代码中用到了函数 isupper()，该函数判断字母是否为大写字母，是大写字母时返回值为真，否则为假。

② 答案：

第一处：判断形参 ch 是否为小写字母，小写字母的判定条件是'a'字符到'z'字符之间，所以应填&&。

第二处：小写字母与大写字母的 ASCII 值相差 32，所以应填'A'或 65。

第三处：将结果 ch 的值返回给主函数，所以应填 ch。

2．程序改错题

给定程序 MODI1.C 中函数 fun 的功能是：首先将大写字母转换为对应的小写字母；若小

写字母为 a～u，则将其转换为其后的第 5 个字母；若小写字母为 v～z，则使其值减 21。转换后的小写字母作为函数值返回。例如，若形参是字母 A，则转换为小写字母 f；若形参是字母 W，则转换为小写字母 b。请改正函数 fun 中指定部位的错误，使它能得出正确的结果。注意：不要改动 main 函数，不得增行或删行，也不得更改程序的结构！

题目源程序：

```
#include <stdio.h>
#include <ctype.h>
char fun(char c)
{
/**************found**************/
C=C+32;
if(c>='a' && c<='u')
/**************found**************/
c=c-5;
else if(c>='v'&&c<='z')
c=c-21;
return c;
}
main()
{ char c1,c2;
printf("\nEnter a letter(A-Z): ");
c1=getchar();
if( isupper( c1 ) )
{ c2=fun(c1);
printf("\n\nThe letter \'%c\' change to \'%c\'\n", c1,c2);
}
else printf("\nEnter (A-Z)!\n");
}
```

解题思路：

第一处：变量 c 错写成了大写 C。

第二处：要求转换为其后的第 5 个字母，所以应改为 c=c+5;。

4.3 循环结构

4.3.1 基本循环

【实验目的】

（1）掌握用 while、do-while 和 for 语句实现循环的方法。

（2）熟悉循环结构程序设计中一些常用的算法，如穷举、迭代、递推等。

【实验内容】

1. 样例探讨

以下程序的功能是实现计算自然数 1 到 5 的平方值并逐个输出。请上机验证该程序，探讨问题并填空。

源程序：

```
1 #include <stdio.h>
2 int main()
3 {   int i=0;
4    while(i<5)
5       i++;
6     printf("%d*%d=%d\n",i,i,i*i);
7 }
```

运行示例：

```
1*1=1
2*2=4
3*3=9
4*4=16
5*5=25
```

（1）要想得到正确的预期结果，如何改正源程序：

____。

（2）在上题基础上，若输出 1 到 50 中所有偶数的平方值，需如何修改程序？

修改行号：________，修改后语句：______________________________

修改行号：________，修改后语句：______________________________

提示

实现循环结构的关键，是循环变量的初值、循环条件、循环体得以全部正确表达。为正确实现求 5 个平方值并输出，算法流程应如图 4.21 所示。源代码循环体语句并没有{}，默认只有第 5 行语句属于循环体内容。因此，无法得到预期结果。而对问题（2），修改循环条件及循环变量增值即可。

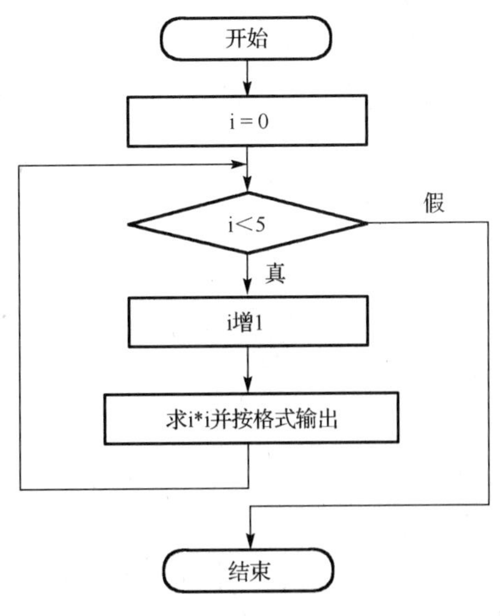

图 4.21　输出 5 个数的平方的流程

2. 火眼金睛

以下程序用辗转相除法求两个正整数 *m* 和 *n* 的最大公约数，继而求最小公倍数。请上机调试程序并改错。

源程序：

```
1   #include <stdio.h>
2   int main()
3   {int p,r,n,m,temp;
4   printf("input n and m: ");
5   scanf("%d,%d",&n,&m);
6   p=n*m;                  /*先将 n 和 m 的乘积保存在 p 中，以便求最小公倍数时用*/
7   r=n%m;
8   while(r!=0);            /*求 n 和 m 的最大公约数*/
9    {
10     n=m;
11     m=r;
12     r=n%m;
13   }
14  printf("Gongyueshu:%d\n",m);         /*输出最大公约数*/
15  printf("Gongbeishu:%d\n",p/m);       /*输出最小公倍数*/
16  }
```

运行示例：

```
input n and m: 108,90↙
Gongyueshu:18
Gongbeishu:540
```

仔细查看源程序，指出错误的位置并给出正确的语句：

错误行号：________，正确语句：__________________________________

提示

反复进行的辗转相除是实现算法的关键，正确的算法流程应如图 4.22 所示。注意：最后余数为 0 时对应的除数 m 为所求最大公约数。仔细辨别原代码中的循环条件、循环体是否和该流程对应，即可明确错误所在！

3. 无中生有

以下程序的功能是输出所有的“水仙花数”（所谓水仙花数，是指一个三位数，该数自身的值等于其各位上数字的立方和）。请完成程序。

源程序：

```
1  #include "stdio.h"
2  main()
3  { int i,j,k,m;     //i,j,k 分别代表 m 的百位、十位、个位
4   for(m=100; m<=999; m++)
5    {
6       i= ___________________  ;
```

```
7        j= ____________________ ;
8         k= ____________________ ;
9        if ( ______________________________ )
10           printf("%d",m);
11     }
12   }
```

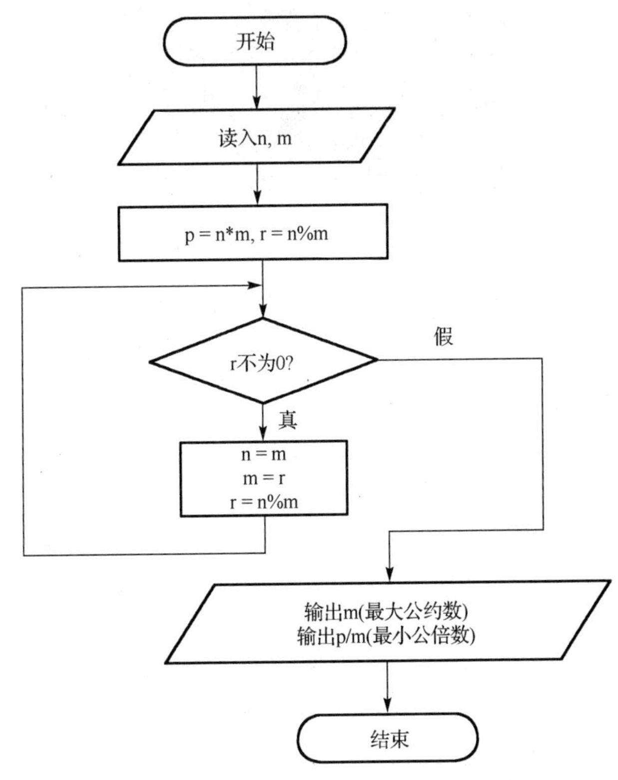

图 4.22　求最大公约数和最小公倍数的流程

提示

题目用穷举法，对所有可能的数（从 100 到 1000）依次穷举并判断是否满足条件。本题为了正确进行判断，需对每一个数 m 分别求百位、十位、个位，然后判断立方和是否等于 m。

4．小试牛刀

编写一个程序，求 $S_n = a + aa + aaa + \cdots + aa\ldots a$ 的值，其中 a 是一个数字。例如，2 + 22 + 222 + 2222 + 22222（此时 $n = 5$），a 和 n 的值由键盘输入。

运行示例：

```
n: 2,5↙
a+a+aaa+…=24690
```

提示

累加问题的关键是保证初始加数项正确，递推公式正确。本题加数项初始为 a，如何由当前项递推到下一项是实现算法的关键。这里的参考规律是：下一加数项 = 当前项*10 + a。

5. 乐在其中

猜数游戏。由计算机产生一个随机数让人猜，如猜对，则结束，否则计算机给出提示，告诉人所猜的数是太大还是太小，直到猜对为止。运行示例如图 4.23 所示。

运行示例：

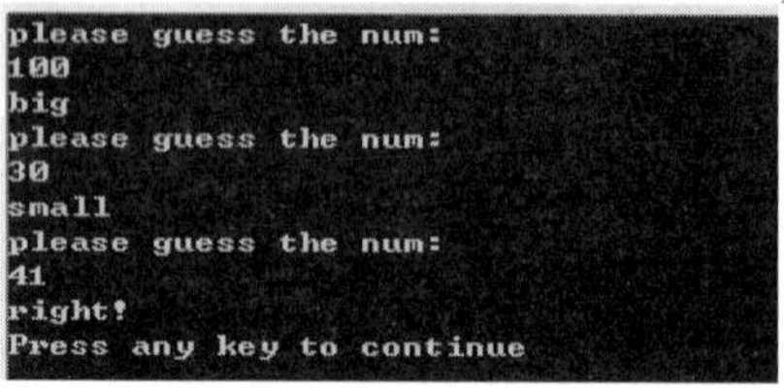

```
please guess the num:
100
big
please guess the num:
30
small
please guess the num:
41
right!
Press any key to continue
```

图 4.23 程序运行示例

提示

首先产生随机数，再反复从键盘输入所猜的数，根据猜的结果决定是继续猜还是退出。产生随机数 magic 可参考下面的代码。

```
#include<stdlib.h>
#include <time.h>
main()
{ int  magic,num;
  srand((unsigned)time(NULL));
  magic=rand()%100;
  …
}
```

其中，rand()用于产生随机数。对 100 取余数是为了控制数的范围，方便猜数。而 srand 函数是随机数发生器的初始化函数。srand 的原型是 void srand(unsigned seed);，即 srand 函数需要一个“种子”，种子对应一个数，如果使用相同的种子，后面的 rand( )函数会出现相同的结果。为了防止随机数每次运行重复，常使用系统时间来初始化，即使用 time 函数来获得系统时间，然后将得到的数据转化为(unsigned)型再传给 srand 函数。

程序产生 magic 后，后续应循环输入 num 并判断是否等于 magic，猜对则退出。

【拓展训练】

题目 1 约瑟夫环（Joseph problem）问题：已知 n 个人（以编号 1, 2, 3, ..., n 分别表示）围坐在一张圆桌周围。从编号 1 的人开始报数，数到 m 的那个人出列；他之后的下一个人又从 1 开始报数，数到 m 的那个人又出列；依此规律重复下去，直到圆桌周围的人全部出列。求解最后出列的人的编号。

提示

约瑟夫环（Joseph problem）是 ACM（Association for Computing Machinery）/ICPC（International Collegiate Programming Contest）中的一个经典问题，该问题有多种解法，比如依靠数组和链表。下面我们介绍的是最简单高效的实现方式，程序极其精巧，但其分析过程体现了强大的数学推理能力，有一定的难度。

通常解决这类问题时，我们把编号设为从 0～n-1，从 0 开始报数，报到 m-1 退出，最终求得的编号注意加 1 即是原题目解。显然，第 1 个出列者编号一定是 m%n-1（如 m 是 2，则出列者最先为 1 号），他出列后，剩下的 n-1 个人组成了一个新的约瑟夫环，设 k=m%n，则剩余人以编号为 k 开始：

```
k, k+1, k+2,..., n-2, n-1, 0, 1, 2, ... , k-2
```

这 n-1 个人接下来从 k 开始报 0。其解为 s，s 也是原问题的最终解。此时号码和解做如下转换：

```
k → 0, k+1 → 1, k+2 → 2, k-2 → n-2, k-1 → n-1
```

目前的 s 编号，假设对应转换后的 s′号，那么 s 完全是(n–1)个人报数子问题的解编号。因此，问题规模缩小了。而根据 s′可求 s：s=(s′+m)%n。如何知道(n–1)个人报数的问题的解 s′？其实，只需知道(n–2)个人的解再运算就行了。(n–2)个人的解呢？当然是先求(n–3)的情况！例如：假设现在是 6 个人（编号从 0 到 5）报数，报到 2 的退出，即 m=2。那么第 1 次编号为 1 的人退出圈子，序列变为 2, 3, 4, 5, 0，即问题变成了这 5 个人报数的问题，将序号做转换：

```
2 → 0
3 → 1
4 → 2
5 → 3
0 → 4
```

设 s′为 0, 1, 2, 3, 4 的解，s 为 2, 3, 4, 5, 0 的解，其实也就是原问题的解。则 s=(s′+m)%6，因此只要求出 s′就可以求 s。如何求 s′？第二个 1 出列，出列后为（2, 3, 4, 0），转换变为

```
2 → 0
3 → 1
4 → 2
0 → 3
```

求这 4 个人的解 s″，再根据运算公式(s′=s″+m)%5 可求 s′。每次对人数求模。这样一直进行下去，递推到只剩下编号为 0 的人（其解必然是 0）。设 F(i)表示 i 个人玩游戏，报 m 退出，那么最后胜利者的编号的递推公式为

```
F(1)=0;
F(i)=(F(i-1)+m)%i;  (i>1)
```

参考程序如下：

```c
#include <stdio.h>
  int main()
  {
      int n, m, i, last = 0;      //编号从 0 开始到 n-1，如 1 人则 last 值为 0
      printf ("n  m= ");          //输入人数和间隔 m
      scanf("%d%d", &n, &m);
      for (i = 2; i <= n; i++)    //求 2 人到 n 人情况下的胜利者编号
      {
          last = (last + m) % i;
      }
```

```
        printf("\nThe winner is %d\n", last+1); //和生活习惯一致，序号为编号+1
    }
```

题目 2 求两个数 *m*、*n* 的最大公约数和最小公倍数（不用“辗转相除”法）。

提示

穷举法。穷举所有可能的公约数（从大到小），遇到的第一个被 *m* 和 *n* 都整除的数即为所求。最小公倍数显然需从小到大穷举。

题目 3 求一个整数 *n* 的各位数字之和。

提示

C 语言中%和/的特性可方便地求出一个整数的末位，或舍弃末位。这是计算机等级考试中常考察的知识点。取 *n* 的最低位，累加到和上，然后舍弃最低位。重复此操作至所有位处理完毕。

题目 4 有一群猴子，摘了一堆桃子（第 1 天）。商量之后决定每天吃桃子的一半，每天大家吃完桃子后，有个贪心的小猴会偷偷再吃一个桃子。按照这样的方式，猴子们每天都快乐地吃着桃子，直到第 10 天，当大家再想吃桃子时，发现只剩下一个桃子。问猴子们一共摘了多少桃子?

提示

迭代法。根据题意，每天都吃前一天桃子的一半还多一个。第 10 天桃子数为 rest = 1，第 9 天桃子数 peach 如何求得？由 peach–(peach/2+1) = rest，知 peach = (rest+1)*2 即为第 9 天的桃子数。利用迭代法，求得第 9 天的 peach 为新的 rest，则可继续求第 8 天的桃子数 peach，以此类推，直到求出第 1 天的桃树 peach。

题目 5 歌德巴赫提出，一个不小于 6 的偶数必定能表示为两个素数之和，例如 6 = 3 + 3, 8 = 3 + 5, 10 = 3 + 7, …。编程验证此猜想，要求：1）用户输入任意一个不小于 6 的偶数，不满足条件需重新输入。2）打印出它所能分解成的两个素数。

提示

“输入满足某种条件的数”，适合用 do-while 实现。不满足条件则继续循环输入。设分解成的素数为 a、b 两部分，可穷举 a 的每一种可能，求出对应的 b，然后判断 a、b 是否为素数即可。

【二级实战】

1. 程序填空题

函数 fun 的功能是，将形参 n 中各位上不为奇数的数取出，并按原来从高位到低位的顺序组成一个新数，作为函数值返回。例如，若从主函数中输入一个整数 27638496，则函数的返回值为 26846。请在程序的下画线处填入正确的内容并将下画线删除，使程序得出正确的结果。注意：不得增行或删行，也不得更改程序的结构！试题程序如下：

题目源程序：

```
#include "stdio.h"
unsigned long fun(unsigned long n)
{unsigned long x=0,s,i;int t;
s=n;
/*************found**************/
i=______[1]_______ ;
/*************found**************/
while(___[2]______)
{t=s%10;
 if(t%2==0)
  {/*************found**************/
    x=x+t*i; i=___[3]__ ;
}
  s=s/10;
}
return x;
}
main()
{unsigned long n=-1;
while(n>99999999||n<0)
 {printf("please input n(0<n<100000000):");
  scanf("%ld",&n);
}
printf("the result is :%ld\n",fun(n));
}
```

解题思路：

从低位到高位依次取出各位数字 t 并判断，t 为非奇数时则按适当权值组成新数。i 代表数字 t 在新数中的位置权值。空 1 是变量 i 赋初值，初始应为 1（最低位的权值）；而空 3 显然应使权值发生 10 倍的变化，这样就可由个位依次变化为十位、百位、千位等，所以应填 i*10；而空 2 填 while 循环的条件，本题 s 从初值 n 开始，每次通过 s=s/10;来舍掉末位，如 s 不为 0 则继续，所以可填 s 或 s>0。

2．程序改错题

给定程序 MODI1.C 中函数 fun 的功能是，用以下公式求得近似值，直到最后一项的绝对值小于给定的值（形参 num）时停止：

$$\frac{\pi}{4}=1-\frac{1}{3}+\frac{1}{5}-\frac{1}{7}+\cdots$$

例如，程序运行后，如输入 0.0001，则输出 3.1414。请改正程序中的错误，使得程序输出正确的结果。注意：不要改动 main 函数，不要增行或删行，也不得更改程序的结构。

题目源程序：

```
#include "math.h"
#include "stdio.h"
```

```
float fun(float num)
{int s; float n,t,pi;
t=1;pi=0; n=1; s=1;
/**************found***************/
while(t>=num)
{pi=pi+t;
 n=n+2;
 s=-s;
 /**************found***************/
t=s%n;
}
pi=pi*4;
return pi;
}
main()
{float n1,n2;
printf("Enter a float num:\n ");
scanf("%f",&n1);
n2=fun(n1);
printf("%6.4f",n2);
}
```

解题思路：

累加问题，要求最后一项绝对值小于 num 时停止，所以 while 后面的表达式（循环条件）应为加数项的绝对值大于等于 num。本题第 1 处错，是应以 fabs(t)的值去和 num 而非 t 比较。第 2 个错，s 为分子，n 为分母，t 代表加数项，显然 t 应该由 t=s/n 而非 t=s%n 求得。

3．程序设计题

请编写函数 fun，其功能是根据以下公式求 P 的值，结果由函数值返回，其中 m、n 为正整数且 $m>n$：

$$P=\frac{m!}{n!(m-n)!}$$

例如，$m=12$，$n=8$ 时，运行结果为 495.000000。

注意：部分源程序已给出。请勿改动 main 函数和其他函数的现有内容，仅在函数 fun 的花括号中填入你编写的若干语句。

题目源程序：

```
#include "stdio.h"
float fun(int m,int n)
{


}
main()/*主函数*/
{void  NONO();/*声明用到 NONO 函数，而 NONO 定义在后*/
printf("P=%f\n",fun(12,8));
```

```
NONO(); /* 调用 NONO 函数，此函数用于评分的需要，无须细究*/
}
void  NONO()
/*此函数用于打开文件，输入数据，调用函数，输出数据，关闭文件*/
{FILE *fp,*wf;
int i,m,n;
float s;
fp=fopen("in.dat", "r");
wf=fopen("out.dat", "w");
for(i=0;i<10;i++)
{scanf("%d%d",&m,&n); s=fun(m,n); fprintf(wf,"%f\n",s);}
fclose(fp); fclose(wf);
}
```

解题思路：

主函数中 fun(12, 8)是对函数 fun 的调用。该调用的具体过程是：12 传给形参 m，8 传给形参 n，然后执行 fun 的函数体（花括弧内的语句），通过累乘分别求 m、n、m−n 的阶乘，按公式求得组合式结果的值 p，利用 return 作为函数值带回。然后回到 main 函数中输出。

参考部分代码如下：

```
float p,t1=1,t2=1,t3=1;
 int i;
 for(i=1;i<=m;i++)
      t1*=i;
 for(i=1;i<=n;i++)
      t2*=i;
 for(i=1;i<=m-n;i++)
      t3*=i;
 p=t1/(t2*t3);
 return p;
```

4.3.2　循环嵌套

【实验目的】

（1）熟悉嵌套循环流程，掌握嵌套循环的基本程序设计方法和技巧。

（2）熟练应用嵌套循环解决典型的应用问题。

【实验内容】

1. 样例探讨

编写程序，输出形状为直角三角形的九九乘法表。请上机验证该程序，探讨提出的问题并填空。运行示例如图 4.24 所示。

源程序：

```
1  void main()
2  {
```

```
3    int i,j;
4    for(i=1;i<=9;i++)
5    {
6       for(j=1;j<=i;j++)
7         printf("%d*%d=%-4d",j,i,i*j);
8       printf("\n");
9     }
10  }
```

运行示例：

```
1*1=1
1*2=2   2*2=4
1*3=3   2*3=6   3*3=9
1*4=4   2*4=8   3*4=12  4*4=16
1*5=5   2*5=10  3*5=15  4*5=20  5*5=25
1*6=6   2*6=12  3*6=18  4*6=24  5*6=30  6*6=36
1*7=7   2*7=14  3*7=21  4*7=28  5*7=35  6*7=42  7*7=49
1*8=8   2*8=16  3*8=24  4*8=32  5*8=40  6*8=48  7*8=56  8*8=64
1*9=9   2*9=18  3*9=27  4*9=36  5*9=45  6*9=54  7*9=63  8*9=72  9*9=81
```

图 4.24　九九乘法表程序运行示例

（1）体会循环嵌套的用法，在源程序中分别圈出外循环和内循环的循环体。

（2）第 8 行语句 printf("\n")；共执行多少次？

提示

外循环控制输出 9 行，内循环控制输出每行的表达式。程序流程如图 4.25 所示。可以看出，换行语句不属于内循环，只属于外循环，据此可明晰问题（2）。同时，根据图中两个回路，可圈出外、内层的循环体，回答问题（1）。

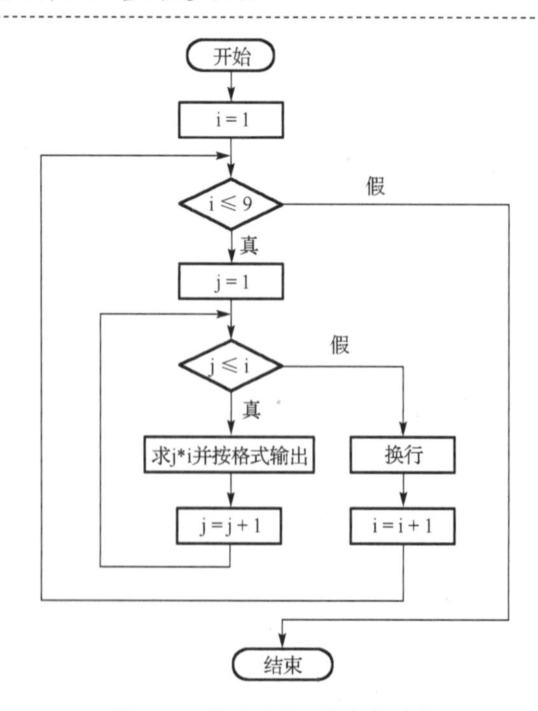

图 4.25　输出乘法口诀表的流程

2. 火眼金睛

找出 200 以内的所有完数，并输出其因子。一个数若恰好等于其各因子之和，即称其为完数。例如，6 = 1 + 2 + 3，其中 1、2、3 为因子，6 为因子之和。请改正下列程序中的错误。

源程序（有错误的程序）：

```
1    #include <stdio.h>
2    int main(void)
3    { int i,j,s;
4      for(i=1;i<=200;i++)
5      {
6         s=0;
7         for(j=2;j<=i/2;j++)
8           if(i/j==0)
9              s=s+j;
10         if(s==i)
11         {
12               printf("%d=1",i);
13               for(j=2;j<=i/2;j++)
14                 if(i/j==0) printf("+%d",j);
15               printf("\n");
16            }
17       }
18     return 0;
19    }
```

运行示例：

```
1=1
6=1+2+3
28=1+2+4+7+14
```

仔细查看源程序，指出错误的位置并给出正确的语句：

错误行号：________，正确语句：____

错误行号：________，正确语句：____

错误行号：________，正确语句：____

提示

判断完数并输出因子，其实现流程可如图 4.26 所示。图中，外循环穷举 i 从 1 到 200，并判断是否为完数，是完数则按格式输出各个因子及等式，内循环用于求 i 的因子和。流程中“按格式输出等式”部分在代码中由 11 ~ 16 行的内循环实现。对应该流程，理清程序结构，思考 s 如何赋初值才正确，并注意因子的判断方法，是本题改错的关键。

3. 无中生有

编写一个程序，打印输出如图 4.27 所示的图形。

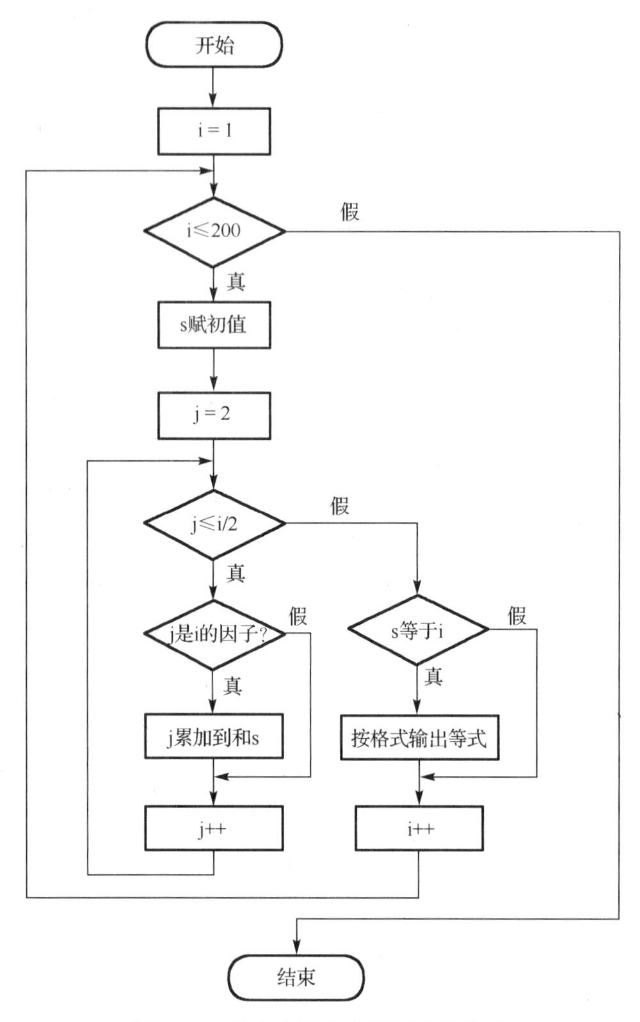

图 4.26　找出完数并求因子和的流程

图 4.27　运行样例

源程序：

```
1   main()
2   {int i,j,k;
3    for(i=1;i<=4;i++)                /*控制输出 1-4 行*/
4    {
5         for(j=1;j<=4-i;j++)          /*用 for 循环控制输出 4-i 个空格*/
```

```
6          printf(" ");
7          _______/*用 for 循环控制输出 2i-1 个笑脸*/
8          _______
9           printf("\n");
10       }
11
12       for(i=3;i>=1;i--)                    /*控制输出剩余 3 行*/
13       {
14           _______/*用 for 循环控制输出 4-i 个空格*/
15           _______
16           _______/*用 for 循环控制输出 2i-1 个笑脸*/
17           _______
18           printf("\n");
19       }
20   }
```

提示

其他打印方案。算法设计提倡百花齐放、百家争鸣，切忌墨守成规。可充分利用图案的对称特点。输出 7 行不用常规的行号控制，而用–3, –2, –1, 0, 1, 2, 3 表达。显然 i = –3 和 3 时所需要实现的问题是完全相同的：都是输出|i|即 abs(i)个空格，7–2×|i|个笑脸，再换行。本题用 for(i=–3;i<=3;i++)来控制输出行时，代码量会缩减近一半。关于这类对称图案问题，还有更有趣、更简单的方案，可参见拓展训练中的题目内容。

4．小试牛刀

输入一个正整数（$n<10$），输出 n 行由大写字母 A 开始构成的三角形字符阵列图形（字母超出“Z”从“A”开始输出）。

运行示例：

```
Input n:7↙
A B C D E F G
H I J K L M
N O P Q R
S T U V
W X Y
Z A
B
```

提示

双重循环，外层控制输出 n 行，内层控制每行输出有规律的字符。注意字符的变化规则：小于 Z 时是简单递增（加 1）的，而一旦变换到 Z，则不应递增，而是接着从 A 开始。

【拓展训练】

题目 1　百马百担问题：有 100 匹马，驮 100 担货，大马驮 3 担，中马驮 2 担，两匹小马驮一担，问有大、中、小马各多少匹？请输出所有的可能情况，并给出解的个数。

提示

穷举法求解。双重循环或三重循环皆可。

题目 2 抓交通肇事犯。一辆卡车违反交通规则，撞人后逃跑。现场有三人目击事件，但都没有记住车号，只记下车号的一些特征。甲说：牌照的前两位数字是相同的；乙说：牌照的后两位数字是相同的，但与前两位不同；丙是数学家，他说：四位车号刚好是一个整数的平方。请根据以上线索求出车号。

提示

用穷举法构造出所有前两位数相同、后两位数相同且相互间又不同的四位整数，然后判断该整数是否是另一个整数的平方。

题目 3 一种更简单、更快速的星形菱形如图 4.28 所示，请给出打印方案，感受编程与数学的完美结合。

图 4.28 程序运行示例

提示

这类图形满足上下、左右对称。首先抛开习惯性思维，for 循环不一定要从 0 开始或到 0 时结束，可以让循环从−c 到 c，这样就能轻松产生一个对称。（取绝对值）把菱形的中心视为坐标(0, 0)，则可输出星号坐标满足$|x| + |y| <= c$的点。

题目 4 同时显示输出一个周期的正弦曲线和余弦曲线。

提示

实现的正（余）弦曲线是以控制每行的星号和空格的数量为依据的。将曲线分成两部分，正弦曲线先画 y 值大于零（x 为 $0\sim\pi$）的曲线，再画 y 小于零（x 为 $\pi\sim 2\pi$）的曲线，这两条曲线都满足左右对称。余弦曲线以 π 为中心对称，每行输出值相等的两个点。

正弦曲线参考代码如下：

```
#include <stdio.h>
#include <stdlib.h>
#define TIMES  10                          /*对应弧度扩大的倍数*/
#define STEP ((int)(3.14*2*TIMES))  /*基于扩大的倍数，计算另一个对称的 x 值 */
int main()
{
  double y;
  int x,m;
```

```
    for(y=1;y>=0;y-=0.1)                    /*输出 y 为 0～1 时，对应的 sinx 曲线*/
    {
        m = asin(y)*TIMES;
        for(x=0;x<=STEP;x++)
        {
            if(x == m || x==STEP/2-m)
               printf("*");
            else
              printf(" ");
        }
        printf("\n");
    }

    for(y=-0.1;y>=-1;y-=0.1)                /*输出 y 为-1～0 时，对应的 sinx 曲线*/
    {
        m = -asin(y)*TIMES;
        for(x=0;x<=STEP;x++)
        {
           if(x == m+STEP/2 || x == STEP-m)
             printf("*");
           else
             printf(" ");
        }
        printf("\n");
}

return 0;
}
```

题目 5　欧拉函数求值。欧拉函数以其首名研究者欧拉命名。在数论中，对正整数 n，欧拉函数 varphi(n)是小于等于 n 的数中与 n 互质的数的数目。例如，$\phi(5) = \phi(8) = 4$，因为 1、2、3、4 均和 5 互质，1、3、5、7 均和 8 互质。而 $\phi(1) = 1$（1 以内唯一和 1互质的数就是 1）。

运行示例：

```
5↙
欧拉函数值为：4
```

提示

数论是研究整数性质的古老数学分支学科，是 ACM/ICPC 考察的知识门类之一。本例作为数论中相对简单的问题，表明了应用计算机解决数学问题的强势，也体现出数学分析推导能力在设计算法中的重要性，同时展现出数论之美、算法之巧。分析如下：

对素数 s，s 以内和它互质的数必然为 s−1 个，所以有 $\phi(s) = s-1$。而 s^n 内与 s^n 不互质的数只有 s 的倍数共 s^{n-1} 个，所以 $\phi(s^n) = s^n - s^{n-1} = s_1^{n-1} \cdot (s_1 - 1)$。另外，若 m 和 n 互质，$\phi(mn) = \phi(m) . \phi(n)$。

那么，设 $s = s_1^{x_1} \cdot s_2^{x_2} \cdots \cdot s_n^{x_n}$ 是整数 s 的素数幂分解（如 $12 = 2^2 \cdot 3^1$），$s_1, s_2, \cdots, s_n$ 为 s 的质数因子，那么 s 的欧拉函数为

$$\phi(s)=\phi(s_1^{x_1})\cdot\phi(s_2^{x_2})\cdot\cdots\cdot\phi(s_n^{x_n}),$$

继续推导有

$$\phi(s)=s_1^{x_1-1}\cdot(s_1-1)\cdot s_2^{x_2-1}\cdot(s_2-1)\cdot\cdots\cdot s_n^{x_n-1}\cdot(s_n-1)$$

那么，$\phi(s)=s\cdot(s_1-1)\cdot(s_2-1)\cdot\cdots\cdot(s_n-1)/(s_1\cdot s_2\cdot\cdots\cdot s_n)$。

根据此公式设计算法。为求欧拉函数值 x，初始 $x = s$，然后每找到 s 的一个质因子 i，s 自除以 i，再乘以$(i-1)$。参考代码如下：

```
include "stdio.h"
main()
{int s,i,x;
 scanf("%d",&s);
x=s;
 for(i=2;i*i<=s;i++)  //寻找质因子
     if(s%i==0)
       {while(s%i==0)
            s=s/i;
    x=x/i*(i-1);
       }
if(s!=1)  x=x/s*(s-1); //x为欧拉函数值
printf("欧拉函数值为：%d",x);
}
```

【二级实战】

1. 程序填空题

函数 fun 的功能是：统计所有小于等于 $n(n>2)$的素数的个数，素数的个数作为函数值返回。请在程序的下画线处填空并把下画线删除，使程序得到正确的结果。不得增行或删行，也不得更改程序的结构！

题目源程序：

```
#include <stdio.h>
int fun(int n)
{ int i,j, count=0;
printf("\nThe prime number between 3 to %d\n", n);
for (i=3;i<=n;i++) {
/**********found**********/
for (___1___; j<i; j++)
/**********found**********/
if (___2___%j == 0)
break;
/**********found**********/
if (___3___>=i)
{count++; printf( count%15? "%5d":"\n%5d",i);}
}
return count;
```

```
}
main()
{ int n=20, r;
r = fun(n);
printf("\nThe number of prime is : %d\n", r);
}
```

解题思路：

第一处：素数的条件是除 1 和其本身外不能整除其他数，所以穷举法从 2 开始试验，应填 j=2。

第二处：判断 j 是否被 i 整除，所以应填 i。

第三处：如果内循环 for 中的所有数都不能被整除，那么 i 是素数且 j 等于 i，所以应填 j。

2．程序改错题

给定程序 modi1.c 中，函数 fun()的功能是从 3 个红球、5 个白球、6 个黑球中任意取出 8 个作为一组进行输出。每组中可以没有黑球，但必须要有红球和白球。组合数作为函数值返回。正确的组合数应该是 15。程序中 i、j、k 分别代表取出的红球、白球、黑球的个数。请改正 fun 函数中指定位置的错误，使之得出正确结果。

题目源程序：

```
#include "stdio.h"
int fun()
{int i,j,k,sum=0;
 printf("the result:\n\n");
 /*******found*********/
 for(i=0;i<=3;i++)
 {for(j=1;j<=5;j++)
    {k=8-i-j;
    /*******found*********/
     if(K>=0&&K<6)
     {sum=sum+1;
      printf("red:%4d white:%4d black:%4d\n",i,j,k);
     }
    }
 }
return sum;
}
main()
{int sum;
 sum=fun();
 printf("sum=%4d\n\n",sum);}
```

解题思路：

穷举法，用双重循环试探出红、白、黑球数目的所有正确组合。题目中要求必须要有红球和白球，所以 i 和 j 的初值应从 1 开始穷举，for(i=0;i<=3;i++)中 i=0 应为 i=1；C 语言大小写严格区分，所以 if 表达式中 K 明显错误，if(K>=0&&K<6)中的 K 应为小写。

3. 程序设计题

编写函数 fun，其功能是：根据以下公式计算 s，计算结果作为函数值返回；n 通过形参传入。例如，n 的值为 11 时，函数的值为 1.833333。部分源程序已给出。注意：请勿改动主函数 main 和其他函数中的任何内容，仅在函数 fun 的花括号中填入你编写的若干语句。

$$s=1+\frac{1}{1+2}+\frac{1}{1+2+3}+\cdots+\frac{1}{1+2+3+\cdots+n}$$

题目源程序：

```
#include <stdio.h>
float fun(int n)
{

}
main()
{
int n; float s;
printf("\nPlease enter N:"); scanf("%d", &n);
s = fun(n);
printf("the result is: %f\n", s);
}
```

解题思路：

本题是根据给定的公式计算结果。使用 for 循环语句依次求出每一项的值，分别进行累加并把结果存入变量 s 中，最后返回 s。

参考代码如下：

```
float fun(int n)
{
int i,j,t;
float s=0;
for(i=1;i<=n;i++)
{
t=0;
for(j=1;j<=i;j++)
    t+=j;
s=s+1./t;
}
return s;
}
```

4.4 函　数

4.4.1 基本函数的使用

【实验目的】

（1）熟练掌握函数的定义和调用，使用函数编写程序。

（2）掌握函数的实参、形参和返回值的概念及用法。

（3）进一步掌握单步调试进入函数和跳出函数的方法。

【实验内容】

1．样例探讨

改正源程序中的错误。从键盘上输入一个正整数 n，计算 $n!$的值。

源程序（有错误的程序）：

```
1   #include<stdio.h>
2
3   void main()
4   {
5       int n;
6       double f;
7       printf("输入 n: ");
8       scanf("%d",&n);
9       f=fac(n);
10      printf("%d!=%f\n",n,f);
11  }
12  double fac(int m);
13  {   double product;
14      int i;
15
16      for(i=1;i<=m;i++)
17          product*=i;
18      return product;
19  }
```

运行示例：

```
输入 n: 5↙
5! =120.000000
```

仔细查看源程序，指出错误的位置并给出正确的语句：

错误行号：_______，正确语句：________________________________

错误行号：_______，正确语句：________________________________

错误行号：_______，正确语句：________________________________

提示

从以下几方面查找错误：（1）函数定义格式；（2）累乘积变量在使用前要做初始化赋值。

2．火眼金睛

编写一个程序，实现计算如下公式的值：

$$y=1+\frac{1}{2\times 2}+\frac{1}{3\times 3}+\cdots+\frac{1}{n\times n}$$

源程序：

```
1  #include"stdio.h"
2  double fun(int n)
3  {
4        double y=0;
5        int i;
6        for(i=1;i<=n;i++)
7            y+=1/i*i;
8        return y;
9   }
10  main()
11  {
12     int n;
13     printf("input a number:");
14     scanf("%d",&n);
15     printf("y=%d\n",fun(n));
16  }
```

运行示例：

```
input a number: 5↙
y=1.463611
```

编译运行程序后，仔细查看编译错误信息和运行结果，分析原因指出源程序错误的位置并给出正确的语句：

错误行号：______，正确语句：______________________________

错误行号：______，正确语句：______________________________

错误行号：______，正确语句：______________________________

3. 无中生有

写一个判断素数的函数，要求在主函数中任意输入一个整数，输出其是否为素数的判断结果。

源程序：

```
1  #include<stdio.h>
2  void main()
3  {  int prime(int);
4     int  n;
5      printf("\nInput an integer:");
6      scanf("%d",&n);
7      if (______________ )        /*如prime函数返回值是"真", 则是素数*/
8        printf("\n%d is a prime.",n);
9      else
10       printf("\n %d is not a prime.",n);
11  }
12  int  prime(int  n)              /*判断素数的函数 */
13  {
```

```
14    int  flag=1,i;
15    for(i=2;i<=n/2 && flag==1;i++)
16    if (n%i==0)
17    flag=0;
18    return (__________);
19  }
```

运行示例：

```
Input an interger: 19 ↙（第 1 次运行）
19 is a prime.
Input an interger: 21 ↙（第 2 次运行）
21 is not a prime.
```

提示

本题的巧妙之处在于设置了标志变量 flag，是素数时其值为 1，否则其值为 0。判断素数的函数 prime 的算法如图 4.29 所示。

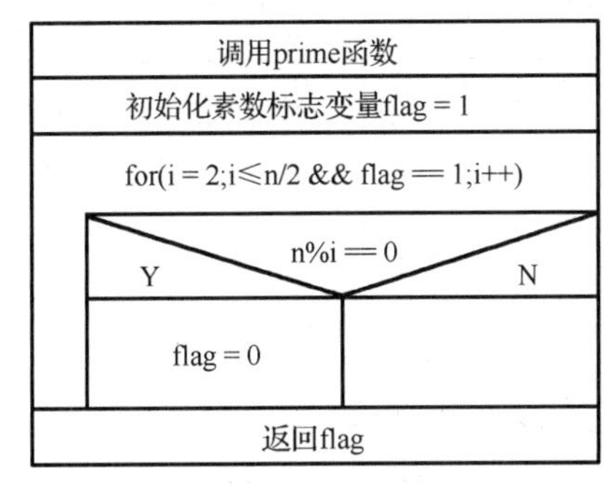

图 4.29　判断素数算法流程图

4. 小试牛刀

所谓水仙花数，是指一个三位数，该数自身的值等于其各个位上数字的立方和。编写一个程序，在主函数中求 100～999 间的所有水仙花数，自定义 fun 函数实现判读一个数是否为水仙花数的功能，若是则返回 1，否则返回 0。

提示

此程序由 main 和 fun 两个函数组成，算法分别如图 4.30 和图 4.31 所示。

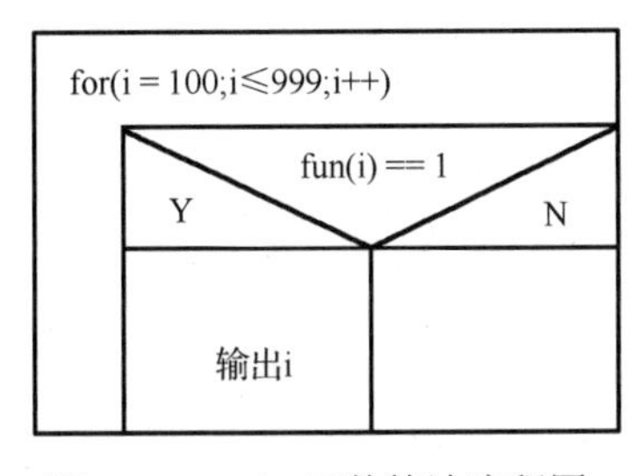

图 4.30　main 函数算法流程图

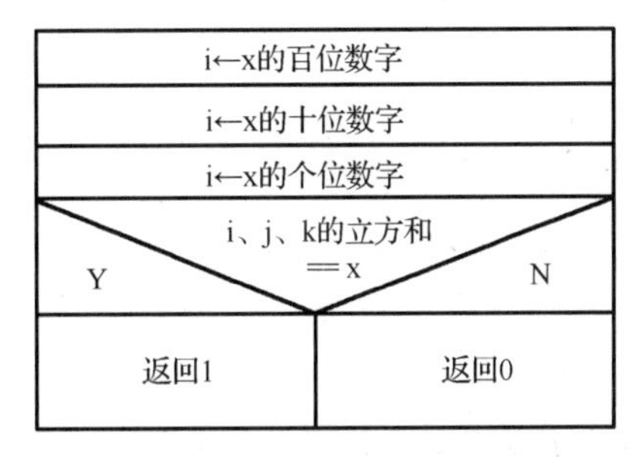

图 4.31　fun 函数算法流程图

【拓展训练】

题目 1 请编写函数 fun，其功能是：计算并输出一个指定的不大于 1000 的整数 n 的所有因子（不包过 1 和 n 本身）之和。

提示

n 作为函数 fun 的形参，算法如图 4.32 所示。

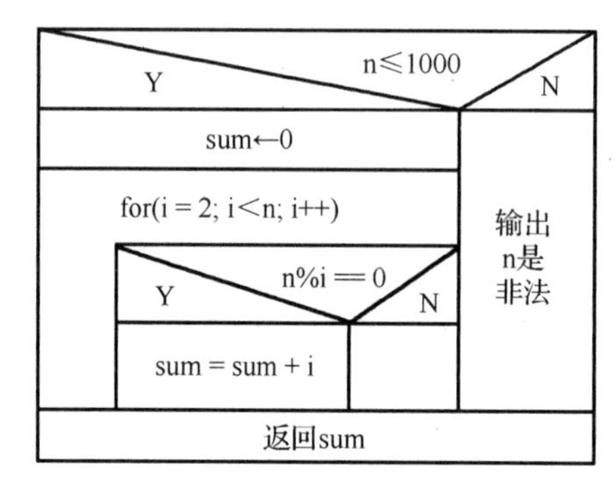

图 4.32 fun 函数算法流程图

题目 2 请编写函数 fun，其功能是：计算并输出 n 以内（包括 n）能被 5 或 9 整除的所有自然数的倒数之和。

提示

n 作为函数 fun 的形参，算法如图 4.33 所示。

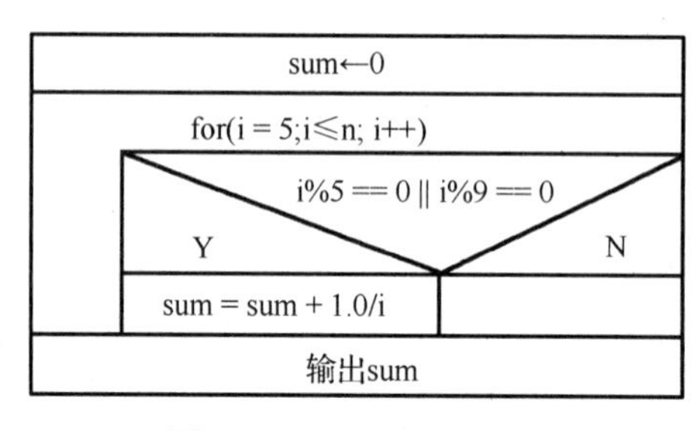

图 4.33 fun 函数流程图

题目 3 编写函数 fun，其功能是计算并输出下列多项式的值（$1 \leq n \leq 100$）：

$$S_n = 1 + \frac{1}{1!} + \frac{1}{2!} + \cdots + \frac{1}{n!}$$

运行示例：

```
输入一个 n 值：15 ↙
s=2.718282
```

提示

参考 fun 函数的算法，如图 4.34 所示。

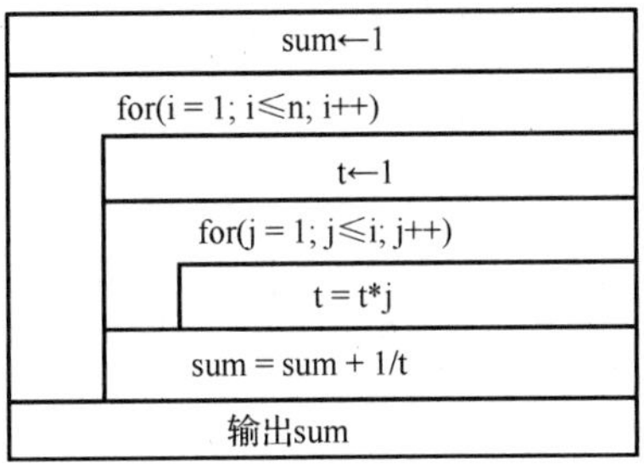

sum←1
for(i = 1; i≤n; i++)
t←1
for(j = 1; j≤i; j++)
t = t*j
sum = sum + 1/t
输出sum

图 4.34　fun 函数流程图

题目 4　请编写函数 fun，其功能是：利用以下所示的简单迭代方法求方程 $\cos(x)-x=0$ 的一个实根（结果为 0.739058）。

提示

迭代步骤如下：

（1）取 x_1 的初值为 0.0。

（2）$x_0=x_1$，把 x_1 的值赋给 x_0。

（3）$x_1=\cos(x_0)$，求出一个新的 x_1。

（4）若 x_0-x_1 的绝对值小于 0.000001，执行步骤（5），否则执行步骤（2）。

（5）所求 x_1 就是方程 $\cos(x)-x=0$ 的一个实根，它作为函数值返回。

【二级实战】

1．程序改错题

给定程序 MODI1.C 中，fun 函数的功能是求 $s=\underbrace{aa...aa}_{n个}-\cdots-aaa-aa-a$，其中 a 和 n 的值在 1 至 9 之间。例如 $a=3$，$n=6$ 时，以上表达式为 $s=333333-33333-3333-333-33-3$，其值是 296298，$a$ 和 n 是 fun 函数的形参，表达式的值作为函数值传回 main 函数。请改正程序中的错误，使它能计算出正确的结果。注意：不要改动 main 函数，不得增行或删行，也不得更改程序的结构！

题目源程序：

```
#include<stdio.h>
long fun(int a,int n)
{ int j;
/**************found**************/
  long s=0,t=1;
  for(j=0;j<n;j++)
  t=t*10+a;
  s=t;
  for(j=1;j<n;j++) {
/**************found**************/
  t=t%10;
  s=s-t;
  }
```

```
  return(s);
}
main()
{ int a,n;
  printf("\nPlease enter a and n:");
  scanf("%d%d",&a,&n );
  printf("The value of function is: %ld\n",fun(a,n));
}
```

解题思路：

第一处：根据 for 循环计算 t 的值可知，变量 t 的初值不正确，应为 0。

第二处：每次循环都是取 t 除以 10 的值，而不是取余数，所以应改 t=t/10。

2．程序填空题

给定程序中，函数 fun 的功能是根据形参 i 的值返回某个函数的值。调用正确时，程序输出为 x1=5.000000, x2=3.000000, x1*x1+x1*x2=40.000000。

请在程序的下画线处填入正确的内容并把下画线删除，使程序得出正确的结果。

注意：源程序存放在考生文件夹下的 BLANK1.C 中。不得增行或删行，也不得更改程序的结构！

给定源程序：

```
#include <stdio.h>
double f1(double x)
{return x*x;}
double f2(double x, double y)
{return x*y;}
/**********found**********/
__1__ fun(int i, double x, double y)
{ if (i==1)
/**********found**********/
return __2__(x);
else
/**********found**********/
  return __3__(x, y);
}
main()
{ double x1=5, x2=3, r;
  r = fun(1, x1, x2);
  r += fun(2, x1, x2);
  printf("\nx1=%f, x2=%f, x1*x1+x1*x2=%f\n\n",x1, x2, r);
}
```

解题思路：

本题是根据给定的公式来计算函数的值。

第一处：程序中使用双精度 double 类型进行计算，所以函数的返回值类型也为 double，所以应填 double。

第二处：若 i 等于 1，则返回 f1 函数的值，所以应填 f1。

第三处：若 i 不等于 1，则返回 f2 函数的值，所以应填 f2。

4.4.2　复杂函数

【实验目的】

（1）掌握函数的嵌套调用和递归调用的方法。

（2）掌握局部变量与全局变量在函数中的用法。

【实验内容】

1. 样例探讨

改正下列程序中的错误。分别输入两个复数的实部与虚部，用函数计算这两个复数之和。

源程序（有错误的程序）：

```
1    #include<stdio.h>
2    float sum_real,sum_imag;  /*全局变量，用于存放结果的实、虚部*/
3    int main()
4    {
5      float real1,real2,imag1,imag2; /*两个复数的实、虚部*/
6      void result_sum(float x1,y1,x2,y2);
7      printf("请输入第一个复数的实部和虚部：");
8      scanf("%f%f",&real1,&imag1);
9      printf("请输入第二个复数的实部和虚部：");
10     scanf("%f%f",&real2,&imag2);
11     result_sum(real1,imag1,real2,imag2);
12     printf("两个复数的和为%f+%fi\n",sum_real,sum_imag);
13     return 0;
14    }
15     /*下面是定义求复数之和的函数*/
16   void result_sum(float x1,y1,x2,y2);
17   {
18   float sum_real,sum_imag;
19       sum_real=x1+x2;
20       sum_imag=y1+y2;
21       return sum_real,sum_imag;
22    }
```

编译并运行程序后，仔细查看编译错误信息和运行结果，分析原因指出源程序错误的位置并给出正确的语句：

错误行号：________，正确语句：________________________________

错误行号：________，正确语句：________________________________

错误行号：________，正确语句：________________________________

错误行号：________，正确语句：________________________________

提示

若两个复数分别为 a1=x1+(y1)i，a2=x2+(y2)i，则 a1+a2=(x1+x2)+(y1+y2)i。

2．火眼金睛

改正下列程序中的错误。编程实现任意由键盘输入两个正整数 *a*、*b*，求这两个整数的最小公倍数。

源程序（有错误的程序）：

```
1    #include<stdio.h>
2    int hcd(int m,int n);
3    int lcm(int x,int y,int h);
4   main()
5    {
6      int s,a,b;
7      scanf("%d,%d",&a,&b);
8      s=lcm(int a,int b);
9      printf("最小公倍数为: %d",s);
10    }
11  int lcm(int x,int y)                 /*求最小公倍数函数*/
12  {
13    int h,l;
14    h=hcd(int x,int y);
15    l=(x*y)/h;
16
17   }
18  int hcd(int m,int n)                 /*求最大公约数函数*/
19  {
20    int r;
21    r=m%n;
22    while(r!=0)
23    {
24      m=n;
25      n=r;
26      r=m%n; }
27   return(r);
28    }
```

运行示例：

```
请输入两个正整数: 24,16↙
最小公倍数为: 48
```

编译源程序，分析编译结果及错误原因，指出源程序中错误的位置并给出修改后的正确语句：

错误行号：_______，正确语句：______________________________

错误行号：_______，正确语句：______________________________

错误行号：________，正确语句：____________________________________

错误行号：________，正确语句：____________________________________

提示

求最小公倍数可用如下公式：最小公倍数 $= \dfrac{a \times b}{a\text{和}b\text{的最大公约数}}$，若要求最小公倍数，必先求最大公约数，分别用三个函数嵌套实现各部分的功能：（1）最大公约数函数 hcd;（2）最小公倍数函数 lcm;（3）main 函数。

3. 无中生有

利用递归函数方法编写一个程序，求出 Fibonacci 数列的第 n 项。

提示

当 n 为 1 或 2 时，函数返回值为 1，否则为前两项的值（递归调用自己求得）相加。

$$\text{fib}(n)=\begin{cases}1, & n=1\text{或}2\\ \text{fib}(n-1)+\text{fib}(n-2), & n\geqslant 3\end{cases}$$

源程序：

```
1   #include"stdio.h"
2   long fib(int n)
3   {
4      long f;
5        if(______________)  f=1;
6        else ______________ ;
7        return  f;
8   }
9   main()
10  {
11     int n;
12     printf("Input n:");
13     scanf("%d",&n);
14     if(n<=0) printf("n 是非法数据！");
15     else  printf("Fibonacci 数列的第%d 项是%ld",n,);
16  }
```

（1）将程序补充完整，并按以下方案测试程序，写出运行结果。

n = 2 时，运行结果：____________________________________

n = –1 时，运行结果：____________________________________

n = 10 时，运行结果：____________________________________

（2）通过此程序的练习，要注意递归程序一定要有终止递归调用的语句。本题用来终止递归调用的判断条件是____________________________。

4. 你中有我

改写“无中生有”题目的源程序，实现依次输出 Fibonacci 数列的所有前 n 项。

运行示例：

```
Input n：8 ↙
Fibonacci 数列的前 8 项是 1 1 2 3 5 8 13 21
```

提示

无须修改 fib 函数，只改动 main 函数即可。

5. 小试牛刀

编写 fun 函数，计算任意一个整数各位上的数字之积，并将计算结果通过返回值返回给主函数。

运行示例：

```
输入一个数：87654321 ↙
该数的各位之积为 40320
```

提示

对于整数位数不确定的情况，可以利用递归函数（或循环方法）解决，参考如下递归公式：

$$\text{fun(num)} = \begin{cases} \text{num, 当 num 为一位数字时} \\ \text{num\%10 * fun(num / 10), 当 num 为非一位数字时} \end{cases}$$

【拓展训练】

题目 1 利用递归函数，对一个给定的十进制整数，输出其二进制形式。

运行示例：

```
输入一个十进制整数：10 ↙
二进制形式为：1010
```

提示

十进制数转换成二进制数的方法是除以 2 取余数并逆序排列。

当 n＝0 时，递归停止，返回上一层。当 n!＝0 时，执行{10to2(n/2);printf("%d",n%2}（10to2 为自定义的递归函数名）。

题目 2 利用递归的方法逆序输出一个正整数。

提示

如果正整数 m/10=0，则 m 是 1 位整数，直接输出 m；如果正整数 m/10！=0，则进行递归调用，执行{输出 m%10; nixu(m/10);}（nixu 为自定义的递归函数名）。

题目 3 用递归函数实现汉诺塔问题。

汉诺塔的由来：在世界中心贝拿勒斯（印度北部）的圣庙里，一块黄铜板上插着三根宝石针。印度教的主神梵天在创造世界时，在其中一根针上从下到上地穿好了由大到小的 64 片金片，这就是所谓的汉诺塔。不论白天黑夜，总有一名僧侣在按照下面的法则移动这些金片：一次只移动一片，不管在哪根针上，小片必须在大片上面。僧侣们预言，当所有金片都从梵天穿好的那根针上移到另外一根针上时，世界就将在一声霹雳中消灭，而梵塔、庙宇和众生也都将同归于尽。

提示

以三个盘子为例，三根柱子标号为 A、B、C，分析如下：

（1）只有 1 个盘子时，只需将 A 塔上的一个盘子移到 C 塔上。

（2）A 塔上有 2 个盘子时，先将 A 塔上的 1 号盘子（编号从上到下）移动到 B 塔上，再将 A 塔上的 2 号盘子移动的 C 塔上，最后将 B 塔上的小盘子移动到 C 塔上。

（3）A 塔上有 3 个盘子时，先将 A 塔上编号 1 至 2 的盘子（共 2 个）移动到 B 塔上（需借助 C 塔），然后将 A 塔上的最大盘子 3 号移动到 C 塔，最后将 B 塔上的两个盘子借助 A 塔移动到 C 塔上，如图 4.35 至图 4.38 所示。

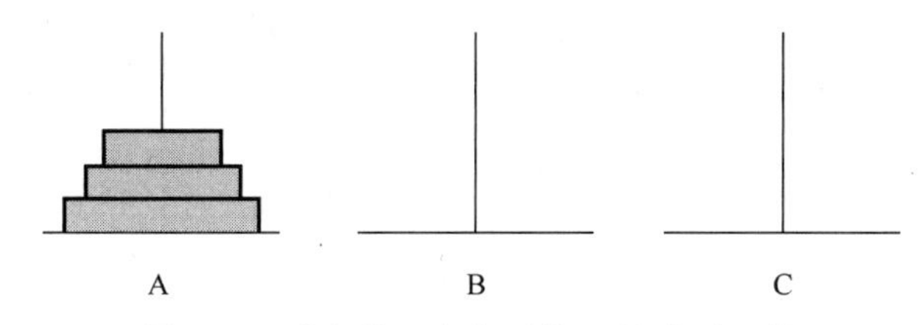

图 4.35　准备将 3 个盘子从 A 柱移到 C 柱

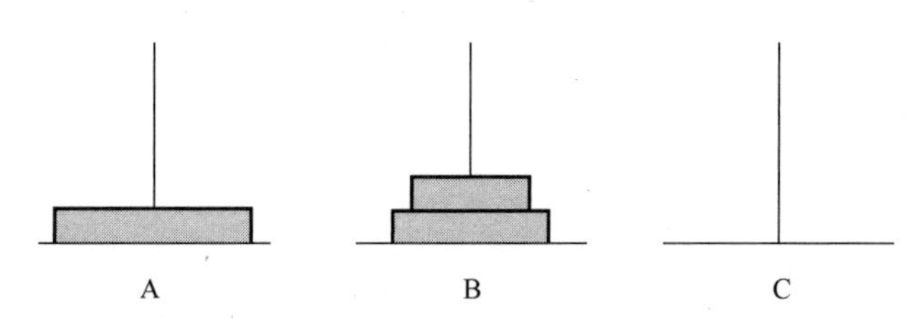

图 4.36　借助 C 柱将 A 上面的两个盘子从 A 柱移到 B 柱

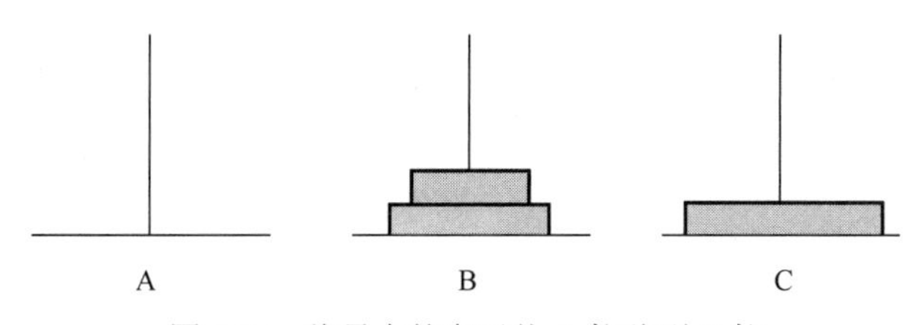

图 4.37　将最大的盘子从 A 柱移到 C 柱

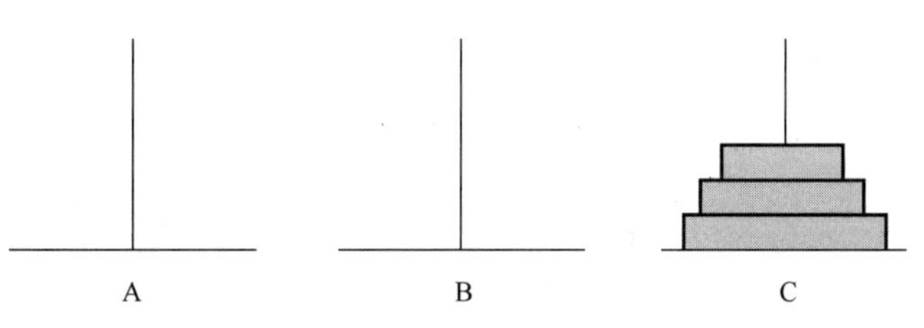

图 4.38　借助 A 柱将上面的两个盘子从 B 柱移到 C 柱

（4）A 塔上有 n 个盘子时，先将 A 塔上编号 1 至 n-1 的盘子（共 n-1 个）移动到 B 塔上（借助 C 塔），然后将 A 塔上最大的 n 号盘子移动到 C 塔上。最后将 B 塔上的 n-1 个盘子借助 A 塔移动到 C 塔上。

综上所述，除了只有一个盘子时不需要借助其他塔外，其余情况均一样。汉诺塔的递归调用过程如图 4.39 所示。

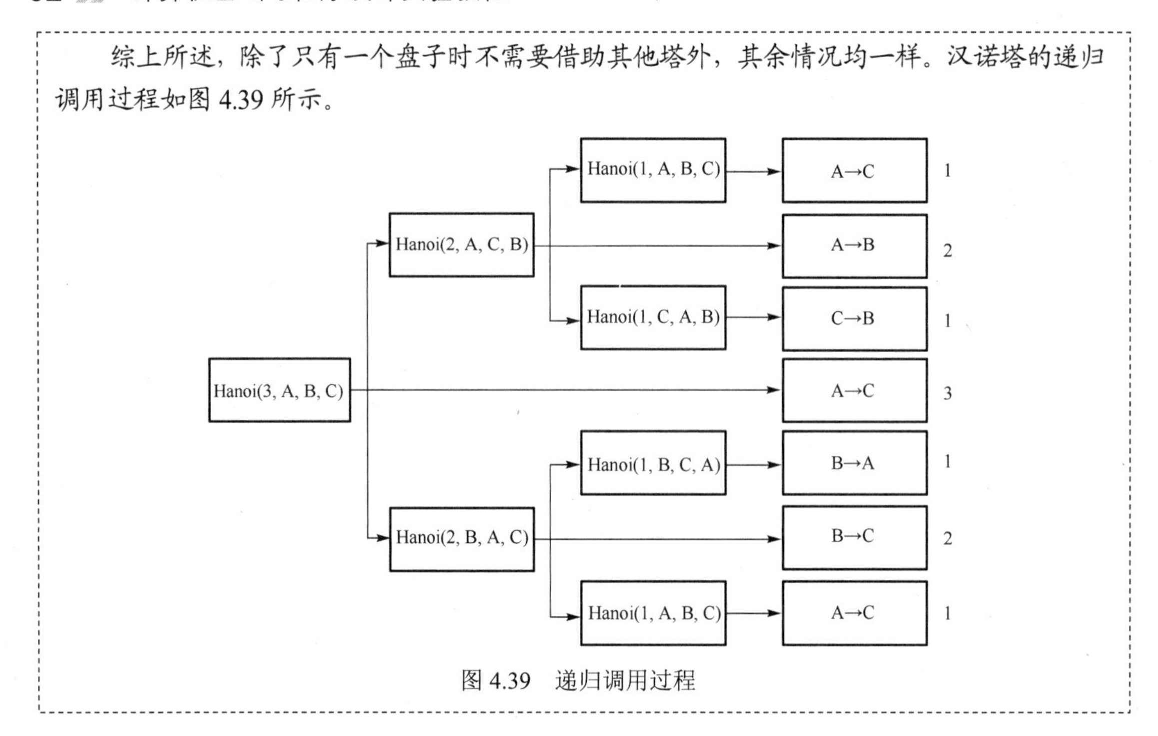

图 4.39 递归调用过程

【二级实战】

1. 程序改错题

给定程序 MODI1.C 中，函数 fun 的功能是按以下递归公式求函数值。例如，当给 n 输入 5 时，函数值为 18；当给 n 输入 3 时，函数值为 14。请改正程序中的错误，使它能得出正确的结果。注意：不要改动 main 函数，不得增行或删行，也不得更改程序的结构。递归公式如下所示：

$$c_n = \begin{cases} 10, & n = 1 \\ c_{n-1} + 2, & n \neq 1 \end{cases}$$

题目源程序：

```
#include <stdio.h>
/************found************/
fun(n)
{ int c;
/************found************/
  if(n=1)
  c=10;
  else
  c=fun(n-1)+2;
  return(c);
}
main()
{ int n;
  printf("Enter n : "); scanf("%d",&n);
  printf("The result : %d\n\n", fun(n));
}
```

解题思路：

第一处：形参 n 没有定义类型，所以应改为 fun(int n)。

第二处：判断相等的符号是==。

2. 程序填空题

函数 fun 的功能是，统计长整数 *n* 的各个位上出现数字 1、2、3 的次数，并通过外部（全局）变量 c1、c2、c3 返回主函数。例如，当 *n* = 123114350 时，结果应该为 c1=3 c2=1 c3=2。

请在程序的下画线处填入正确的内容并把下画线删除，使程序得出正确的结果。

注意：源程序存放在考生文件夹下的 BLANK1.C 中。不得增行或删行，也不得更改程序的结构！

给定源程序：

```
#include <stdio.h>
int c1,c2,c3;
void fun(long n)
{  c1 = c2 = c3 = 0;
   while (n) {
/**********found**********/
   switch(___1___)
   {
/**********found**********/
     case 1: c1++;___2___;
/**********found**********/
     case 2: c2++;___3___;
     case 3: c3++;
   }
   n /= 10;
 }
}
main()
{  long n=123114350L;
   fun(n);
   printf("\nThe result :\n");
   printf("n=%ld c1=%d c2=%d c3=%d\n",n,c1,c2,c3);
}
```

解题思路：

第一处：取个位数上的数，所以 n%10 就可以得到个位数。

第二处：switch 条件判断中，满足条件做好后，须用 break 语句跳出选择体，所以应填 break。

第三处：同第二处。

4.5　数　　组

4.5.1　一维数组

【实验目的】

（1）熟练掌握一维数组的定义、赋值和输入/输出方法。

（2）掌握利用数组完成的算法，重点掌握冒泡排序算法。

【实验内容】

1. 样例探讨

将 N 个数存入一维数组中，将数组中的值按相反的顺序重新存放并输出。例如，将原来的顺序为 1, 2, 3, 4, 5 改为 5, 4, 3, 2, 1，算法如图 4.40 所示。

源程序：

```
1  #include<stdio.h>
2  #define N 5
3  void main(void)
4  {
5     int a[N]={1,2,3,4,5},i,j,t;
6     i=0;
7     j=N-1;
8     while(i<j)
9     {
10        t=a[i];
11        a[i]=a[j];
12        a[j]=t;
13        i++;
14        j--;
15     }
16     for(i=0;i<N;i++)
17       printf("%4d",a[i]);
18     printf("\n");
19  }
```

运行示例：

```
1  2  3  4  5↙（键盘输入）
5  4  3  2  1
```

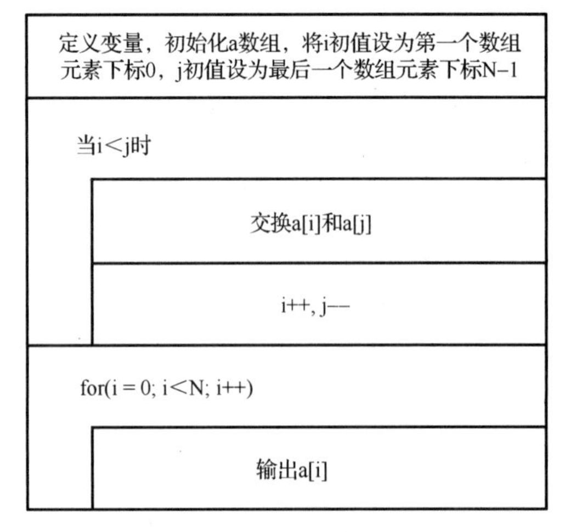

图 4.40　数组元素逆序输出算法

（1）如果不用赋初值的方式，而是采用运行示例中的输入方式，如何修改源程序？请写出修改部分的代码。

（2）请利用 for 语句，改写源程序 6～15 行，完成相同的逆序排列功能。

2．火眼金睛

在中国好声音比赛中，有 10 个评委为参赛的选手打分，分数为 1～10 分。选手最后得分规则为：去掉一个最高分后，取其余 9 个分数的平均值。请编写一个程序计算选手的最后得分，求最高分算法如图 4.41 所示。

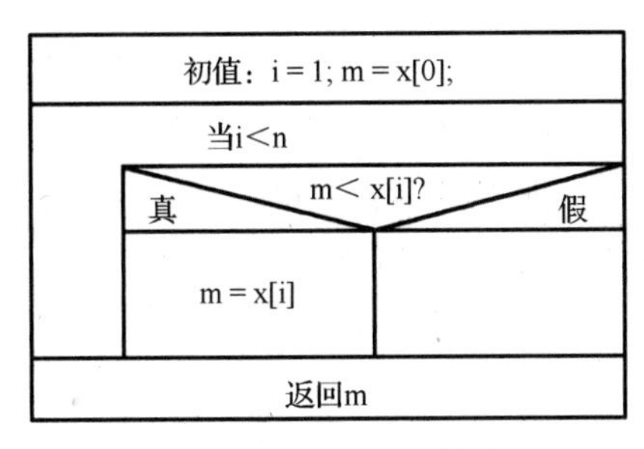

图 4.41 求最高分算法

源程序：

```
1   #include<stdio.h>
2
3   float max(float x[],int n);
4   void main(void)
5   {
6      int i;
7      float a[N],sum,ave,maxscore;
8
9      for(i=0;i<N;i++)
10      {
11          printf("请输入第%d 个歌手的成绩:\n",i+1);
12          scanf("%f",&a[i]);
13          sum=sum+a[i];
14      }
15     maxscore=max(a[i],N);
16     ave=(sum-maxscore)/9;
17     printf("歌手的最后得分是: %.2f\n",ave);
18  }
19  float max(float x[],int n)
20  {
21     int i;
22     float m;
23     m=x[0];
24     for(i=1;i<n;i++)
25     if(m<x[i])
26       m=x[i];
27     return m;
28   }
```

编译并运行程序后，仔细查看编译错误信息和运行结果，分析原因指出源程序错误的位置并给出正确的语句：

错误行号：________，正确语句：________________________________

错误行号：________，正确语句：________________________________

错误行号：________，正确语句：________________________________

3．你中有我

改写“火眼金睛”的源程序，评分规则改为：去掉最高分和最低分后，取剩下 8 个分数的平均值，作为选手最后得分。改写修改后的程序，编写求最小值的自定义函数。

4．小试牛刀

利用冒泡法对 10 个整数从小到大排序。要求通过主函数调用自定义 sort()函数完成排序功能，数据的输入/输出在主函数中完成，冒泡排序算法如图 4.42 所示。

运行示例：

```
请输入 10 个整数：
9  15  4  8  3  2  5  6  1   10↙
1  2   3  4  5  6  8  9  10  15
```

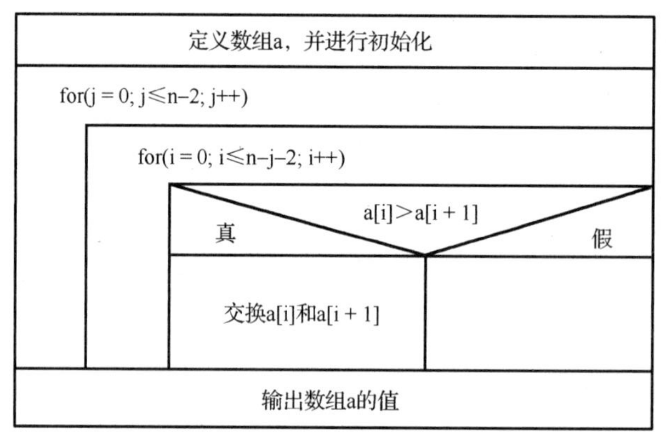

图 4.42　冒泡排序算法

5．乐在其中

一辆以固定速度行驶的汽车，司机在上午 10 点看到里程表上的读数是一个对称数（即这个数从左向右读和从右向左读完全一样）为 95859，2 小时后里程表上又出现了一个新的 5 位对称数，新的对称数是多少？该车的速度是多少？

提示

先将一个 5 位数的每一位提取出来，用数组存储这几位数字，然后进行比较。

【拓展训练】

题目 1　从键盘输入 10 个数，找出其中的最小值并将它插在第一个数之前，输出新序列，算法如图 4.43 所示。

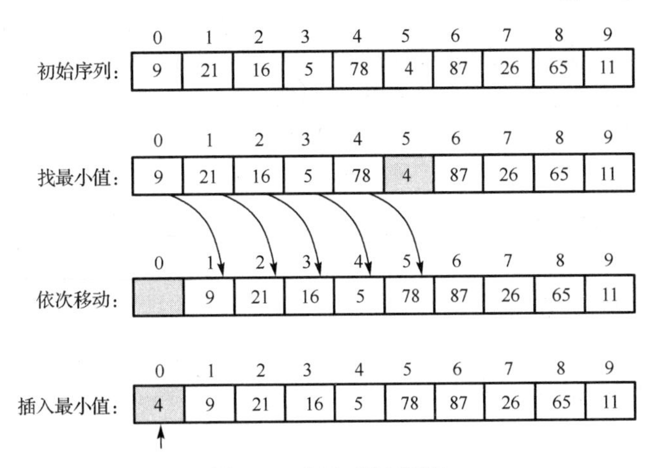

图 4.43 插入算法图解

题目 2 打印以下形式的数据：

```
1  2  3  4  5
2  3  4  5  1
3  4  5  1  2
4  5  1  2  3
5  1  2  3  4
```

提示

从第 2 行开始，每行数据都是上一行数据的循环左移一位。源程序中的 i 变量用于控制行号，输出图形的数据规律是，第 1 行 a[0]、a[1]、a[2]、a[3]、a[4]，第 2 行 a[1]、a[2]、a[3]、a[4]、a[0]，以此类推，请观察下标变化的规律。

题目 3 最大子串问题。

给出 K 个整数$\{N_1, N_2, ..., N_K\}$。存在子串$\{N_i, N_{i+1}, ..., N_j\}$, $1 \leqslant i \leqslant j \leqslant K$，将子串的所有元素$\{N_i, N_{i+1}, ..., N_j\}$相加，即 $M = N_i + N_i + 1 + \cdots + N_j$，如果 M 的值为所有子串和中的最大值，将$\{N_i, N_{i+1}, ..., N_j\}$称为最大子串。

输入要求：第一行输入 n，表示有 n 个整数（$n \leqslant 10000$）。第二行，输入 n 个整数。输出要求：每行有三个数。第一个数字：最大子串和，第二个数字：子串的第一个元素，第三个数字：子串的最后一个元素。若所有数均为负数，则输出{0, 子串的第一个元素，子串的最后一个元素}。

运行示例：

```
6↙
-2  11  -4  13  -5  -2↙
20  11 13
```

【二级实战】

1. 程序改错题

给定程序 MODI1.C 中，函数 fun 的功能是，将十进制正整数 m 转换成 k（$2 \leqslant k \leqslant 9$）进制数，并按高位到低位的顺序输出。例如，若输入 8 和 2，则应输出 1000（即十进制数 8 转换成二进制表示是 1000）。请改正 fun 函数中的错误，使其能得出正确的结果。注意：不要改动 main 函数。不得增行或删行，也不得更改程序的结构！

题目源程序：

```
#include <conio.h>
#include <stdio.h>
void fun(int m, int k)
{
int aa[20], i;
for(i = 0; m; i++)
{
/**********found**********/
aa[i] = m/k;
m /= k;
}
for( ; i; i-- )
/**********found**********/
printf("%d", aa[ i ]);
}
main()
{
int b, n;
printf("\nPlease enter a number and a base:\n");
scanf("%d %d", &n, &b);
fun(n, b);
printf("\n");
}
```

解题思路：

第一处：应该取余数而非整除，所以应为 aa[i]=m%k;。

第二处：输出 aa 数组下标位置不正确，应为 printf("%d",aa[i-1]);。

2. 程序填空题

函数 fun 的功能是：把形参 a 所指数组中的最小值放在元素 a[0]中，接着把形参 a 所指数组中的最大值放在 a[1]元素中；再把 a 所指数组元素中的次小值放在 a[2]中，把 a 所指数组元素中的次大值放在 a[3]；以此类推。例如，若 a 所指数组中的数据最初排列为 9、1、4、2、3、6、5、8、7，则按规则移动后，数据排列为 1、9、2、8、3、7、4、6、5。形参 n 中存放 a 所指数组中数据的个数。注意：规定 fun 函数中的 max 存放当前所找的最大值，px 存放当前所找最大值的下标。请在程序的下画线处填入正确的内容并把下画线删除，使程序得出正确的结果。注意：源程序存放在考生文件夹下的 BLANK1.C 中。不得增行或删行，也不得更改程序的结构！

题目源程序：

```
# include <stdio.h>
#define N 9
void fun(int a[ ], int n)
{ int i,j, max, min, px, pn, t;
for (i=0; i<n-1; i+=2)
{
/**********found**********/
```

```
max = min = ___1___;
px = pn = i;
for (j=i+1; j<n; j++) {
/**********found**********/
if (max<___2___)
{ max = a[j]; px = j; }
/**********found**********/
if (min>___3___)
{ min = a[j]; pn = j; }
}
if (pn != i)
{ t = a[i]; a[i] = min; a[pn] = t;
if (px == i) px =pn;
}
if (px != i+1)
{ t = a[i+1]; a[i+1] = max; a[px] = t; }
}
}
main()
{ int b[N]={9,1,4,2,3,6,5,8,7}, i;
printf("\nThe original data :\n");
for (i=0; i<N; i++) printf("%4d ", b[i]);
printf("\n");
fun(b, N);
printf("\nThe data after moving :\n");
for (i=0; i<N; i++) printf("%4d ", b[i]);
printf("\n");
}
```

解题思路：

第一处：外循环每循环一次均把数组 a 当前位置的值，分别赋值给 max 和 min 变量，所以应填 a[i]。

第二处：判断 max 是否小于 a[j]，若小于，则把 a[j]赋值给 max，所以应填 a[j]。

第三处：判断 min 是否大于 a[j]，若大于，则把 a[j]赋值给 min，所以应填 a[j]。

3. 程序设计题

请编写函数 fun，其功能是：将大于形参 m 且紧靠 m 的 k 个素数存入 xx 所指的数组中。例如，若输入 17, 5，则应输出 19, 23, 29, 31, 37。函数 fun 中给出的语句仅供参考。注意：部分源程序在文件 PROG1.C 文件中。请勿改动主函数 main 和其他函数中的任何内容，仅在函数 fun 的花括号中填入你编写的若干语句。

题目源程序：

```
#include <stdio.h>
void fun(int m, int k, int xx[ ])
{
/* 以下代码仅供参考 */
int i, j=1, t=m+1;
while(j<=k)
{
/* 以下完成判断素数，并存放到数组 xx 中 */
}
```

```
}
main()
{
int m, n, zz[1000];
printf("\nPlease enter two integers:");
scanf("%d%d", &m, &n);
fun(m, n, zz);
for(m = 0; m < n; m++)
printf("%d", zz[m]);
printf("\n");
}
```

解题思路：

（1）本题考察考生如何判断一个数是素数，再判断所求出的素数是否符合题义要求，如果符合，则存入指定的数组 xx，最后由形参 xx 返回。

（2）本题用 while 循环语句分别求出 k 个符合题义的素数。其中，j 是循环控制变量，是当前所求的第几个素数，t 是被测试数值，要紧靠 m，所以从 m+1 开始。其中，while 循环体中的 for 循环语句判断 t 是否为素数。

参考源代码如下：

```
void fun(int m, int k, int xx[ ])
{
/* 以下代码仅供参考 */
int i, j=0, t=m+1;
while(j<k)
{
/* 以下完成判断素数，并存放到数组 xx 中 */
for(i = 2; i < t; i++)
if(t % i==0) break;
if(i==t)
{
xx[j] = i;
j++;
}
t++;
}
}
```

4.5.2 二维数组和字符数组

【实验目的】

（1）熟练掌握二维数组的定义、赋值和输入/输出方法。

（2）熟练掌握字符数组的定义、赋值和输入/输出方法。

（3）理解 C 提供的字符串处理函数并熟练调用。

（4）掌握利用二维数组解决图形问题的方法。

1. 样例探讨

请将程序补充完整。算法如图 4.44 所示，打印以下图形的数据：

```
0  0  0  0  1
0  0  0  1  2
0  0  1  2  2
0  1  2  2  2
1  2  2  2  2
```

源程序：

```
1  #include<stdio.h>
2  void main(void)
3  {
4      int i,j,a[5][5]={0};
5      for(i=0;i<5;i++)
6       for(j=0;j<5;j++)
7         if(___________ )
8             a[i][j]=1;
9         else if( ____________)
10            a[i][j]=2;
11      for(i=0;i<5;i++)
12        {
13            for(j=0;j<5;j++)
14              printf("%4d",a[i][j]);
15            printf("\n");
16        }
17  }
```

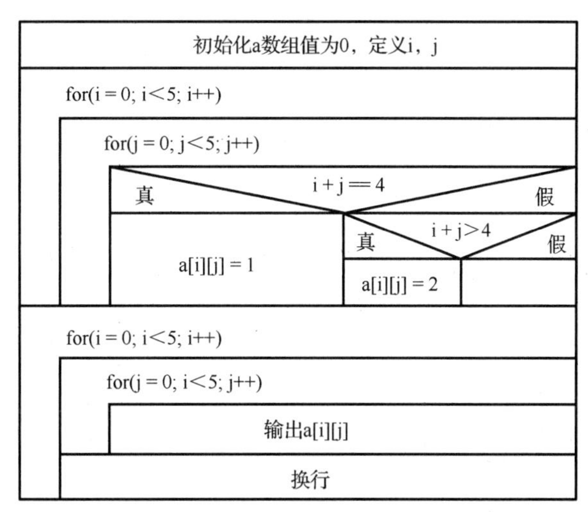

图 4.44　打印图形算法

2. 火眼金睛

不使用 strcat()函数，编写程序将两个字符串连接起来。

源程序：

```
1    #include<stdio.h>
2    #include<string.h>
3    void main(void)
4    {
5       char s1[80],s2[40];
6       int i=0,j=0;
7       printf("input string1:");
8       scanf("%s",s1);
9       printf("input string2:");
10      scanf("%s",s2);
11      while(s1[i]!='\0')
12             i++;
13      while(s2[j]!='\0')
14            s1[i++]=s2[j++];
15
16      printf("new string:%s\n",s1);
17   }
```

(1) 使用下面的输入示例执行程序，查看运行结果，分析问题出现的原因。

输入示例：

```
input string1:du↙
input string2:ang↙
```

错误行号：_______，正确语句：____________________________________

(2) 再次使用如下所示的输入示例运行程序，分析失败原因。

输入示例：

```
input string1: no zuo↙
input string2: no die↙
```

修改行号：_______，修改后语句：____________________________________

修改行号：_______，修改后语句：____________________________________

3. 无中生有

编写一个程序，实现输出两个字符串中对应位置相等的字符。

源程序：

```
1  #include<stdio.h>
2  void main(void)
3  {
4    char x[ ]="language";
5    char y[ ]="llngga";
6    int i=0;
7    while(x[i]!=_________&&y[i]!= __________)
8    {
9      if(x[i]==y[i])
```

```
10        printf("%c", ________);
11      else
12         i++;
13    }
14    printf("\n");
15  }
```

（1）将程序补充完整。

（2）该程序的运行结果是________________________________。

提示

代码第 10 行，既要输出 x[i]的值，又要考虑下一个比较的字符是哪个。

4. 小试牛刀

编写一个程序，实现输入一行英文短句，统计其中共含有多少个单词，算法如图 4.45 所示。

运行示例：

```
In love folly is always sweet.↙
统计结果：共含有 6 个单词
```

提示

预设两个变量：word=0, num=0;。

当前字符 = 空格：
- 是 → 未出现新单词，使word = 0，num不累加
- 否 →
  - 前一字符为空格(word==0)，新单词出现，word=1，num加1
  - 前一字符为非空格(word==1)，未出现新单词，num不变

图 4.45　统计单词算法

【拓展训练】

题目 1　电信学院某班有 n 名学生，每人考 m 门课程。编写一个程序实现下面的功能：

（1）统计每名学生的平均成绩和每门课程的平均成绩。

（2）找出有不及格课程的学生，输出对应的学号及各门课程的成绩。

提示

（1）定义二维数组，用行号表示学生，列号表示课程，如图 4.46 所示。

（2）求平均分的关键是先求总分，一名学生的所有课程总分就是该学生所在行的所有元素之和；一门课程的总分就是该课程所在列的所有元素之和。

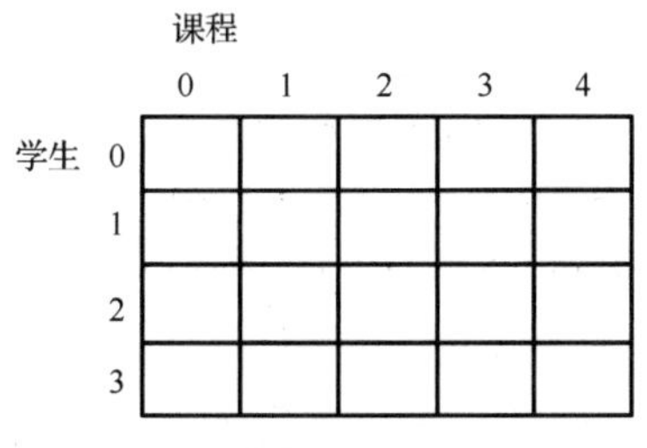

图 4.46　二维数组的存储含义

题目 2 输入一行字符串，删除其中某个指定的字符，字符串和要删除字符均由键盘输入（要求指定字符确实从内存中删除）。

提示

（1）算法 1: 定义两个一维字符数组，一个存放原始串，另一个存放删除指定字符后的新串，逐个访问原始串的字符，将保留的字符拷贝到新串数组，直到原串访问结束。

（2）算法 2: 定义一个一维字符数组，设定两个下标，一个指示原串字符位置，一个指示删除指定字符后的新串字符位置。

题目 3 编写一个程序，实现从键盘输入 5 个字符串，按升序排序输出。

提示

（1）定义一个 5 行的二维字符数组，每一行存入一个字符串。

（2）可以采用任意一种排序方法完成，注意字符串的比较不能使用关系运算符，而要使用字符串比较函数 strcmp()，字符串的拷贝不能用“=”赋值号，而要使用串拷贝函数 strcpy()。

（3）第 i 行字符串的首地址用 a[i]表示。

题目 4 数字螺旋方阵如图 4.47 所示。请将螺旋方阵存放在 $N\times N$ 的二维数组中，并将其打印输出。要求 N 由键盘读入，数字螺旋方阵由程序自动生成，算法如图 4.48 所示。

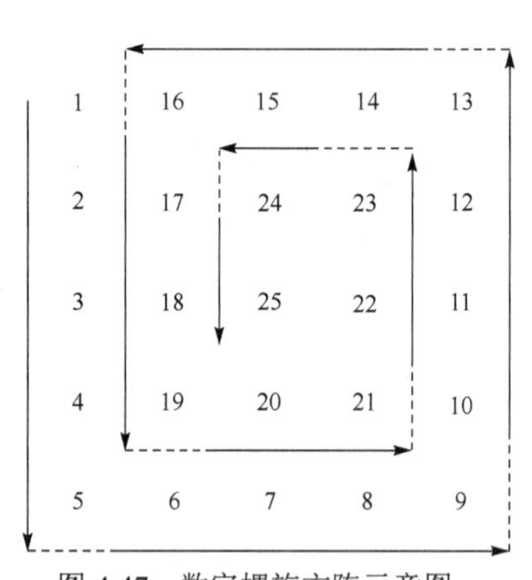

图 4.47 数字螺旋方阵示意图

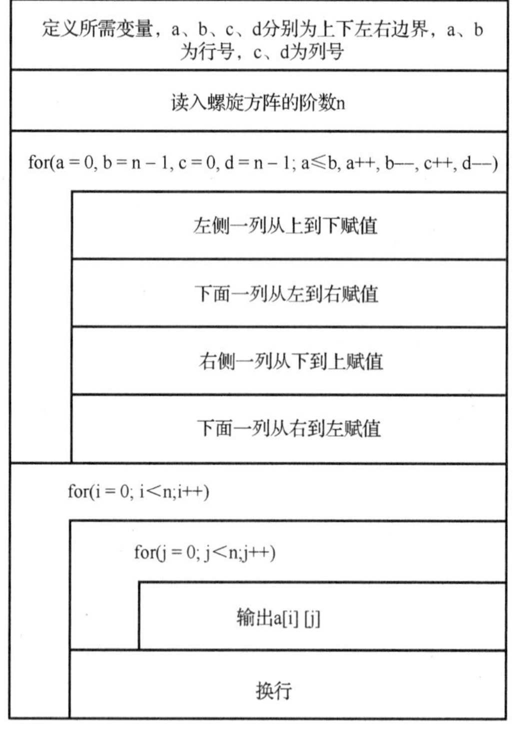

图 4.48 数字螺旋方阵算法

【二级实战】

1. 程序改错题

给定程序 MODI1.C 中，函数 fun 的功能是，将 s 所指字符串的正序和反序进行连接，形成一个新串放在 t 所指的数组中。例如，s 所指的字符串为"ABCD"时，t 所指字符串中的内容应为"ABCDDCBA"。请改正程序中的错误，使它能得出正确的结果。

注意：不要改动 main 函数，不得增行或删行，也不得更改程序的结构！

题目源程序：

```
#include <stdio.h>
#include <string.h>
/************found************/
void fun (char s, char t)
{
int i, d;
d = strlen(s);
for (i = 0; i<d; i++) t[i] = s[i];
for (i = 0; i<d; i++) t[d+i] = s[d-1-i];
/************found************/
t[2*d-1] = '\0';
}
main()
{
char s[100], t[100];
printf("\nPlease enter string S:"); scanf("%s", s);
fun(s, t);
printf("\nThe result is: %s\n", t);
}
```

解题思路：

第一处：主函数中的调用语句 fun(s,t)传递的是地址，所以 fun 函数的形参应是数组，应改为 void fun (char s[ ], char t[ ])。

第二处：字符串结束位置错误，应改为 t[2*d]=0;。

2．程序填空题

给定程序中，函数 fun 的功能是，计算 $N \times N$ 矩阵的主对角线元素和反向对角线元素之和，并作为函数值返回。注意：要求先累加主对角线元素中的值，然后累加反向对角线元素中的值。例如，若 $N=3$，有下列矩阵：

$$\begin{matrix} 1 & 2 & 3 \\ 4 & 5 & 6 \\ 7 & 8 & 9 \end{matrix}$$

fun 函数首先累加 1、5、9，然后累加 3、5、7，函数的返回值为 30。请在程序的下画线处填入正确的内容并把下画线删除，使程序得出正确的结果。注意：源程序存放在考生文件夹下的 BLANK1.C 中。不得增行或删行，也不得更改程序的结构！

题目源程序：

```
#include <stdio.h>
#define N 4
```

```
fun(int t[][N], int n)
{ int i, sum;
/*********found**********/
___1___;
for(i=0; i<n; i++)
/*********found**********/
sum+=___2___ ;
for(i=0; i<n; i++)
/*********found**********/
sum+= t[i][n-i-___3___];
return sum;
}
main()
{ int t[][N]={21,2,13,24,25,16,47,38,29,11,32,54,42,21,3,10},i,j;
printf("\nThe original data:\n");
for(i=0; i<N; i++)
{ for(j=0; j<N; j++) printf("%4d",t[i][j]);
printf("\n");
}
printf("The result is: %d",fun(t,N));
}
```

解题思路：

第一处：变量 sum 用来存放主对角线元素和反向对角线元素之和，要对其进行初始化，所以应填 sum=0。

第二处：对主对角线元素值累加，所以应填 t[i][i]。

第三处：对反向对角线元素值累加，所以应填 t[i][n–i–1]。

3. 程序设计题

编写程序，实现矩阵（3 行 3 列）的转置（即行列互换）。

例如，输入下面的矩阵：

```
100   200   300
400   500   600
700   800   900
```

程序输出：

```
100   400   700
200   500   800
300   600   900
```

注意：部分源程序在文件 PROG1.C 中。请勿改动主函数 main 和其他函数中的任何内容，仅在函数 fun 的花括号中填入你编写的若干语句。

题目源程序：

```
#include <stdio.h>
int fun(int array[3][3])
{
```

```
}
main()
{
int i,j;
int array[3][3]={{100,200,300},
{400,500,600},
{700,800,900}};
for (i=0;i<3;i++)
{ for (j=0;j<3;j++)
printf("%7d",array[i][j]);
printf("\n");
}
fun(array);
printf("Converted array:\n");
for (i=0;i<3;i++)
{ for (j=0;j<3;j++)
printf("%7d",array[i][j]);
printf("\n");
}
}
```

解题思路：

本题解决矩阵的转置问题，因为函数参数是地址传递，原始数据和转置后的数据使用的是同一数组，即主函数中的 array 数组，所以在 fun 函数中需要一个中间数组 arr 暂时存放原始数据。

参考源代码如下：

```
int fun(int array[3][3])
{
int i,j,arr[3][3];
for(i = 0; i < 3; i++)
for(j = 0; j < 3; j++)
arr[i][j]=array[i][j];
for(i = 0; i < 3; i++)
for(j = 0; j < 3; j++)
array[i][j] = arr[j][i];
}
```

4.6 指　　针

【实验目的】

（1）理解指针的概念和用法。

（2）掌握通过指针操作数组元素和字符串的方法。

（3）掌握数组名、指针作为函数参数的编程方法。

【实验内容】

1. 样例探讨

编译源程序，练习使用指针变量在屏幕上显示变量的值和地址值。

源程序：

```
1  #include<stdio.h>
2  int main(void)
3  {
4    int a=0;
5    char b='A';
6    int *pa;
7    char *pb;
8    pa=&a;
9    pb=&b;
10   printf("a is %d,&a is %p,pa is %p,&pa is %p\n",a,&a,pa,&pa);
11   printf("b is %c,&b is %p,pb is %p,&pb is %p\n",b,&b,pb,&pb);
12   return 0;
13 }
```

在VC++环境下对程序进行编译、连接、运行，根据运行结果完成如下填空。

变量a的值：__________，变量a的地址：____________________

变量pa的值：__________，变量pa的地址：____________________

变量b的值：__________，变量b的地址：____________________

变量pb的值：__________，变量pb的地址：____________________

提示

（1）本题重点区分几个基本概念。变量的值是指变量在存储空间中存放的数据。变量的地址是指变量在内存中所占存储空间的首地址。指针变量是专门用于存放变量的地址值的变量。

（2）指针变量中存放的是变量的地址值，二者在数值上相等，但并不等同。变量的地址是一个常量，不能对其进行赋值，而变量的指针则是一个变量，其值是可以改变的。

（3）%p格式符，表示输出变量的地址。地址是用一个十六进制的无符号整数表示的。

2. 火眼金睛

改正下列程序的错误。编程实现通过三种不同的方法分别输出数组a的5个元素。运行示例如图4.49所示。

源程序：

```
1  #include <stdio.h>
2  int main(void)
3  {
4    int a[5],i,*p;
5    for(i=0;i<5;i++)
```

```
6       scanf("%d",&a[i]);
7     printf("下标法输出：\n");
8     for(i=0;i<5;i++)
9       printf("%d ",a[i]);
10    printf("\n 数组名输出：\n");
11    for(i=0;i<5;i++)
12      printf("%d ",*a);
13    printf("\n 指针法输出：\n");
14    for(p=a;p<5;p++)
15      printf("%d ",p);
16  }
```

在 VC++环境下对程序进行编译，分析运行结果错误原因，指出错误的位置并给出正确的语句：

错误行号：＿＿＿＿＿，正确语句：＿＿＿＿＿＿＿＿＿＿＿＿＿＿＿＿＿＿＿＿

错误行号：＿＿＿＿＿，正确语句：＿＿＿＿＿＿＿＿＿＿＿＿＿＿＿＿＿＿＿＿

错误行号：＿＿＿＿＿，正确语句：＿＿＿＿＿＿＿＿＿＿＿＿＿＿＿＿＿＿＿＿

运行示例：

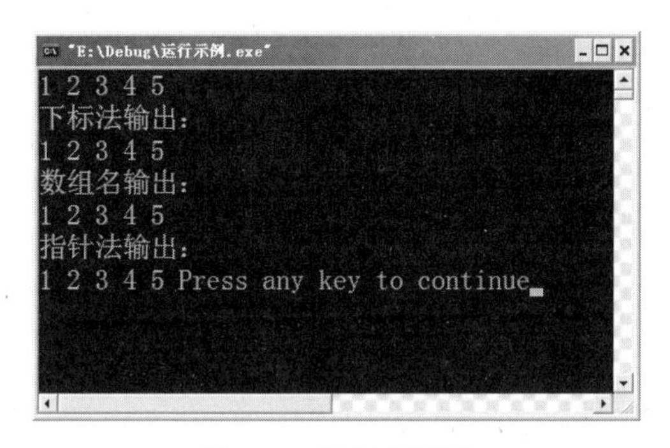

图 4.49　运行示例图

提示

（1）a 是数组名，数组名是数组首地址，在程序运行期间，其值不能改变。下标法访问数组元素时，把 a[i]转换成*(a+i)处理。

（2）p 是指向数组元素的指针变量，使用 p++不必每次都计算数组元素地址，操作速度快。

3. 无中生有

将程序补充完整。编写一个程序，在主函数中输入两个字符串 s 和 t，调用函数 strc 完成字符串的连接。函数 strc 的作用是，将字符串 t 连接到字符串 s 的尾部。运行示例如图 4.50 所示，字符串连接流程如图 4.51 所示。

源程序：

```
1   #include<stdio.h>
2   void strc(char *s, char *t);
3   int main(void)
```

```
4   {
5    char s[80],t[80];
6    gets(s);
7    gets(t);
8    ________________
9    puts(s);
10   return 0;
11  }
12   void strc(char *s, char *t)
13  {
14    while(*s!='\0')
15        s++;
16    while(*t!='\0')
17      {
18    ________________
19        s++;
20        t++;
21      }
22    ________________
23   }
```

运行示例：

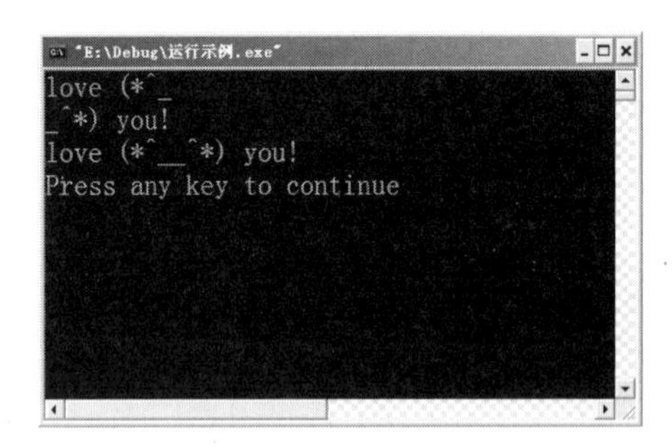

图 4.50　运行示例图

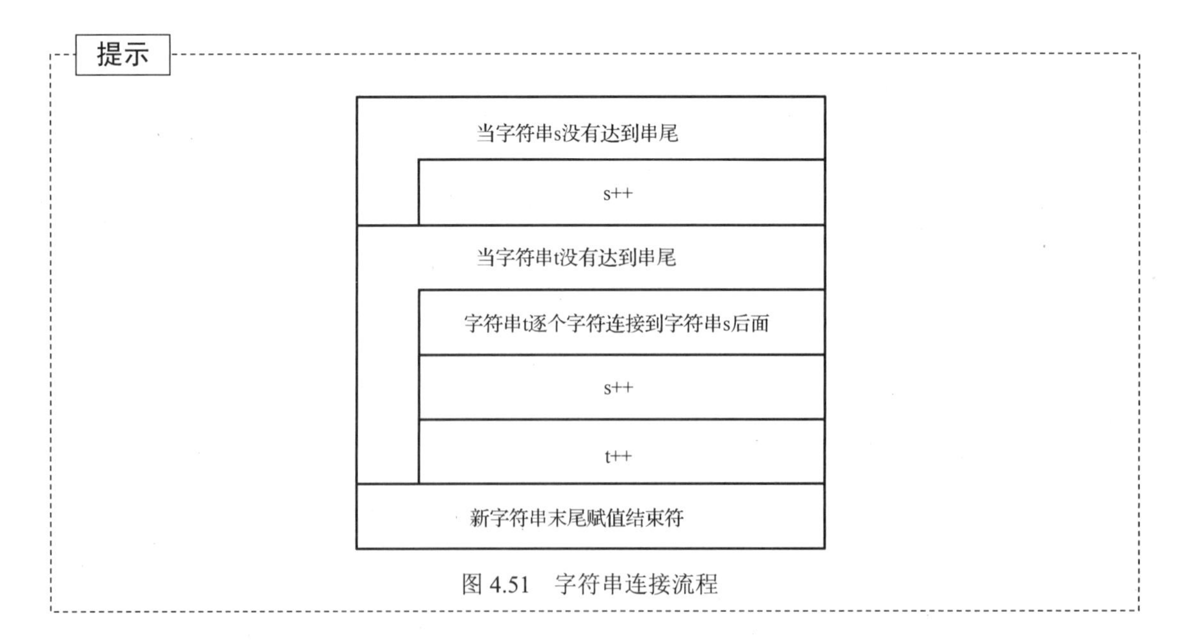

图 4.51　字符串连接流程

4．你中有我

编写一个程序，实现任意两个整数的交换。仔细分析源程序，分析没有交换成功的原因，改写程序，以实现两个数的交换。交换后运行示例如图 4.52 所示。

源程序：

```
1  #include<stdio.h>
2  swap (int *q1,int *q2)
3  {  int *q;
4     q=q1;
5     q1=q2;
6     q2=q;
7  }
8  int main(void)
9  {
10   int a,b;
11   int *p1,*p2;
12   a=5;b=3;
13   p1=&a;
14   p2=&b;
15   swap(p1,p2);
16   printf("a=%d,b=%d\n",a,b);
17   return 0;
18  }
```

运行示例：

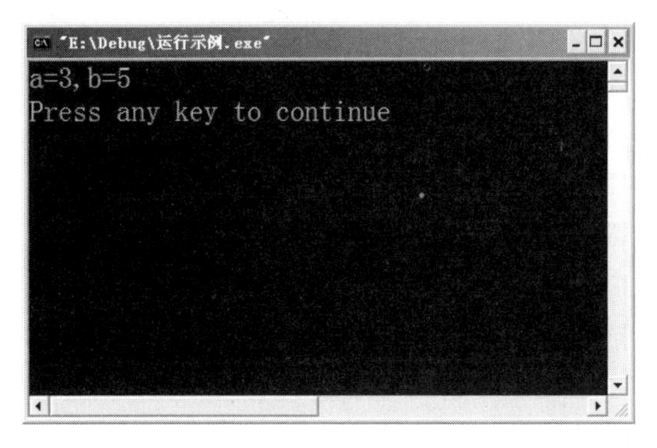

图 4.52　运行示例图

提示

（1）主函数不改变，仅完成 swap 的编写。

（2）C 语言实参和形参之间采用单向“值传递”的方式，指针变量作为函数参数同样要遵循这一规则。不可能通过执行函数调用来改变实参指针变量的值，但可以改变实参指针变量所指向变量的值。

（3）虚实结合后 p1 和 q1 都指向变量 a，p2 和 q2 都指向变量 b。是*q1 和*q2 的值交换，即相当于 a 和 b 的值交换。

5. 乐在其中

编写一个程序，求一个字符串的长度。要求在主函数中输入字符串，并输出其长度，编写自定义函数，并将其长度返回到主函数中。运行示例如图 4.53 所示。

运行示例：

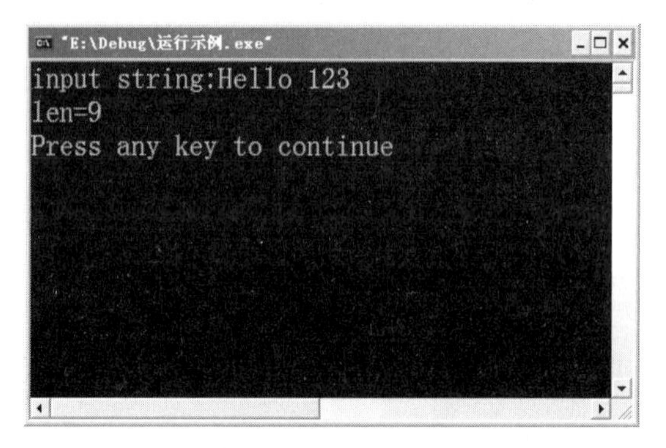

图 4.53 运行示例图

提示

定义一个字符数组存放字符串。自定义函数中至少需要两个变量，一个整型变量统计字符数即串长，一个形参指针变量不断自加，逐个指向每个字符，直到串尾。求串长的流程如图 4.54 所示。

图 4.54 求串长流程

【拓展训练】

题目 1 编写程序，有一个整型二维数组，大小为 $m \times n$，要求找出其中的最大值，并输出所在的行和列以及这个最大值。

提示

编写一个求最大值的 max 函数。以数组名和数组大小为该函数的形参，数组元素的值在 main 中输入，结果在函数 max 中输出。该问题可以采用穷举算法，找到最大值，同时记录最大值所在数组元素的下标。求最大值的流程如图 4.55 所示。

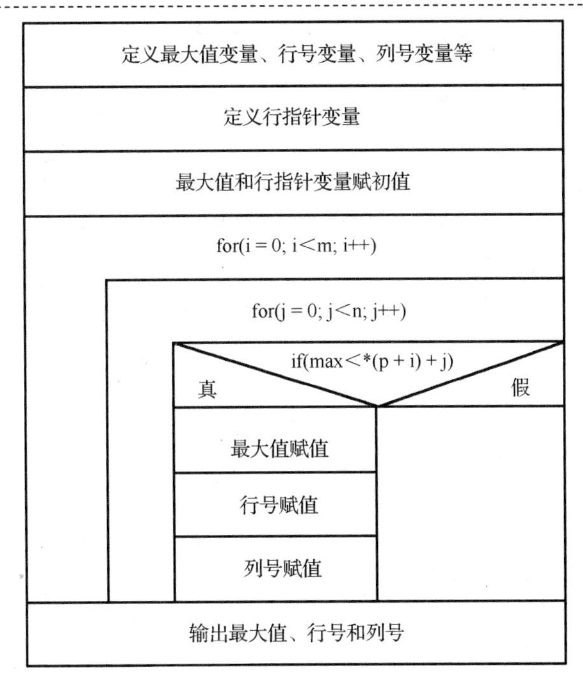

图 4.55　求最大值流程

题目 2　编程实现从键盘输入一个字符串，将其字符顺序颠倒后重新存放，并输出这个字符串。要求在主函数中输入、输出字符串，在自定义函数中完成字符串的反序存放。

提示

定义字符数组存放字符串。用数组名作为函数实参，用字符指针变量作为函数形参。使用两个指针变量分别指向字符串的两端，同时向前和向后分别移动指针，边移动边交换指针指向的字符串。

题目 3　从键盘上任意输入一个整型表示的月份值，用指针数组编程实现输出该月份的英文表示，若输入的月份值不在 1～12 之间，则输出“error month”。

提示

定义指针数组，分别指向 12 个英文月份字符串。每个指针数组的数组元素存放对应字符串的首地址。输出月份的流程如图 4.56 所示。

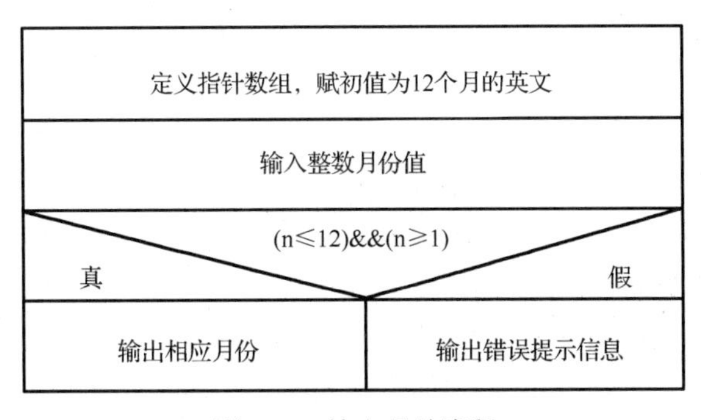

图 4.56　输出月份流程

【二级实战】

1．程序改错题

（1）下面给定的程序中，函数 fun 的功能是，统计字符串中各元音字母（即 A、E、I、O、U）的个数。注意：字母不区分大小写。例如，若输入 THIs is a boot，则输出应是 1、0、2、2、0。请改正程序中的错误，使它能得出正确的结果。注意：不要改动 main 函数，不得增行或删行，也不得更改程序的结构！

题目源程序：

```
#include <stdio.h>
fun ( char *s, int num[5] )
{
int k, i=5;
for ( k = 0; k<i; k++ )
/**********found**********/
num[i]=0;
for (; *s; s++)
{ i = -1;
/**********found**********/
switch ( s )
{ case 'a': case 'A': {i=0; break;}
  case 'e': case 'E': {i=1; break;}
  case 'i': case 'I': {i=2; break;}
  case 'o': case 'O': {i=3; break;}
  case 'u': case 'U': {i=4; break;}
}
if (i >= 0)
num[i]++;
}
}
main()
{ char s1[81]; int num1[5], i;
  printf("\nPlease enter a string: "); gets(s1);
  fun (s1, num1);
  for (i=0; i < 5; i++) printf("%d ",num1[i]); printf ("\n");
}
```

解题思路：

① num 初始化错误，应改为 num[k]=0;。

② 由于 s 是指针型变量，所以应改为 switch(*s)。注意 s 和*s 的区别，s 是指针变量，存放的是地址。*s 是指针变量所指向的字符。

（2）下面的程序中，函数 fun 的功能是，将 s 所指字符串中的字母转换为按字母序列的后续字母（但 Z 转换为 A，z 转换为 a），其他字符不变。请改正函数 fun 中指定部位的错误，使它能得出正确的结果。注意：不要改动 main 函数，不得增行或删行，也不得更改程序的结构!

题目源程序：

```
#include <stdio.h>
#include <ctype.h>
void fun (char *s)
{
/**********found***********/
while(*s!='@')
{ if(*s>='A' && *s<='Z' || *s>='a' && *s<='z')
{ if(*s=='Z') *s='A';
  else if(*s=='z') *s='a';
  else *s += 1;
}
/**********found***********/
(*s)++;
}
}
main()
{char s[80];
 printf("\n Enter a string with length < 80. :\n\n "); gets(s);
 printf("\n The string : \n\n "); puts(s);
 fun(s);
 printf("\n\n The Cords :\n\n "); puts(s);
}
```

解题思路：

① 使用 while 循环来判断字符串指针 s 是否结束，所以应改为 while(*s)。

② 取字符串指针 s 的下一个位置，所以应改为 s++;。

2．程序设计题

请编写一个函数 fun，其功能是，将 ss 所指字符串中所有下标为奇数位置上的字母转换为大写（若该位置上不是字母，则不转换）。例如，若输入"abc4EFg"，则应输出"aBc4EFg"。请勿改动主函数 main 和其他函数中的任何内容，仅在函数 fun 的花括号中填入你编写的若干语句。

题目源程序：

```
#include <stdio.h>
#include <string.h>
void fun(char *ss)
{
 …
}
void main(void)
{
char tt[51];
printf("\nPlease enter an character string within 50 characters:\n");
gets(tt);
```

```
printf("\n\nAfter changing, the string\n \"%s\"", tt);
fun(tt);
printf("\nbecomes\n \"%s\"", tt);
}
```

解题思路：

可以定义整型变量 i 来控制字符串所在的位置，字符串指针 p 指向形参 ss，再使用 while 循环语句对 p 进行控制来判断字符串是否结束，在循环体中使用 if 条件语句来判断位置 i 是否为奇数，且 p 所指的当前字符是否为'a'至'z'的字母。如果满足这两个条件，则把该小写字母转换为大写字母，小写字母与大写字母的差是 32。转换后的字母仍存放到原字符串的位置上，转换结束后，最后通过形参 ss 返回已转换后的字符串。自定义函数的流程如图 4.57 所示。

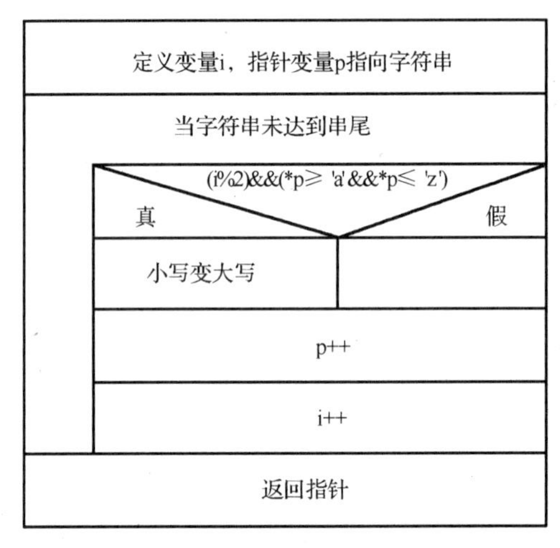

图 4.57　自定义函数流程

参考源代码如下：

```
void fun(char *ss)
{
char *p=ss;
int i=0;
while(*p)
{
 if((i%2)&&(*p>='a'&&*p<='z'))*p-=32;
 p++;
 i++;
}
return ss;
}
```

4.7 结　构　体

【实验目的】

（1）熟练掌握结构体类型变量的定义和使用。

（2）比较结构体变量和指向结构体变量的指针作为函数参数的异同，深刻理解指针作为函数参数的必要性。

【实验内容】

1. 样例探讨

编写程序，实现输入一名学生的各项信息并用三种不同的方法重复输出该学生的信息。运行示例如图 4.58 所示。

源程序：

```
1  main()
2  {
3  struct stu
4  {
5  int num;
6  char name[20];
7  float score;
8  };
9  struct stu s1,*p;
10  p=&s1;
11  scanf("%d%s%f",s1.num,s1.name,s1.score);   /*读入学生信息*/
12  /*三种方法输出学生信息*/
13  printf("name:%s  num:%d  score:%.1f\n",s1.name,s1.num,s1.score);
14  printf("name:%s  num:%d  score:%.1f\n",(*p).name,(*p).num,(*p).score);
15  printf("name:%s  num:%d  score:%.1f\n",p->.name,p->.num,p->.score);
16  }
```

运行示例：

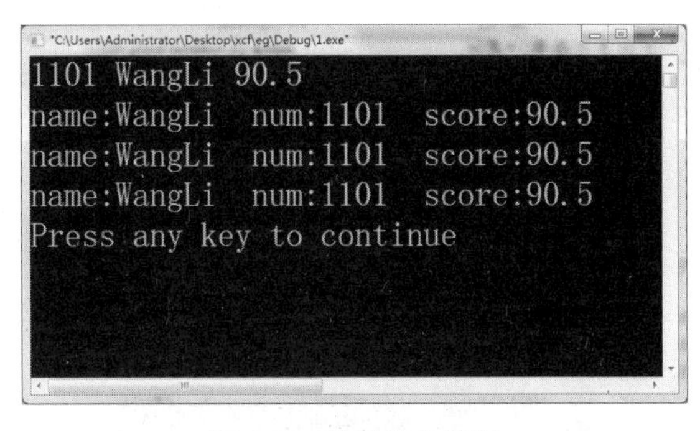

图 4.58　输出学生信息

仔细查看源程序，指出错误的位置并给出正确的语句：

错误行号：________，正确语句：______________________________

错误行号：________，正确语句：______________________________

提示

（1）结构体成员变量的类型和相应类型的变量使用是一致的。

（2）一定要清晰地掌握对结构体成员变量的三种引用方式，不要混淆。

2. 火眼金睛

编写一个程序，实现输入多名学生的学号、姓名、三科分数值，按格式输出每名学生的学号、姓名及总分信息。运行示例如图 4.59 所示。

源程序：

```
1  #define N 3
2  struct stu
3  {
4  int num;
5  char name[20];
6  float score[3];
7  float sum;
8  };
9  struct stu s[N];
10  main()
11  {int i,j;
12  for(i=0;i<N;i++)/*读入N名学生信息*/
13    {scanf("%d%c",&s[i].num,s[i].name);   /*读入学号姓名*/
14      for(j=0;j<3;j++)  /*读入三科成绩*/
15       {scanf("%f",s[i].&score[j]);
16       sum=sum+s[i].score[j];
17       }
18    }
19  printf("学号      姓名      总分\n");
20  printf("---------------------\n");
21  for(i=0;i<N;i++)/*输出N名学生信息*/
22    printf("%-8d%-8s%-8.1f\n",s[i].num,s[i].name,s[i].sum);
23  }
```

仔细查看源程序，指出错误的位置并给出正确的语句：

错误行号：_______，正确语句：_______________________________

错误行号：_______，正确语句：_______________________________

错误行号：_______，正确语句：_______________________________

运行示例：

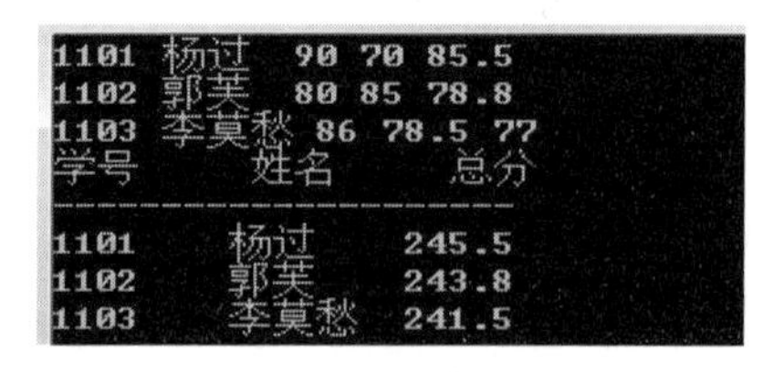

图 4.59　程序运行示例

提示

（1）仔细查看结构体成员变量的引用及对应的格式符。

（2）结构体成员变量在使用前也需要初始化。

3．无中生有

编写一个程序实现模拟一随时更新的数字时钟。请将程序补充完整。

源程序：

```
1   struct time /*数字时钟，三个分量代表时、分、秒*/
2   {
3       int hour;
4       int minute;
5       int second;
6    };
7   update(struct time *p)
     /*用指向 time 型变量的指针 p 作为参数，实现对主函数中 t 时钟变量的各成员更新*/
8  {    (*p).second++;
9       if((*p).second==60)
10      {    __________________
11          (*p).minute++;
12      }
13      if(________________)
14      {(*p).minute=0;
15       __________________
16      }
17      if((*p).hour==24)
18      (*p).hour=0;
19  }
20  main()
21  {   int i,j;  struct time t;
22      t.hour=t.minute=t.second=0;
23      for(i=0;i<1000000;i++)
 /*循环显示 1000000 次数字时钟时间，每次显示维持约 1 秒后更新*/
24     {   update(&t);   /*更新时间*/
25         printf("\r%02d:%02d:%02d",t.hour,t.minute,t.second); /*显示新时间*/
26         for(j=0;j<100000000;j++)  /*通过循环实现大约 1 秒时间的空操作*/
27          ;
28      }
29  }
```

提示

time 为时钟结构体类型。update 函数通过用指向 time 型变量的指针 p 作为参数，实现对主函数中数字时钟 t 的时、分、秒各分量的随时更新。

4．小试牛刀

从键盘输入多名职工的工号、姓名、基本工资、奖金，然后输出各职工的各项信息并给出工资等级。工资等级的算法是：工资加奖金达到 10000，等级为“土豪”；在 5000～10000 之间为“月光”，否则等级是“屌丝”。运行示例如图 4.60 所示。

运行示例：

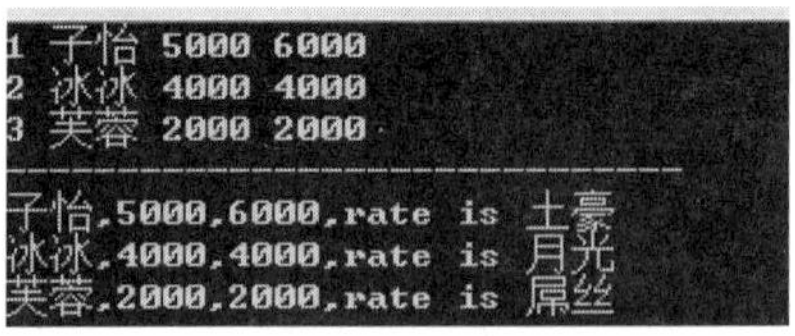

```
1 子怡 5000 6000
2 冰冰 4000 4000
3 芙蓉 2000 2000
------------------------------------
子怡,5000,6000,rate is 土豪
冰冰,4000,4000,rate is 月光
芙蓉,2000,2000,rate is 屌丝
```

图 4.60　程序运行示例

提示

求工资等级的流程如图 4.61 所示。

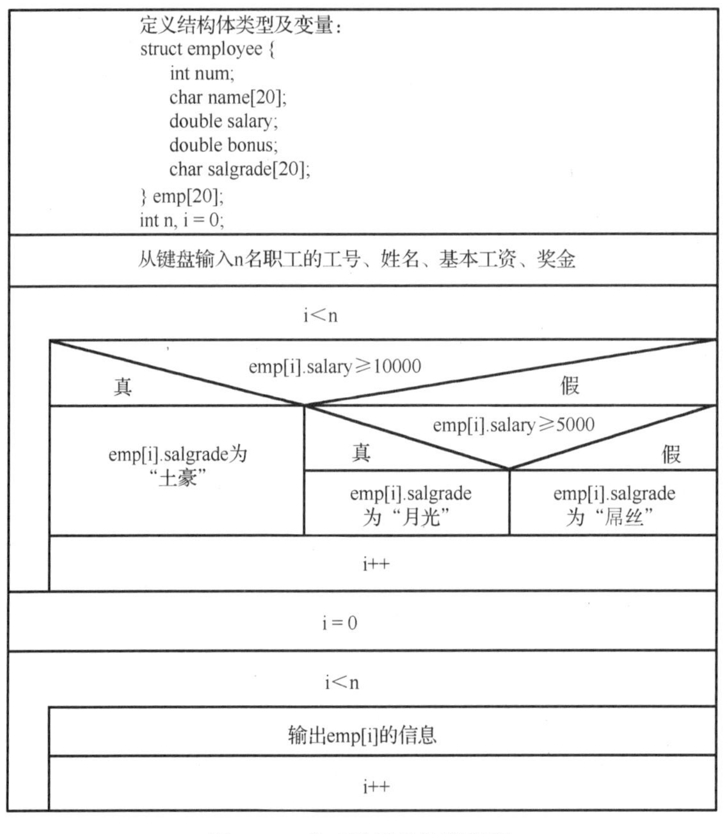

图 4.61　求工资等级的流程图

【拓展训练】

题目 1　简单通讯录的输入和输出。通讯录的内容包括 N 个人的姓名、生日、电话号码。

提示

（1）生日信息本身包括年、月、日，可设计嵌套结构体作为通讯录中每条数据记录的类型。

（2）如果 N 不确定，可以考虑用链表实现。

题目 2 输入多名学生的学号、姓名、计算机考试分数，输出分数最高的学生信息。

提示

（1）可以使用结构体数组实现，注意结构体成员的引用。

（2）分数最高的学生，可以通过逐一遍历比较找到。

题目 3 输入多名学生的学号、姓名、计算机考试分数，按分数排序输出学生信息。

提示

利用结构体数组。可以采用所学的任意一种排序算法；要注意的是，排序时，比较的不是每个数组元素的所有成员，而是数组元素的特定成员（分数）。

题目 4 利用函数调用的方式完成题目 3。

提示

设计一个函数完成排序功能，形参为结构体数组。主函数中以数组作为实参，调用设计好的函数完成对学生的排序。

【二级实战】

1. 程序填空题

程序通过定义并赋初值的方式，利用结构体变量存储了一名学生的信息。函数 fun 的功能是输出这名学生的信息。请在程序的下画线处填入正确的内容并把下画线删除，使程序得出正确的结果。注意：不得增行或删行，也不得更改程序的结构！

题目源程序：

```
#include <stdio.h>
 typedef struct
 {   int num;
     char name[9];
     char sex;
     struct {
         int year,month,day;
      } birthday;
      float score[3];
 }STU;
 /*********found*********/
 void show(STU ___1___)
 {  int i;
    printf("\n%d %s %c %d-%d-%d", tt.num, tt.name, tt.sex,
    tt.birthday.year, tt.birthday.month, tt.birthday.day);
    for(i=0; i<3; i++)
    /*********found*********/
    printf("%5.1f", ___2___);
    printf("\n");
 }
```

```
main()
{
    STU std={1,"Zhanghua",'M',1961,10,8,76.5,78.0,82.0};
    printf("\nA student data:\n");
    /*********found**********/
    show(___3___);
}
```

解题思路：

本题利用结构体变量存储了一名学生的信息。

（1）tt 变量在函数体 fun 已经使用，应填 tt。

（2）利用循环分别输出学生的成绩数据，应填 tt.score[i]。

（3）函数的调用，参数是结构体类型，应填 std。

2．程序改错题

给定程序中，函数 Creatlink 的功能是创建带头结点的单向链表，并为各结点数据域赋 0 到 m-1 的值。请改正函数 Creatlink 中指定部位的错误，使它能得出正确的结果。注意：不要改动 main 函数，不得增行或删行，也不得更改程序的结构！

题目源程序：

```
#include <stdio.h>
#include <stdlib.h>
typedef struct aa
{
   int data;
   struct aa *next;
} NODE;
NODE *Creatlink(int n, int m)
{
    NODE *h=NULL, *p, *s;
    int i;
    /*********found**********/
    p=(NODE )malloc(sizeof(NODE));
    h=p;
    p->next=NULL;
    for(i=1; i<=n; i++)
    { s=(NODE *)malloc(sizeof(NODE));
    s->data=rand()%m; s->next=p->next;
    p->next=s; p=p->next;
    }
    /*********found**********/
    return p;
}
outlink(NODE *h)
{
    NODE *p;
    p=h->next;
```

```
    printf("\n\nTHE LIST :\n\n HEAD ");
    while(p)
    {   printf("->%d ",p->data);
        p=p->next;
    }
    printf("\n");
}
main()
{
    NODE *head;
    head=Creatlink(8,22);
    outlink(head);
}
```

解题思路：

（1）指向刚分配的结构指针，所以应改为 p=(NODE *)malloc(sizeof(NODE));。

（2）在动态分配内存的下一行语句时，使用临时结构指针变量 h 保存 p 指针的初始位置，最后返回时不能使用 p，因为 p 的位置已发生变化，所以应改为返回 h。

3. 程序设计题

学生的记录由学号和成绩组成，*N* 名学生的数据已在主函数中放入结构体数组 s 中。请编写函数 fun，其功能是：把大于等于平均分的学生数据放在 b 所指的数组中，大于等于平均分的学生人数通过形参 n 传回，平均分通过函数值返回。注意：请勿改动主函数 main 和其他函数中的任何内容，仅在函数 fun 的花括号中填入编写的若干语句。

题目源代码：

```
#include <stdio.h>
#define N 12
typedef struct
{
    char num[10];
    double s;
} STREC;
double fun( STREC *a, STREC *b, int *n )
{
 ...
}
main()
{
     STREC s[N]={{"GA05",85},{"GA03",76},{"GA02",69},{"GA04",85},
     {"GA01",91},{"GA07",72},{"GA08",64},{"GA06",87},
     {"GA09",60},{"GA11",79},{"GA12",73},{"GA10",90}};
     STREC h[N], t;
     int i,j,n;
     double ave;
     ave=fun( s,h,&n );
     printf("The %d student data which is higher than %7.3f:\n",n,ave);
}
```

解题思路：

本题计算平均分并把高于平均分的记录存入结构体数组中，最后平均分 t 通过函数值返回，人数 n 和符合条件的记录 b 由形参传回。

（1）利用 for 循环计算平均分 t。

（2）利用 for 循环把高于平均分的学生记录存入 b 中，人数加 1。

参考源代码如下：

```
double fun(STREC *a, STREC *b, int *n)
{
    double t=0;
    int i;
    *n = 0;
    for(i = 0; i < N; i++)
        t = t + a[i].s;
    t = t/N;
    for(i = 0; i < N; i++)
        if(a[i].s > t)
            b[(*n)++] = a[i];
    return t;
}
```

4.8 文　　件

【实验目的】

（1）掌握文件的基本概念，把对文件的认识从抽象上升到具体。

（2）熟练掌握文件打开、关闭、读、写等基本操作函数。

（3）掌握文本文件的顺序读、写方法。

【实验内容】

1．样例探讨

（1）运行以下程序，观察程序的运行结果，并观察在该程序的同一路径下有没有新的文件产生。该文件的名称是什么？内容是什么？程序流程图如图 4.62 所示。

源程序：

```
1  #include <stdio.h>
2  main()
3  {
4    FILE *fp;
5    int i;
6    fp=fopen("看我.txt","w");
7    for (i=1;i<=100;i++)
8      fprintf(fp,"%5d",i);
```

```
9    fclose(fp);
10  }
```

（2）继续运行以下程序，观察程序的运行结果。体会文件和文件指针的概念，了解文件打开和关闭及文件读写函数的使用方法。

源程序：

```
1  #include <stdio.h>
2  main()
3  {
4    FILE *fp;
5    int i,j,sum=0;
6    fp=fopen("看我.txt","r");
7    for (j=1;j<=100;j++)
8     { fscanf(fp,"%d",&i);
9       sum=sum+i;
10    }
11    printf("%d\n",sum);
12    fclose(fp);
13  }
```

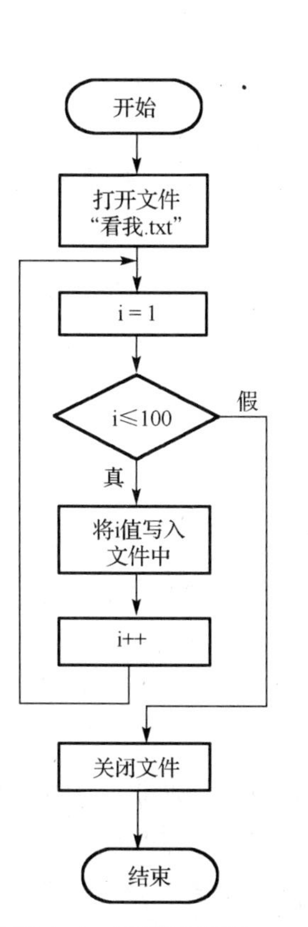

图 4.62　程序流程图

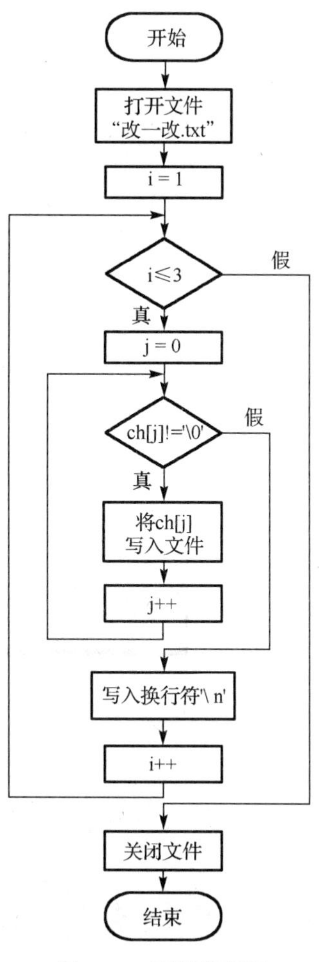

图 4.63　程序流程图

程序运行结果为____________________；要使程序的运行结果为55，需将语句修改为________________。

2. 火眼金睛

以下程序的功能是通过文件函数（fopen）自动建立一个文件“改一改.txt”，并从键盘输入三行字符写到文件“d:\改一改.txt”中，请改正错误。程序流程图如图4.63所示。

源程序：

```
1   #include <stdio.h>
2   #include <string.h>
3   main()
4   {
5     FILE *fp;
6     char ch[80];
7     int i,j;
8     fp=fopen("d:\\改一改.txt","r");
9     for (i=1;i<=3;i++)
10    {
11      gets(ch);
12       j=0;
13       while(ch[j]!='\0')
14      {
15         fputc(,ch[j],fp);
16         j++;
17       }
18       fputc(fp,'\n');
19       fclose(fp);
20     }
21   }
```

（1）文件打开的方式有误，需要修改的语句是：

____

（2）向文件写入字符函数fput(c)使用有误，需要修改的语句是：

____

（3）文件不能正确写入三行字符的原因是____________________

需要修改的位置是____________________________

> **提示**
>
> 注意文件关闭函数语句在循环中的位置。

3. 无中生有

想不想知道上机考试的自动评分系统是如何实现的？以单项选择题为例（20道题以内），允许用户输入答案，答题结束立即自动评分！首先在程序的同一路径下建立两文件：“答案.txt”和“试卷.txt”，分别存放答案信息和试题信息，如图4.64和图4.65所示。程序运行时，先从答案文件读取试题答案，按顺序存储在ans数组中，然后从试卷文件中读取每道题并显示，等待用户输入答案，与 ans 数组对应内容比较其正确性。每道题的分数相同，满分 100 分。程序运行示例如图 4.66 所示。

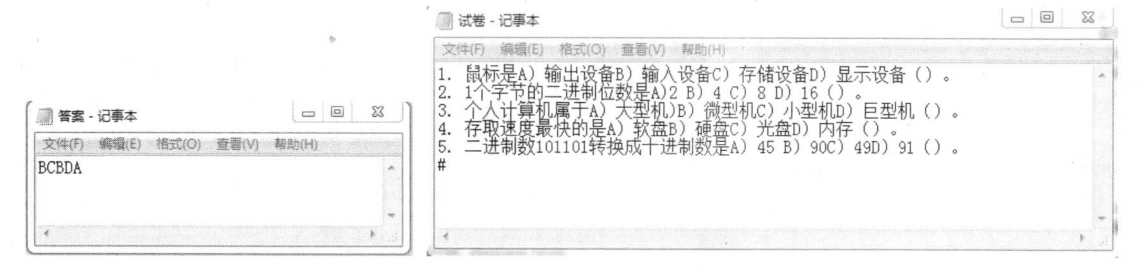

图 4.64　答案文件　　图 4.65　试卷文件

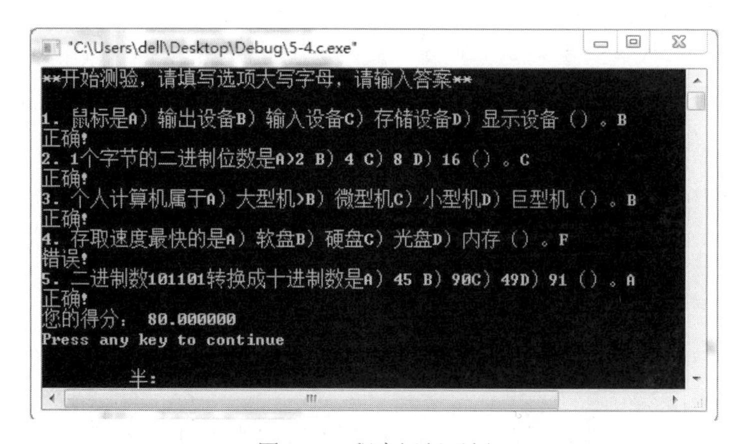

图 4.66　程序运行示例

源程序：

```
1   #include "stdio.h"
2   void main()
3   { char ch; int count;
4     float score;
5     char result,ans[20];
6     int lineend,i,line;
7     FILE *fp1,*fp2;
8     fp1=
9     fp2=
10    i=1;
11    while(!feof(fp2))
12     {  fscanf(fp2,"%c",&ans[i]);
13        i++;
14      }
15     line=count=0;
16     printf("**开始测验，请填写选项大写字母，请输入答案**\n\n");
17     while(1)
18     { lineend=0;
19       while(!lineend)
20        { ch=fgetc(fp1);
```

```
21          if(ch=='#')
22            goto end;
23          else if(ch!='\n')
24            putchar(ch);
25          else
26            {lineend=1; line++;}
27         }
28        scanf("%c",&result);
29        getchar();
30
31       {printf("正确!\n");
32         count++;
33        }
34     else
35        printf("错误!\n");
36     }
37    end:
38    score=100.0/line*count;
39    printf("您的得分: %f\n",score);
40    fclose(fp1);
41
42 }
```

4．小试牛刀

从键盘输入 5 名学生的学号、姓名、成绩三项信息，将数据都存放在磁盘文件“stud.txt”中，然后在该文件中查找学号为 i 的学生的信息并输出到屏幕上（提示：i 值由键盘输入）。

【拓展训练】

题目 1 从键盘输入一行字符串，将其中的小写字母全部转换成大写字母，然后输出到一个磁盘文件“test.txt”中保存，并显示“test.txt”文件中的内容。

> **提示**
>
> 应用 ASCII 码值的计算实现大小写字母的转换。建立磁盘文本文件，并应用向文件写的函数，向文件中写入数据。

题目 2 从键盘输入一个字符串和一个十进制整数，将它们写入 myfile 文件，然后再从 myfile 文件中读出并显示在屏幕上。

> **提示**
>
> 应用文件读写函数实现。重点练习文件函数的基本使用方法。

题目 3 超市售货模拟程序。先将输入的商品信息存储到文件，然后输入购买的商品编号和数量，程序从文件中读取商品信息并计算应付款项。程序运行示例如图 4.67 所示。

> **提示**
>
> 可以采用结构体数组的形式存放商品数据，应用文件函数 fread、fwrite 实现程序功能。

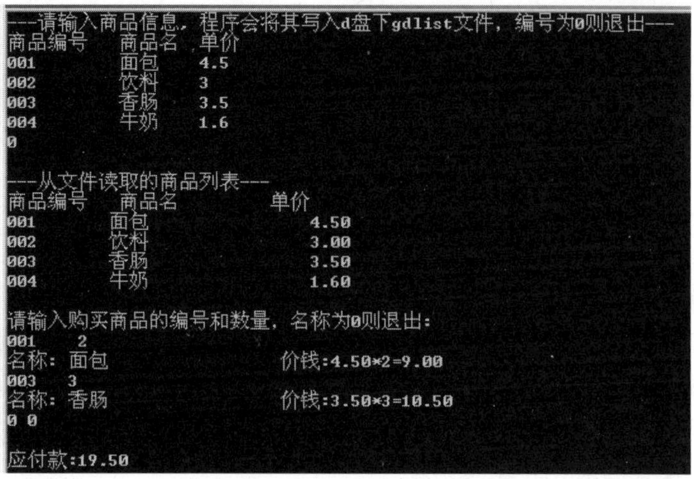

```
---请输入商品信息，程序会将其写入d盘下gdlist文件，编号为0则退出---
商品编号    商品名   单价
001         面包     4.5
002         饮料     3
003         香肠     3.5
004         牛奶     1.6
0

---从文件读取的商品列表---
商品编号    商品名          单价
001        面包               4.50
002        饮料               3.00
003        香肠               3.50
004        牛奶               1.60

请输入购买商品的编号和数量，名称为0则退出：
001    2
名称：面包                价钱:4.50*2=9.00
003    3
名称：香肠                价钱:3.50*3=10.50
0 0

应付款:19.50
```

图 4.67　程序运行示例

【二级实战】

1. 程序填空题

（1）给定程序中，函数 fun 的功能是，将自然数 1～10 及它们的平方根写到名为“myfile3.txt”的文本文件中，然后再顺序读出并显示在屏幕上。请在程序的下画线处填入正确的内容并把下画线删除，使程序得出正确的结果。注意：源程序存放在考生文件夹下的 BLANK1.C 中。不得增行或删行，也不得更改程序的结构！

题目源程序：

```
#include <math.h>
#include <stdio.h>
int fun(char *fname )
{ FILE *fp; int i,n; float x;
if((fp=fopen(fname, "w"))==NULL)
return 0;
for(i=1;i<=10;i++)
/**********found**********/
fprintf(___1___,"%d %f\n",i,sqrt((double)i));
printf("\nSucceed!! \n");
/**********found**********/
___2___;
printf("\nThe data in file :\n");
/**********found**********/
if((fp=fopen(___3___,"r"))==NULL)
return 0;
fscanf(fp,"%d%f",&n,&x);
while(!feof(fp))
{ printf("%d %f\n",n,x); fscanf(fp,"%d%f",&n,&x); }
fclose(fp);
return 1;
```

```
}
main()
{ char fname[]="myfile3.txt";
fun(fname);
}
```

解题思路：

本题重点考查文件函数 fprintf、fclose、fopen 的基本使用方法。本题要求把所求出的 10 个数写入指定的文件并保存。程序中共有三处要填上适当的内容，使程序能得出正确的结果。

第一处：根据向文件写函数的参数形式 int fprintf(FILE *stream, const char *format [,argument, …]);，本处只能填写文件流的变量 fp。

第二处：切记文件操作完毕后必须关闭该文件。由于文件打开写操作，所以必须要关闭，因此只能填写关闭文件的函数 fclose(fp)。

第三处：注意审题。由于本题要把刚写入文件中的数据重新显示出来，读方式已经给出，但没有给出文件名，所以本处只能写文件名变量 fname 或直接给出文件名“myfile3.dat”。

程序执行结果如图 4.68 所示，文件 myfile3.dat 中的内容如图 4.69 所示。

```
"C:\Users\Administrator\Desktop\Debug\1.exe"

Succeed!

The data in file :
1 1.000000
2 1.414214
3 1.732051
4 2.000000
5 2.236068
6 2.449490
7 2.645751
8 2.828427
9 3.000000
10 3.162278
Press any key to continue
```

图 4.68 程序执行结果

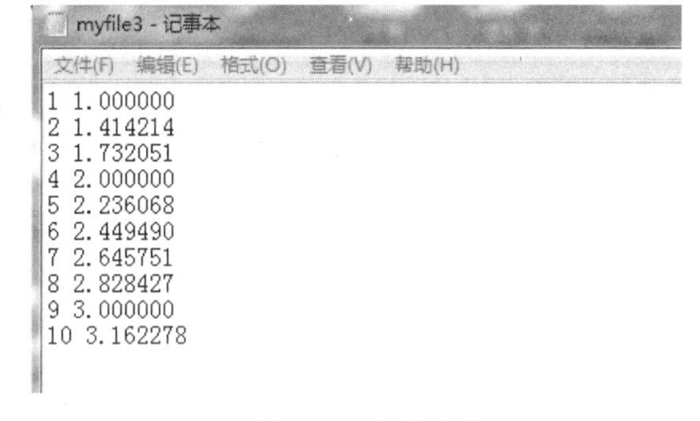

图 4.69 文件内容

（2）给定程序中，函数 fun 的功能是将形参给定的字符串、整数、浮点数写到文本文件中，再用字符方式从该文本文件中逐个读入并显示在终端屏幕上。请在程序的下画线处填入正确的内容并把下画线删除，使程序得出正确的结果。注意：源程序存放在考生文件夹下的 BLANK1.C 中。不得增行或删行，也不得更改程序的结构！

题目源程序：

```
#include <stdio.h>
void fun(char *s, int a, double f)
{
/**********found**********/
__1__ fp;
char ch;
fp = fopen("file1.txt", "w");
fprintf(fp, "%s %d %f\n", s, a, f);
fclose(fp);
fp = fopen("file1.txt", "r");
```

```
printf("\nThe result :\n\n");
ch = fgetc(fp);
/**********found**********/
while (!feof(__2__)) {
/**********found**********/
putchar(__3__); ch = fgetc(fp); }
putchar('\n');
fclose(fp);
}
main()
{ char a[10]="Hello!"; int b=12345;
double c= 98.76;
fun(a,b,c);
}
```

解题思路：

本题考查文件指针的使用方法、判断文件是否结束的函数 feof 的使用方法，以及屏幕输出字符函数 putchar 的使用方法。审清题意，先把给定的形参数据写入文本文件 file1.txt，再从该文件读出并显示在屏幕上。

第一处：根据文件指针的基本概念，定义文本文件类型变量，所以应填 FILE *。

第二处：判断文件是否结束，所以应填 fp。

第三处：显示读出的字符，所以应填 ch。

程序执行结果如图 4.70 所示，文本文件 file1.txt 中的内容如图 4.71 所示。

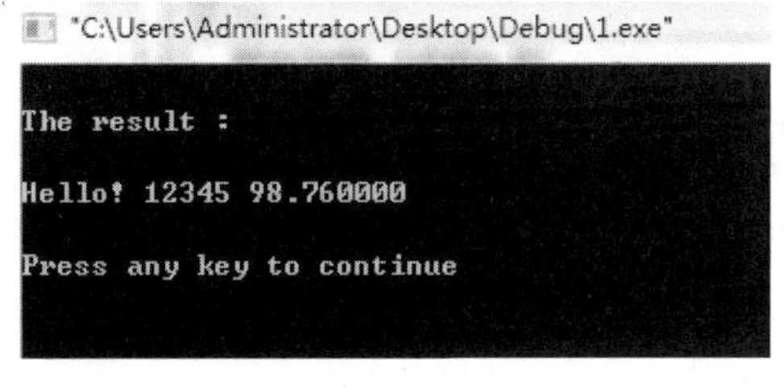

图 4.70　程序执行结果

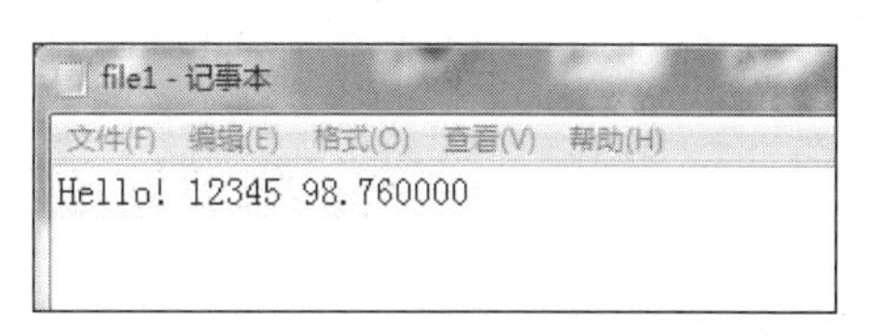

图 4.71　文件内容

（3）程序通过定义学生结构体变量，存储了学生的学号、姓名和 3 门课的成绩。所有学生数据均以二进制方式输出到文件中。函数 fun 的功能是从形参 filename 所指的文件中读入学生数据，并按照学号从小到大排序后，用二进制方式把排序后的学生数据输出到 filename 所指的文件中，覆盖原来的文件内容。请在程序的下画线处填入正确的内容并把下画线删除，使程序得出正确的结果。注意：源程序存放在考生文件夹下的 BLANK1.C 中。不得增行或删行，也不得更改程序的结构！

题目源程序：

```
#include <stdio.h>
#define N 5
typedef struct student {
long sno;
char name[10];
```

```
float score[3];
} STU;
void fun(char *filename)
{ FILE *fp; int i, j;
STU s[N], t;
/**********found**********/
fp = fopen(filename, __1__);
fread(s, sizeof(STU), N, fp);
fclose(fp);
for (i=0; i<N-1; i++)
for (j=i+1; j<N; j++)
/**********found**********/
if (s[i].sno __2__ s[j].sno)
{ t = s[i]; s[i] = s[j]; s[j] = t; }
fp = fopen(filename, "wb");
/**********found**********/
__3__(s, sizeof(STU), N, fp); /* 二进制输出 */
fclose(fp);
}
main()
{ STU t[N]={ {10005,"ZhangSan", 95, 80, 88}, {10003,"LiSi", 85, 70, 78},
{10002,"CaoKai", 75, 60, 88}, {10004,"FangFang", 90, 82, 87},
{10001,"MaChao", 91, 92, 77}}, ss[N];
int i,j; FILE *fp;
fp = fopen("student.dat", "wb");
fwrite(t, sizeof(STU), 5, fp);
fclose(fp);
printf("\n\nThe original data :\n\n");
for (j=0; j<N; j++)
{ printf("\nNo: %ld Name: %-8s Scores: ",t[j].sno, t[j].name);
for (i=0; i<3; i++) printf("%6.2f ", t[j].score[i]);
printf("\n");
}
fun("student.dat");
printf("\n\nThe data after sorting :\n\n");
fp = fopen("student.dat", "rb");
fread(ss, sizeof(STU), 5, fp);
fclose(fp);
for (j=0; j<N; j++)
{ printf("\nNo: %ld Name: %-8s Scores: ",ss[j].sno, ss[j].name);
for (i=0; i<3; i++) printf("%6.2f ", ss[j].score[i]);
printf("\n");
}
}
```

解题思路：

本题重点考查文件打开类型及方式、文件写函数 fwrite 的使用方法。审清题意，把形参中结构体数组中的数据写入文件，排序后再写回文件中。

第一处：建立文件的类型，考虑到是把结构中的数据（结构中的数据包含不可打印的字符）从文件中以二进制的形式读出，所以应填"rb"。

第二处：判断当前学号是否大于刚读出的学号，如果大于，则进行交换，所以应填>。

第三处：把已排序的结构数据重新写入文件，所以应填 fwrite。

程序运行结果如图 4.72 所示。

```
"C:\Users\Administrator\Desktop\Debug\1.exe"
The original data :

No: 10005 Name: ZhangSan Scores:  95.00  80.00  88.00

No: 10003 Name: LiSi     Scores:  85.00  70.00  78.00

No: 10002 Name: CaoKai   Scores:  75.00  60.00  88.00

No: 10004 Name: FangFang Scores:  90.00  82.00  87.00

No: 10001 Name: MaChao   Scores:  91.00  92.00  77.00

The data after sorting :

No: 10001 Name: MaChao   Scores:  91.00  92.00  77.00

No: 10002 Name: CaoKai   Scores:  75.00  60.00  88.00

No: 10003 Name: LiSi     Scores:  85.00  70.00  78.00

No: 10004 Name: FangFang Scores:  90.00  82.00  87.00

No: 10005 Name: ZhangSan Scores:  95.00  80.00  88.00
Press any key to continue
```

图 4.72　程序运行示例

4.9 位　运　算

【实验目的】

（1）熟悉常见位运算符&、|、^、<<、>>、~的运算规则。

（2）练习并体会位运算符在实践中的应用。

【实验内容】

1. 样例探讨

保密通信古已有之。信息加密广泛应用于军事、经济、商业等领域。常见的加密方法有移位加密、异或运算加密、矩阵运算加密等。本样例利用异或运算对文本文件加（解）密。

源程序：

```
1  #include <stdio.h>  //必须有
2  #include <stdlib.h> /*包含 exit 函数需要的声明*/
3  main()
```

```
4  { char password[10],len,i=0,ch,c;
5   char infile[20];
6  FILE *in;
7  printf("输入文件的名字:\n");
8  gets(infile);
9  if((in=fopen(infile,"r+"))==NULL) /* 打开文件,改变每个字符后写回原位置 */
10  {
11      printf("打开文件错误!");
12      exit(0);
13  }
14   printf("输入密钥:\n");
15  scanf("%s",password);
16  len=0;
17  while(password[len]!=0)
18   len++;    /* 密码串长度为 len */
19  while((ch=fgetc(in))!=EOF)
20  { if(ch=='\n') //对文本文件中遇到\n\r 符时才会读出的字符为\n
21     { fseek(in,-2,SEEK_CUR);
22      fputc(ch,in);
23     }
24     else
25    {
26   c=ch^password[i];  /* 加密当前读取的字符 */
27   if(c=='\n'||c=='\r'||c==EOF)
28       c=ch;
29   fseek(in,-1,SEEK_CUR);
30   fputc(c,in);      /* 加密后的字符写回文件 */
31   i++;
32   if(i==len)
33       i=0; /* 当前密钥字符结束，从头再来 */
34     }
35   fseek(in,ftell(in),SEEK_SET);
36  }
37  printf("请打开文件,期待惊喜!\n");
38  }
```

提示

（1）实现原理：a 与同一数值先后两次异或运算，结果还是 a，即(a^b)^b=a。例如，a 为 5（00000101），b 为 3（00000011），(a^b)^b=00000110^00000011=00000101=a。所以，顺序读取文件中的字符，将其与密码串中的字符异或后写回原处，则文件改变（加密）；而加密后的文件进行同样的操作即可解密。

（2）操作过程：在当前盘建立一个文本文件 f.txt 并输入内容（见图 4.73）。然后，按示例编写程序。第一次运行（见图 4.74）时，输入密钥，文件将面目全非（见图 4.75）！再次运行程序，输入密钥，即可将加密后的文件还原。

运行示例：

图 4.73　文件 f 加密前

图 4.74　加（解）密程序运行界面

图 4.75　文件 f 加密后效果

2. 火眼金睛

RGB 色彩分离。位图图像由像素组成。设每个像素用 24 位描述其色彩值，前 8 位代表红色成分，中间 8 位代表绿色成分，低 8 位代表蓝色成分。现欲分离出其中的 R、G、B 值并分别输出，请改正程序。

源程序（有错误的程序）：

```
1  main()
2  {unsigned int rgb=0xff00cc,r,g,b;  //111111110000000011001100 是像素值
3   r=rgb>>8;          //分离出红色成分
4   g=rgb>>8&0xFF;     //分离出绿色成分
5   b=rgb|0xFF;        //分离出蓝色成分
6   printf("R=%u G=%u B=%u\n",r,g,b);
7  }
```

运行示例：

```
R=255 G=0 B=204
```

> **提示**
>
> *颜色分离答案：*
>
> ```
> r=rgb>>16;          //分离出红色成分
> g=rgb>>8&0xFF;      //分离出绿色成分
> b=rgb&0xFF;         //分离出蓝色成分
> ```

3. 无中生有

不用算术运算符实现下面的程序：设整数 x 初始为 1，反复输出 x 的 2 倍，直到 x 等于 1024 时停止；整数 y 初始为 1024，反复输出 x 的一半的值，直到 y 等于 1 时为止。请将程序的缺失部分补充完整。

源程序：

```
1  main()
2  {int x=1,y=1024;
3   while(x<1024)
```

```
4   {
5
6   }
7  while(y>1)
8  {
9
10  }
11  }
```

提示

左移（<<）一位相当于该数乘以 2，左移两位相当于乘以 4……。右移（>>）一位相当于该数除以 2。例如，x=11，二进制数 1011 左移一位后即 10110，正好是十进制数 22。所以乘（除）2 的幂次可通过左移、右移相应位数实现。

4. 乐在其中

数码灯的循环点亮模拟。实际应用中，通常需要让数码灯以我们需要的方式按一定的规律闪烁，进而实现灯光变幻效果。这就需要用软件编程来控制硬件电路的信号导通与截止。现在假设硬件电路如图 4.76 所示。运行示例如图 4.77 所示。

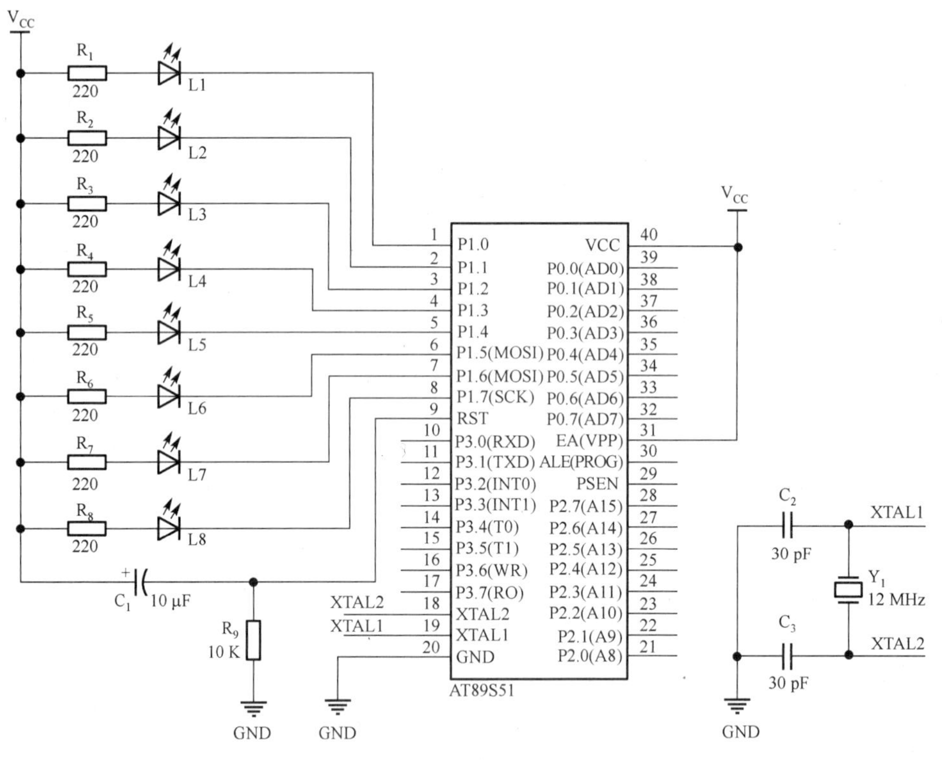

图 4.76 硬件电路图

设 P1 为一个 8 位的变量(unsigned char 型即可)，P1.0～P1.7 分别代表其最低位到最高位，每一位分别控制一个发光管，该位值为 0 时，灯管亮。因此，各小灯是否发光的控制，对应着 P1 数据的相应各位上值为 0 或 1 的控制。请编程控制 P1.0～P1.7 的值并输出，以模拟各小灯的循环点亮过程。

源程序：

```
1  #include "stdio.h"
2  void delay(int z);
3  void to2(unsigned char n)
4  {int i=0,a[8]={0};
5   do
6   {a[i++]=n%2;
7    n/=2;
8   }while(n!=0);
9   for(i=7;i>=0;i--)
10      printf("%5d",a[i]);
11  }
12  void main()
13  {unsigned char P1;
14   unsigned char temp;
15   int i,m;
16  printf(" P1.7 P1.6 P1.5 P1.4 P1.3 P1.2 P1.1 P1.0(0代表灯亮)\n");
17   P1=0xFE;
18   to2(P1);
19   printf("\n");
20   for(i=1;i<8;i++)
21    {int a,b;
22     temp=0xFE;
23     a=temp<<i;
24     b=temp>>8-i;
25     P1=a|b;
26     to2(P1);
27    printf("\n");
28     delay(500);
29    }
30   temp=P1;
31   for(i=1;i<8;i++)
32    {int a=temp>>i;
33     int b=temp<<(8-i);
34     P1=a|b;
35     to2(P1);
36    printf("\n");
37     delay(500);
38    }
39   }
40  void delay(int z)
41  {
42  int x,y,u;
43   for(x=z;x>0;x--)
44    for(y=z;y>0;y--)
45       for(u=z;u>0;u--);
46  }
```

运行示例：

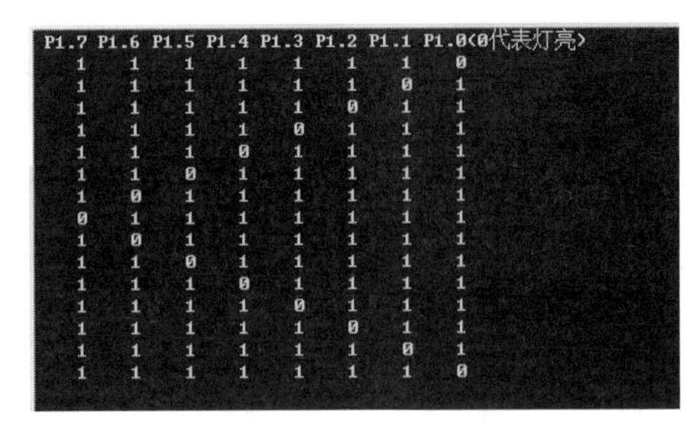

图 4.77　只模拟一轮循环点亮过程的运行示例

提示

位或运算的规则是，对应全 0 才得 0，否则为 1。设 temp 目前为二进制数 11111110，即第 0 位是 0，将 temp(11111110)左移 1 位后的结果(11111100)与右移 7 位后的结果(00000001)位或运算，可得 11111101（第 1 位是 0）。将 temp(11111110)左移 2 位后的结果(11111000)与右移 6 位后的结果（00000011）位或运算，可得 11111011（第 2 位是 0）。按此法，可依次使 P1 的各二进制位轮流为 0。

4.10　简单的数据结构

4.10.1　顺序表的操作与实现

【实验目的】

（1）熟练掌握结构体类型变量的定义和使用。

（2）掌握顺序表的基本操作，加深对顺序存储结构的理解。

【实验内容】

1．样例探讨

有趣的回文。《生活大爆炸》第四季第十集中，谢耳朵提到“哪个数字最好？”：“73, is the 21st prime number, it’s mirror 37 is the 12th and it's mirror 21 is the product of multiplying, hang on to your hats, 7 and 3. In binary, 73 is a palindrome, 1001001, which backwards is 1001001, exactly the same.”（73 是第 21 个素数，73 反过来 37，是第 12 个素数，正好是 21 反过来，而 21 正好是 7×3。二进制中，73 是回文序列 1001001，颠倒过来还是 1001001。）

一个顺序表 L 中存有 N（$N > 0$）个整数，在不允许使用其他顺序表的前提下，实现将表 L 逆置，即将 L 中的数据由（$A_0A_1...A_{N-2}A_{N-1}$）转换为（$A_{N-1}A_{N-2}...A_1A_0$）。采用一维数组作为存储结构，在顺序表 L 中设置两个下标变量 i 和 j，其中 i 指示 L 的表头位置，j 指示 L 的表尾位置，利用循环控制结构，分别从两侧开始将对称的元素交换。

源程序：

```
1  #include <stdio.h>
2  #define MAXN 20
3  void Contray( int a[], int N);  /* 声明逆置函数 */
4  int main()
5  {
6   int Number[MAXN],N;
7   int i;
8   printf("请输入长度：");
9   scanf("%d", &N);
10  printf("请输入数据：");
11  for( i=0; i<N; i++ )
12     scanf("%d", &Number[i] );
13  Contray(Number, N);         /* 调用逆置函数 */
14  for( i=0; i<N-1; i++ )          /* 打印输出 */
15     printf("%d", Number[i]);
16  printf("%d\n", Number[N-1]);
17  return 0;
18 }
19 void Contray( int a[], int N)
20 {
21   int i,j;
22   for(i=0, j= N-1; i<j; i++, j--)
23    {a[i] ^= a[j];a[j] ^=a[i]; a[i] ^= a[j];}
24 }
```

运行示例：

```
请输入长度：5↙
请输入数据：1 2 3 4 5↙
5 4 3 2 1
```

（1）使用运行示例调试运行源程序，根据提示理解具体实现过程，分析 19～24 行核心代码部分，其中第 22、23 行代码实现的功能是____________________。

（2）除了程序第 23 行中提到的利用“异或”操作实现两个数的交换外，再写出其他两种方法。

（3）“Live on, Time, emit no evil.”若要得到这个运行示例的运行结果，如何修改程序？

2．小试牛刀

一个顺序表 L 中存有 N（$N>0$）个整数，在不允许使用其他顺序表的前提下，将每个整数循环向右移动 M($M\geqslant 0$)个位置，即将 L 中的数据由($A_0A_1...A_{N-1}$)转换为($A_{N-M}...A_{N-1}A_0A_1...A_{N-M-1}$)（后 M 个整数循环移动到最前面的 M 个位置上）。考虑程序移动数据的次数尽量少，应该如何设计移动方法？

解决方法一：利用一维数组存放 N 个整数，采用循环控制结构，先定义一个函数进行循环右移一位的操作，然后重复调用这个函数 M 次。

源程序：

```
1  #include <stdio.h>
```

```
2  #define MAXN 20
3  void Shift(int a[], int N);/* 声明shift函数，实现N个元素循环位移1位*/
4  int main()
5  {
6    int Number[MAXN], N, M;
7    int i;
8    scanf("N=%d,M=%d", &N, &M);
9    for(i=0; i<N; i++)
10       scanf("%d", &Number[i]);
11   M %= N;
12   for(i=0; i<M; i++)
13   Shift(Number,N);                    /* 调用shift函数*/
14   for(i=0; i<N-1; i++)                /* 打印输出 */
15       printf("%d ", Number[i]);
16   printf("%d\n", Number[N-1]);
17   return 0;
18 }
19 void Shift(int a[ ], int N)          /* 定义shift函数*/
20 {
       ...
21 }
```

运行示例：

```
N=5，M=2↙（一般情况）
1 2 3 4 5↙
4 5 1 2 3
N=5，M=7↙（M>N的情况）
1 2 3 4 5↙
4 5 1 2 3
N=5，M=10↙（M>N，且M是N的倍数）
1 2 3 4 5↙
1 2 3 4 5
```

（1）仔细阅读主函数的实现过程，解释第11行代码的作用：

____

（2）请完成Shift函数的定义部分，并填写在源程序的预留空白处。

（3）根据方法一的解题思路，在主函数中用**波浪线**标记出控制N个整数右移M个位置的语句，并分析数据的移动次数，时间复杂度约为__________。

解决方法二：通过三次逆置过程巧妙实现，将M预先处理为小于N的数（先进行$M\%=N$运算），把（$A_0A_1...A_{N-1}$）逆置为（$A_{N-1}A_{N-2}...A_1A_0$），接着把前M个元素（$A_{N-1}A_{N-2}...A_{N-M}$）逆置为（$A_{N-M}...A_{N-1}$），再把后$N-M$个元素（$A_{N-M-1}A_{N-M-2}...A_1A_0$）逆置为（$A_0A_1...A_{N-M-2}A_{N-M-1}$），即最终整个序列的调整结果为（$A_{N-M}...A_{N-1}A_0A_1...A_{N-M-2}A_{N-M-1}$），完成移动，如图4.78所示。

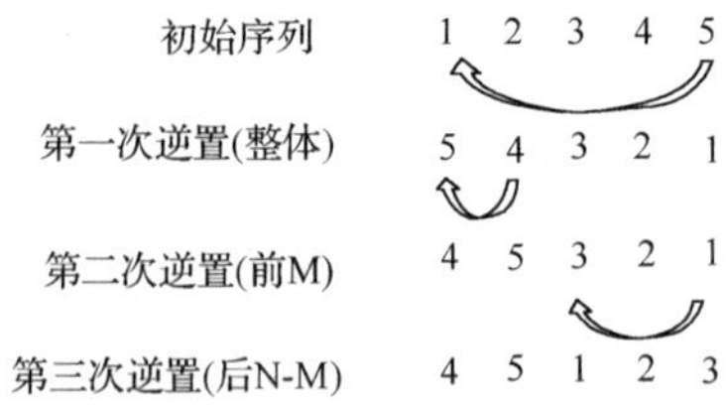

初始序列	1	2	3	4	5
第一次逆置(整体)	5	4	3	2	1
第二次逆置(前M)	4	5	3	2	1
第三次逆置(后N-M)	4	5	1	2	3

图4.78　方法二移动过程

以$N=5$，$M=2$为例加以说明。

源程序：

```
1  #include <stdio.h>
2  #define MAXN 100
3  void Swap(a,b)  {a ^= b; b ^= a; a ^= b;} /*通过连续三次异或运算交换a和b*/
4  void RightShift( int Array[], int N, int M );
5  int main()
6  {
7    int Number[MAXN], N, M;
8    inti;
9    scanf("%d%d", &N, &M);
10   for(i=0; i<N; i++ )
11   scanf("%d", &Number[i]);
12   M %= N;
13   RightShift(Number, N, M);          /*循环右移M位*/
14   for(i=0; i<N-1; i++)               /*打印输出*/
15   printf("%d ", Number[i]);
16   printf("%d\n", Number[N-1]);
17   return 0;
18  }
19  void RightShift(int Array[], int N, int M)
20  {
      …
21  }
```

（1）补充完成 RightShift 子函数体部分的代码。

（2）分析方法二程序中数据的移动次数，时间复杂度约为________。

3. 乐在其中

将一个正整数 N 分解为多个正整数相加时，有多种分解方法，例如 $5=4+1, 5=3+2, 5=3+1+1, \ldots$。编写一个程序，输入正整数 N（$0\leqslant N\leqslant 20$），求出正整数 N 的所有整数分解式子，每个分解式子由小到大相加，式子间用分号隔开，每输出 3 个式子后换行。程序运行示例如图 4.79 所示。

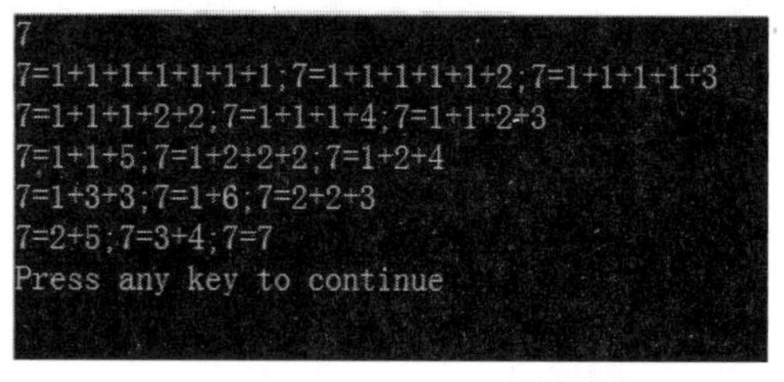

```
7
7=1+1+1+1+1+1+1;7=1+1+1+1+1+2;7=1+1+1+1+3
7=1+1+1+2+2;7=1+1+1+4;7=1+1+2+3
7=1+1+5;7=1+2+2+2;7=1+2+4
7=1+3+3;7=1+6;7=2+2+3
7=2+5;7=3+4;7=7
Press any key to continue
```

图 4.79 程序运行示例

4.10.2 链表的操作与实现

【实验目的】

（1）掌握单链表的建立、插入、删除等基本操作。

（2）加深对链式存储结构的理解。

【实验内容】

1. 样例探讨

建立并输出单链表。从键盘输入若干字符，按输入顺序链接到一个带头结点的单链表中。为简单起见，设结点数据域只含有一个字符型成员。程序运行示例如图 4.80 所示。

源程序：

```
1   #include "stdio.h"
2   #include "malloc.h"
3   typedef struct node
4   {char data;
5    ___________next;
6   }Linklist;
7   main() /*建立带头结点的单链表*/
8   {
9   Linklist *head,*p,*s;    /*head,p 为指向链表节点的指针*/
10  char ch;
11  head=(Linklist *)malloc(sizeof(Linklist));
12  p=head;     /* p 和 head 都指向头结点 */
13  while((ch=getchar())!='\n')
14  { s=________________________;  /*申请新结点 */
15   s->data=ch;  /* 为 s 结点数据域赋值 */
16   p->next=s;  /* 将 s 结点链入 p 结点之后 */
17   ____________________; /*修改 p 以指向新链入的结点 */
18   }
19  p->next=NULL;
20  /*以下代码按格式显示链表中各元素*/
21  p=head->next;
22  printf("目前链表元素为:\n");
23  while(p!=NULL)
24  {printf("(%c)---",p->data);
25   p=p->next;
26  }
27  putchar(94);
28  putchar('\n');
29  }
```

运行示例：

```
ABCDE
目前链表元素为：
(A)---(B)---(C)---(D)---(E)---^
```

图 4.80　程序运行示例

（1）3～6 行代码定义了链表结点类型并命名为 Linklist。链表中结点由数据域和指针域组成，完成第 5 行代码。

（2）申请新结点靠函数 malloc，完成第 14 行代码。

（3）某时刻，新结点 s 链入到表中后，效果如图 4.81 示。如何修改 p 才能使 p 指向新链入的结点？完成第 17 行代码。

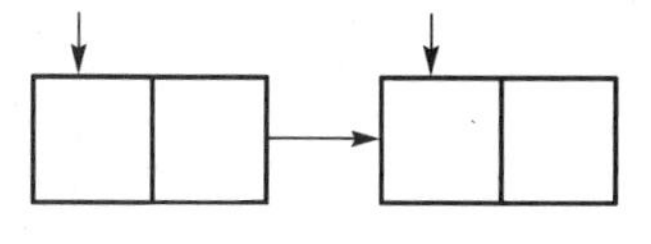

图 4.81　新结点插入状态

（4）为输出链表元素，需要循环使 p 指针依次指向链表中的每个结点，并输出 p 结点的数据域内容。21 行代码使 p 指向了_____结点，第 21～26 行代码的作用是____________________。

> **提示**
>
> 建立链表步骤：①申请新结点作为头结点，使头指针 head 指向该结点；② 让 p 也指向头结点；③ 申请新结点 s（即 s 指针指向该新结点），将 s 结点连接到 p 结点之后并赋值；④ 修改 p，使 p 指向新链入结点（尾结点）。重复③、④，以尾插法建立链表。

2. 火眼金睛

编写一个程序，建立学生单链表。从键盘输入学生数据，学号不为 0 则链入单链表，学号为 0 输入结束。最后顺序输出单链表中的学生信息。程序运行示例如图 4.82 所示。

```
1101 段誉 98
1102 虚竹 89
1103 慕容复 90
0
目前学生为:
<1101,段誉,98.0>---<1102,虚竹,89.0>---<1103,慕容复,90.0>---^
```

图 4.82　程序运行示例

源程序：

```
1  #include "stdio.h"
2  #include "malloc.h"
3  void prtlist(struct node *head);//声明函数
4  typedef struct node
5  {int num;
6  char name[20];
7  float score;
8  struct node *next;
9  }Linklist;
10  main()
11  { Linklist *head,*p,*s;
12   int number;
13   head=(struct node *)malloc(sizeof(Linklist));
14   p=head;    /* p和head都指向头结点 */
15   scanf("%d",&number);
16   while(number)
17  { s=(Linklist *)malloc(sizeof(Linklist));
18   s->num=number;
19   scanf("%s%f",s.name,&s.score);
20   p->next=s->next;
21   p=s;
```

```
22  ;
23  }
24  p->next=NULL; /*尾结点指针域置空*/
25  prtlist(head);
26  }
27  void prtlist(Linklist *head) //prtlist:打印当前学生链表中元素
28  {
29    Linklist *p=head->next;
30    printf("目前学生为:\n");
31    while(p!=NULL)
32    {printf("(%d,%s,%.1f)---",p->num,p->name,p->score);
33     p=p->next;
34  }
35  putchar(94);
36  }
```

仔细查看源程序，指出错误的位置并给出正确的语句：

错误行号：_______，正确语句：______________________________________

错误行号：_______，正确语句：______________________________________

错误行号：_______，正确语句：______________________________________

提示

学号不为 0 是循环条件。但循环过程要注意：1）每次申请的新节点为 s，而当前表中最后一个节点是 p，注意如何正确地将 p 链接到 s 节点之后。2）每次的学号 num 应是读入的不同值。

3. 你中有我

在上题的基础上，增加统计链表中学生个数的功能，通过适当修改上题中的 prtlist 函数实现，将 prtlist 函数的设计写到空白处。程序运行示例如图 4.83 所示。

图 4.83　程序运行示例

4. 乐在其中

一个一元多项式可视为由若干一元单项式按降幂形式排列形成的线性表。请编写程序对动态输入的一元多项式进行求导，并输出求导的结果。

提示

用单链表存储多项式。在程序开始后，先进行多项式的输入，可以按指数递降的方式再进行运算，由于常数项的导数为零，需要将相应的结点删除，输出时才不会打印出多余的此项，然后输出运算结果。

4.10.3　栈的操作与实现

【实验目的】

（1）掌握栈的入栈、出栈操作的实现方法。

（2）体会栈这种特殊线性表的实际应用。

（3）通过对栈的编程，进一步熟悉指针变量和结构体变量的用法，理解指针作为参数和结构体作为参数的区别。

【实验内容】

1. 样例探讨

将若干正整数入栈，然后再出栈。请将程序补充完整（该程序是简化版，未做栈满的判断）。

源程序：

```
1  #define Max 50
2  typedef struct
3  {int elem[Max];  /*栈成员，用来存放元素*/
4   int top;  /*栈成员，用来指示栈顶位置*/
5  }Sqstack;
6  void main()
7  {Sqstack s;int x;
8    s.top=-1;
9    while(1)
10   {printf("请输入入栈数据,-1 为结束：");
11    scanf("%d",&x);
12    if(x==-1) break;
13    s.top++;
14    s.elem[s.top]=x;
15   }
16   printf("出栈顺序应为：");
17   while(1)
18   {
19     if(______________) break; /*如栈已空，结束*/
20     x=s.elem[s.top];  /*否则，栈顶元素出栈*/
21     printf("%d ",x);
22     ______________;
23   }
25  }
```

提示

根据 s.top 的值判断栈空；每出栈一个元素都要修改栈顶指针。

2. 无中生有

请将程序补充完整。实现从键盘输入要转换的十进制数 num（num 为正整数）和基数 base

（base 为 2 或 8），将 num 转换成 base 进制数输出，重复操作直到输入的十进制数为负时停止。程序运行示例如图 4.84 所示。

```
输入要转换的十进制数以及基数，以逗号隔开:97,2
97(10)=1100001(2)
输入要转换的十进制数以及基数，以逗号隔开:100,8
100(10)=144(8)
输入要转换的十进制数以及基数，以逗号隔开:-1
```

图 4.84　程序运行示例

源程序：

```
1  #include "stdio.h"
2  #define Max 50
3  typedef struct
4  {int elem[Max];  /*栈成员，用来存放元素*/
5   int top;  /*栈成员，用来指示栈顶位置*/
6  }Sqstack;
7  void initstack(Sqstack *p)        /*初始化 p 指向的栈*/
8  {(*p).top=-1;
9  }
10  int empty(Sqstack s)  /*判断栈 s 是否为空*/
11  {if(s.top==-1)
12   return 1;
13   else
14   return 0;
15  }
16  void push(Sqstack *p,int x)  /*元素 x 压入 p 指向的栈*/
17  {if(p->top==Max-1)  printf("\nerror");
18   else
      {
        _____________ ;
        _____________ ;
      }
}
19  int pop(Sqstack *p)  /* p 指向的栈顶元素出栈并返回其值*/
20  {int x;
21   if(p->top==-1)  printf("\nerror");
22   else
23    {
24      x=_____________ ;
25      p->top--;
26    }
27   return x;
28  }
29  void main()
30  {int num,base, c;
31   Sqstack s;
```

```
32 initstack(&s);
33 while(1)
34  {printf("输入要转换的十进制数以及基数，以逗号隔开:");
35   scanf("%d,%d",&num,&base);
36   if(num<0) break;   /*负数则退出*/
37   printf("%d(10)=",num);
38   while(num)
39      {c=num%base;
40       push(&s,c);
41       num/=base;
42      }
43  while(!empty(s))
44    {c=pop(&s);
45     printf("%d",c);
46    }
47  printf("(%d)\n",base);
48  }
49 }
```

提示

根据"除 base 取余法"，把每次得到的余数入栈，最后依次从栈顶弹出元素即为所求。本题的难点是把指向结构类型（栈类型）的指针作为参数，来引用结构体变量的成员：若结构体变量 s 表示栈类型 Sqstack 型的量，则 s.top 代表栈指针，s.elem[1]表示其中的一个元素；若 p 代表指向 Sqstack 类型的指针变量，则 p->top 代表栈指针，p->elem[1]表示其中的一个元素。

3．你中有我

在上题的基础之上改写程序，考虑原程序只能将十进制数转换为二进制数或八进制数，而不能处理基数为 16（转换为十六进制）的情况，实现进制转换操作。

提示

转换为十六进制情况的特殊性在于：此时余数可能为 10～15，要相应转换为字符 A 到 F。因此，关键问题是输出栈中元素 c（余数）时的判断：如大于 9，则将 c（10～15）转换为相应的字符'A'～'F'输出，否则直接输出。

4.10.4　队列的操作与实现

【实验目的】

（1）掌握队列的入队列、出队列操作的实现方法。

（2）体会队列这种特殊线性表的实际应用。

（3）通过对队列的编程，进一步熟悉指针变量和结构体变量的用法，理解指针作为参数和结构体作为参数的区别。

【实验内容】

1. 样例探讨

编写程序实现简单队列操作：将若干正整数入队列，然后再出队列。请完成程序（该程序是简化版，未做队列满的判断）。程序运行示例如图 4.85 所示。

源程序：

```
1  #include "stdio.h"
2  #define Qsize 11
3  typedef struct
4  {
5   int ring[Qsize];       /*存放队列元素*/
6   int front,rear;        /*指示队尾、队头*/
7  }Queue;
8  void main()
9  { Queue q; int x;
10   q.front=q.rear=0;
11   while(1)
12   {printf("请输入入队数据,-1 为结束: ");
13    scanf("%d",&x);
14    if(x==-1) break;
15    q.ring[q.rear]=x;
16    q.rear=(q.rear+1)%Qsize;
17   }
18   printf("出队顺序应为: ");
19   while(1)
20   {
21     if(________________) break; /*如队列空，则结束*/
22     x=q.ring[q.front]; /*队列不空，队头元素出队列*/
23     printf("%d ",x);
24   ____________________;
25   }
26   }
```

运行示例：

```
请输入入队数据,-1为结束: 1
请输入入队数据,-1为结束: 2
请输入入队数据,-1为结束: 3
请输入入队数据,-1为结束: 4
请输入入队数据,-1为结束: 5
请输入入队数据,-1为结束: -1
出队顺序应为: 1 2 3 4 5
```

图 4.85　程序运行示例

2. 无中生有

设某售票窗口能同时容纳 10 人排队，编程模拟该窗口的排队情况。根据用户的选择反复实现某人入队、某人买票后出队的操作，并随时显示当前售票口的排队情况。排队人的名字用英文字母代替。要求用循环队列作为存储结构，约定头指针指示队头元素所在的位置，尾指针指示队尾元素的下一个位置。排列模拟运行示例如图 4.86 所示。

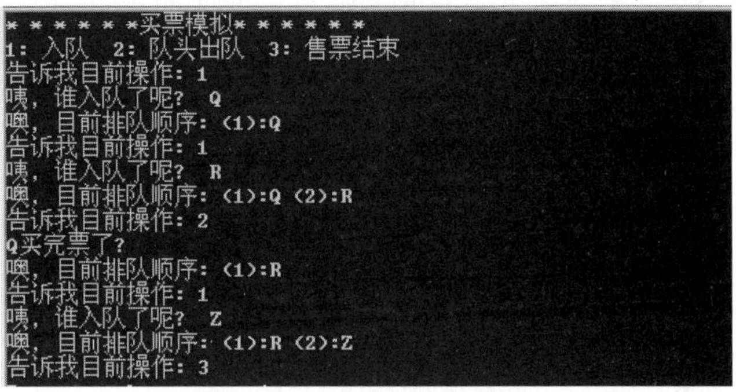

```
* * * * * *买票模拟* * * * * *
1: 入队  2: 队头出队  3: 售票结束
告诉我目前操作: 1
咦, 谁入队了呢?  Q
噢, 目前排队顺序: (1):Q
告诉我目前操作: 1
咦, 谁入队了呢?  R
噢, 目前排队顺序: (1):Q (2):R
告诉我目前操作: 2
Q买完票了?
噢, 目前排队顺序: (1):R
告诉我目前操作: 1
咦, 谁入队了呢?  Z
噢, 目前排队顺序: (1):R (2):Z
告诉我目前操作: 3
```

图 4.86　排队模拟运行示例

源程序：

```
1  #include "stdio.h"
2  #define Qsize 11
3  typedef struct
4  {
5   char ring[Qsize];  /*存放队列元素*/
6   int front,rear;  /*指示队尾、队头*/
7  }Queue;
8  void enqueue(Queue *p,char person)  /*元素 person 入队列*/
   {
    ...
   }
9  char dequeue(Queue *p)  /*队头出队*/
10  {char e;
11   e=(*p).ring[(*p).front];    /*队头出队*/
12   (*p).front=((*p).front+1)%Qsize;  /*修改队头指针*/
13   return e;  /*返回队头元素的值*/
14  }
15  int queempty(Queue q)  /*判断队空*/
16  {if(q.front==q.rear)
17   ____________________;
18   else
19   ____________________ ;
20  }
21  int quefull(Queue q)     /*判断队满*/
22  {if( ____________________ )
23     return 1;
24   else
25     return 0;
26  }
27  void prtque(Queue q)    /*依次输出排队者姓名*/
28  {int f,i;
```

```
29   printf("噢，目前排队顺序: ");
30   f=q.front; i=1;
31   while(f!=q.rear)
32    { printf("(%d):",i++);
33     printf("%c ",q.ring[f]);
34     f=(f+1)%Qsize;
35    }
36   printf("\n");
37  }
38  void main()
39  {Queue q;   int x;
40   char person;
41   q.rear=q.front=0;  /*队列初始化*/
42   printf("* * * * * *买票模拟* * * * * *\n1: 入队  2: 队头出队  3: 售票结束\n");
43   while(1)
44   {printf("告诉我目前操作: ");
45    do
46    {scanf("%d",&x);}
47    while(x<1||x>3);
48   switch(x)
49   {case 1:               /*入队*/
50      printf("咦，谁入队了呢?  ");
51      scanf(" %c",&person);
52       if(!quefull(q))  /*如队列未满，则入队并显示*/
53           {enqueue(&q,person);
54           prtque(q);
55            }
56       else
57         printf("队列满\n");
58       break;
59    case 2:          /*如队列不空，队头出队并显示*/
60      if(queempty(q))
61           printf("队列空\n");
62       else
63           {
64            printf("%c 买完票了?\n",dequeue(&q));
65            prtque(q);
66            }
67        break;
68    default: return;
69    }
70   }
71  }
```

提示

入队列的操作需要在队尾操作，入队后要修改队尾指针。队列类型的结构体含有三个成员：如 q 为队列类型变量，p 为指向 q 的指针，则队列中各元素表示形式如下：

```
q.ring[下标]  或  (*p).ring[下标]
```

该程序涉及以下队列基本操作函数。

（1）入队列

函数原型：void enqueue(Queue *p,char person) ，功能：person 加入 p 所指向队列的队尾。

（2）出队列

函数原型：char dequeue(Queue *p)，功能：p 指向队列的队头元素买票并出队，返回队头元素值（即买票人名字）。

（3）判队空

函数原型：int queempty(Queue q)，功能：队列 q 空时返回 1，否则返回 0。

（4）判队满

函数原型：int quefull(Queue q)，功能：队列 q 满时返回 1，否则返回 0。

（5）显示队列元素

函数原型：void prtque(Queue q)，功能：编号显示队列 q 中各元素的排队情况。

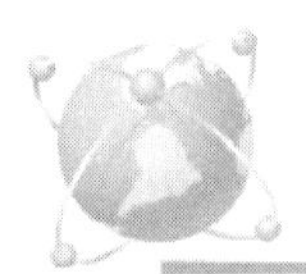

第 5 章　拓展实验

迷宫、扫雷、贪吃蛇、推箱子游戏，一直以来都是广受大家喜爱的经典小游戏。除了可以用 Flash、窗体程序编写制作外，C 语言的控制台程序也可编写出简单的版本。本章将分别介绍这些简易经典小游戏的制作构思框架、编写的过程和步骤，以进一步帮助学生理解和掌握 C 语言程序设计方法。

5.1　两个实用的技术代码

1．清屏语句的使用

```
system("cls");
```

计算机执行清屏语句后，可将控制台之前输出的所有信息全部清空。该语句包含在头文件<windows.h>中。我们来看看下面这段代码，运行之后会得到怎样的结果呢？

```
#include<stdio.h>
#include<windows.h> // 可提供清屏语句的头文件
int main()
{
    int a = 1, b = 1;
    printf("%d+%d=%d\n", a, b, a + b);
    scanf("%d",&b);
    system("cls"); // 清屏语句
    printf("%d+%d=%d\n", a, b, a + b);
    return 0;
}
```

直接运行程序会得到如图 5.1 所示的结果，它等待用户输入一个值赋给变量 b。输入一个值 2 并按回车键之后（如图 5.2 所示），原来的文字消失，如图 5.3 所示。

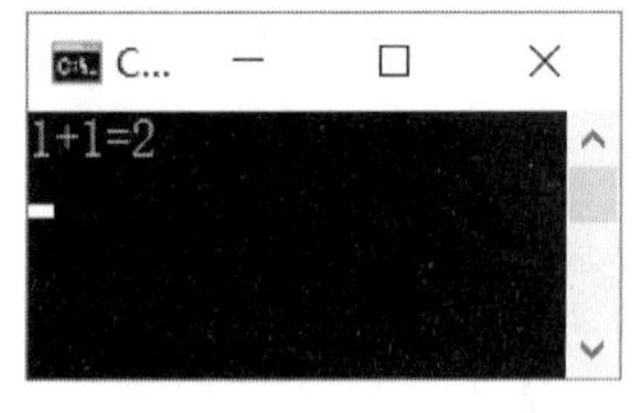

图 5.1　输出“1+1=2”

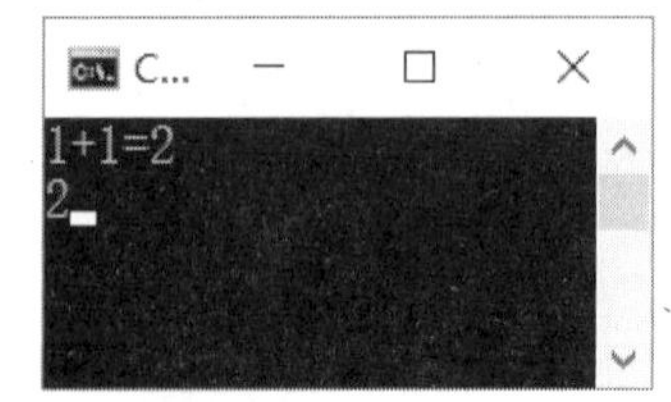

图 5.2　输入“2”

图 5.3　输出“1+2=3”

2．无回显获取字符函数 getch()

getch()函数从控制台读取一个字符，但不显示在屏幕上。它与 getchar()函数的最大区别是，

getchar()函数在等待用户输入字符的过程当中，需要用户输入字符并按回车键才能成功获取，而 getch()函数不需要按回车键即可成功获取。

（1）基本使用方法

使用 getch()函数时，用户只需按键盘上的任何一个键，此时计算机会立刻执行接下来的代码。利用这一点，可以制作出更为灵活的交互界面。该函数包含在头文件<conio.h>中。我们来看看下面这段代码，运行之后会得到怎样的结果呢？

```
#include<stdio.h>
#include<conio.h> // 可提供无回显获取字符函数的头文件
int main()
{
    printf("抱树请按 1\n 吃鲸请按 2\n 回家请按 0\n");
    switch (getch())
    {
    case '0':printf("拜拜! \n"); break;
    case '1':printf("你抱吧! \n"); break;
    case '2':printf("你吃吧! \n"); break;
    default:printf("你乱按…\n"); break;
    }
    return 0;
}
```

运行程序得到如图 5.4 所示的结果，此时程序执行到 getch()函数，等待用户输入一个字符，比如输入一个“2”之后，得到图 5.5 所示的结果。

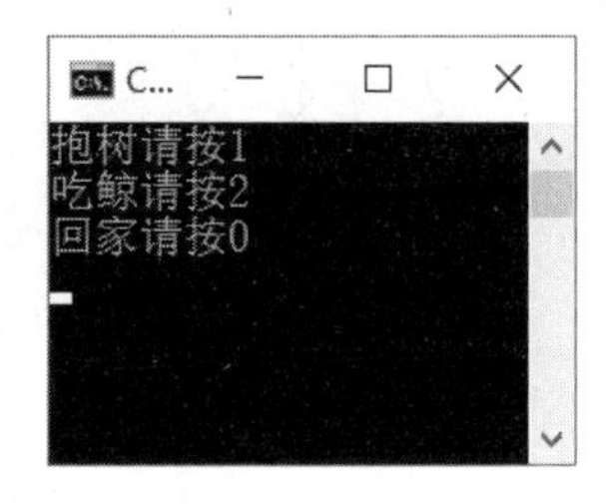

图 5.4　等待输入

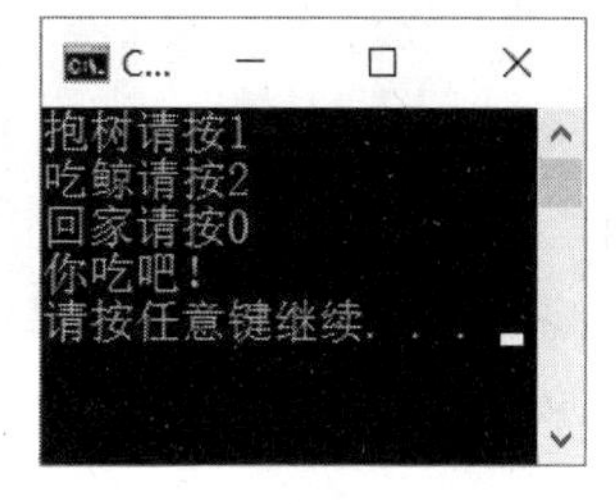

图 5.5　按下键盘上的“2”之后

（2）捕捉方向键

每当按下键盘上的一个键，计算机都会捕捉一个信号。通过 getch()函数可以捕捉到方向键的对应代号。我们先来看看下面一段代码。

```
#include<stdio.h>
#include<conio.h> // 可提供无回显获取字符函数的头文件
int main()
{
    char key;
    do
    {
        key = getch(); // 获取用户按下的按键
        printf("[%c]", key); // 输出按键的代号
    } while (key != 'q');
    return 0;
}
```

执行上述程序，分别按下键盘上的“1”、“2”、“3”、“a”、“b”、“c”、“A”、“B”、“C”和上下左右四个方向键，就会得到图 5.6 所示的结果。

可见，键盘上的数字和字母键在用 getch()函数捕捉与识别时，与字面符号是一样的，分别用字符“H”、“P”、“K”、“M”识别出对应的上下左右方向键。

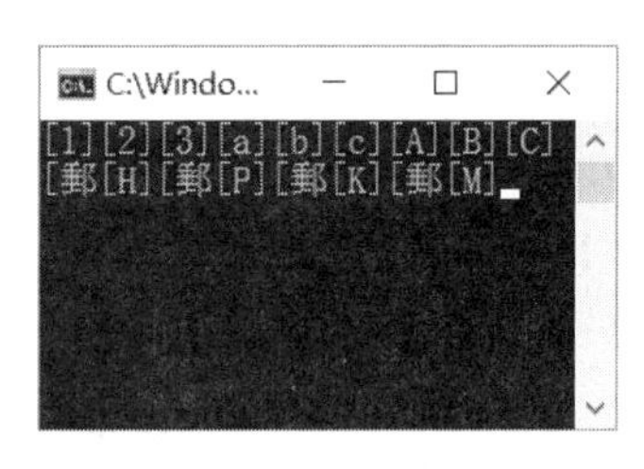

图 5.6 获取键盘字符代号

5.2 迷 宫 游 戏

5.2.1 构思框架

迷宫游戏就是玩家通过操控键盘上的四个方向键，使得计算机中的角色一步一步地移动，直到走到终点，并记录下玩家在此过程当中走过的步数。如图 5.7 所示，方形为墙，圆圈为玩家所在的位置，按“Q”退出，Step 为步数。

按了方向键之后，迷宫中的角色会随之移动，统计步数的变量也随之递增。例如，向右移动一步后，将得到如图 5.8 所示的状态；走到终点之后，将会有消息显示，如图 5.9 所示。

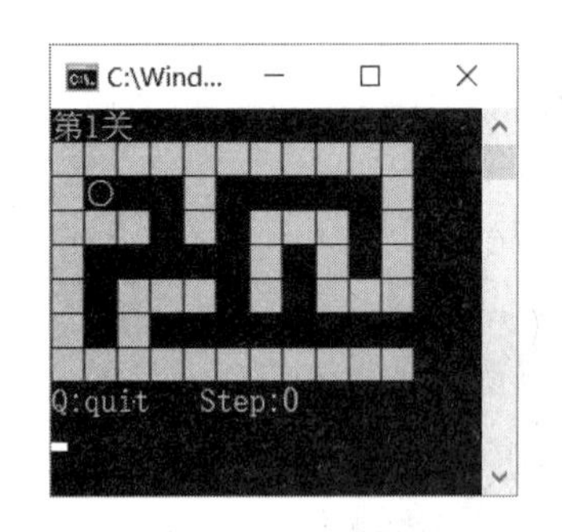

图 5.7 初始状态

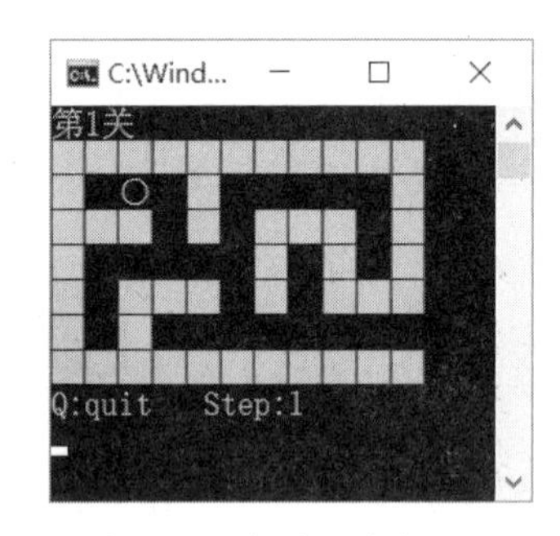

图 5.8 右移一步之后

图 5.9 游戏胜利

5.2.2 代码设计

1. 屏幕画面更新机制的建立

清屏语句可清空屏幕，实现每一次屏幕画面的更改，然后输出需要显示的内容。因此，在控制台程序中，屏幕内容的不断切换便是通过不断进行“清屏→输出”循环实现的。将“清屏”和“输出”封装在“显示”函数中，就可以构成下面的代码：

```
#include<stdio.h>
#include<windows.h>         //可提供清屏语句的头文件

void Display_All()          //输出屏幕函数
{
    system("cls");
    // 此处为待填充显示的代码
}
```

```
int main()
{
    while (1)   //保证循环持续，之后再逐渐修改循环的条件
    {
        Display_All();
    }
}
```

2. 迷宫的建立、存储与显示

传统四方式迷宫的特点如下：

1. 整体呈现方形。
2. 里面的内容不是墙就是路。
3. 墙和路均体现为方形。

可以借助二维数组进行存储，“墙”对应的二维数组元素存储为“1”，“路”对应的数据元素存储为“0”。例如，要想建立一个高为 7、宽为 11 的迷宫，可用如下代码实现：

```
#define Max_Maze_Width 11
#define Max_Maze_Height 7
int maze [Max_Maze_Height][Max_Maze_Width] =
{
    {
        { 1,1,1,1,1,1,1,1,1,1,1 },
        { 1,0,0,0,1,0,0,0,0,0,1 },
        { 1,1,1,0,1,0,1,1,1,0,1 },
        { 1,0,0,0,0,0,1,0,1,0,1 },
        { 1,0,1,1,1,0,1,0,1,1,1 },
        { 1,0,1,0,0,0,0,0,0,0,0 },// maze[5][10]的元素应该设为"0"，出口。
        { 1,1,1,1,1,1,1,1,1,1,1 }
    }
}
```

使用双层嵌套循环逐个输出迷宫的元素，墙用符号“■”输出，路用空格“ ”输出，实现代码如下：

```
void Display_Maze() // 输出迷宫函数
{
   int i,j;
    for (i = 0; i < Max_Maze_Height; i++)
    {
        for (j = 0; j < Max_Maze_Width; j++)
        {
            switch (maze[i][j])
            {
            case 0:printf("  "); break;
            case 1:printf("■"); break;
            }
        }
        printf("\n"); // 记得每输出一行之后要输出一个换行符
```

```
        }
    }
```

然后将“输出迷宫函数”写入“输出屏幕函数”:

```
void Display_All() // 输出屏幕函数
{
    system("cls");
    Display_Maze();
}
```

图 5.10 迷宫显示结果

此时，执行“输出屏幕函数”，得到图 5.10 所示的结果。

当我们需要把玩家存储在迷宫数组中时，可将数组中起点处的元素值改为“2”，输出时用一个圆圈“○”表示。迷宫初始化代码如下:

```
int maze [Max_Maze_Height][Max_Maze_Width] =
{
    {
        { 1,1,1,1,1,1,1,1,1,1,1 },
        { 1,2,0,0,1,0,0,0,0,0,1 },// 2 为玩家起点所在处
        { 1,1,1,0,1,0,1,1,1,0,1 },
        { 1,0,0,0,0,0,1,0,1,0,1 },
        { 1,0,1,1,1,0,1,0,1,1,1 },
        { 1,0,1,0,0,0,0,0,0,0,0 },
        { 1,1,1,1,1,1,1,1,1,1,1 }
    }
}
```

然后在“输出迷宫函数”的 switch 语句中加上对数值“2”的识别，代码如下所示:

```
void Display_Maze() // 输出迷宫函数
{
    int i,j;
    for (i = 0; i < Max_Maze_Height; i++)
    {
        for (j = 0; j < Max_Maze_Width; j++)
        {
            switch (maze[i][j])
            {
            case 0:printf("  "); break;
            case 1:printf("■"); break;
            case 2:printf("○"); break; // 2 为玩家
            }
        }
        printf("\n");
    }
}
```

图 5.11 迷宫显示结果

执行“输出屏幕函数”，得到图 5.11 所示的结果。

3. 控制角色移动

要使玩家所在的位置能随着方向键移动到出口，需要捕捉按下的是哪个方向键，然后再判定该方向的下一个位置是墙还是路。是墙就不能动，是路可以移动一步。

（1）捕捉方向键

利用 getch()函数捕捉和识别方向键，令 1、2、3、4 分别对应于上、下、左、右。由于每次按下按键之前，都是计算机已将画面呈现在眼前，才知道应按下哪个按键使得角色往哪边走，因此这部分代码应和“输出屏幕函数”相邻，且在同一个 while 循环中。于是 main 函数可以填充为如下代码，屏幕更新机制如图 5.12 所示。

```
int main()
{
    while (1)
    {
        Display_All();
        switch (getch())
        {
        case 'H': Move(1) ; break; //1 对应上
        case 'P': Move(2) ; break; //2 对应下
        case 'K': Move(3) ; break; //3 对应左
        case 'M': Move(4) ; break; //4 对应右
        }
    }
    return 0;
}
```

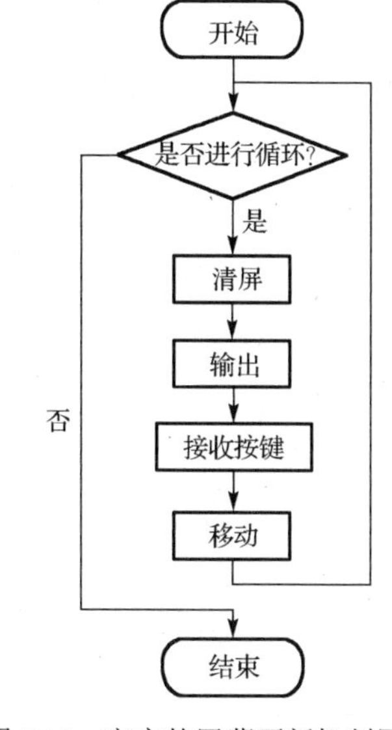

图 5.12　充实的屏幕更新机制原理

（2）移动函数的编写

执行 Move 函数的目的是使得玩家角色发生位移，它是通过改变圆圈“○”的坐标实现的。我们可以在函数外定义两个全局变量，记录玩家当前位置的坐标：

```
int now_place_X, now_place_Y;   // 记录玩家角色当前所在位置坐标的变量
```

在“输出迷宫函数”中加上一条赋值语句，以便在初始化新迷宫时，能够记录最初玩家所在的位置：

```
void Display_Maze() // 输出迷宫函数
{
    int i,j;
    for ( i = 0; i < Max_Maze_Height; i++)
    {
        for ( j = 0; j < Max_Maze_Width; j++)
        {
            switch (maze[i][j])
            {
            case 0:printf("  "); break;
            case 1:printf("■"); break;
            case 2:printf("○"); now_place_X = i; now_place_Y = j; break;
```

```
            }
        }
        printf("\n");
    }
}
```

将玩家在某个方向上的移动对应为二维数组 maze[X][Y]中，X 的值和 Y 的值增减 1 的变化。代码如下：

```
void Move(int direct) // 角色移动函数
{
    int dx = 0, dy = 0;
    switch (direct)     // 根据传进来的数字信号转成数组对应值的增量
    {
    case 1:dx = -1; break;
    case 2:dx = 1; break;
    case 3:dy = -1; break;
    case 4:dy = 1; break;
    }
    maze[now_place_X + dx][now_place_Y + dy] = 2; // 将玩家即将要到的地方赋值为 2
    maze[now_place_X][now_place_Y] = 0; //将玩家即将要离开的地方赋值为 0，变为路
    now_place_X += dx;  // 玩家当前 X 值加上增量，即为玩家下一步坐标的 X 值
    now_place_Y += dy;  // 玩家当前 Y 值加上增量，即为玩家下一步坐标的 Y 值
}
```

为防止玩家肆无忌惮地在图上无视墙的存在而乱走，需要在玩家移动前，对即将要到的地方做个判定，如果为 0 才可前进，如果为 1 则玩家不能移动，立即结束函数，此时玩家不能移动。因此，可以修改为如下代码：

```
void Move(int direct)         // 角色移动函数
{
    int dx = 0, dy = 0;
    switch (direct)           // 根据传进来的数字信号转成数组对应值的增量
    {
    case 1:dx = -1; break;
    case 2:dx = 1; break;
    case 3:dy = -1; break;
    case 4:dy = 1; break;
    }
    if (maze[now_place_X + dx][now_place_Y + dy] == 1)return;
                              // 计算机执行到 return 语句就立即结束函数
    else
    {
        maze[now_place_X + dx][now_place_Y + dy] = 2;
        maze[now_place_X][now_place_Y] = 0;
        now_place_X += dx;
        now_place_Y += dy;
    }
}
```

（3）屏幕更新机制的优化

回顾可知，更新机制每一次执行，均暂停在“接收按键”的 getch()函数上，即每按一次键盘上的键，无论玩家位置是否发生改变，这个循环都会再次进行，执行到“清屏”环节时，整个屏幕会闪烁一次，此时会感觉不太舒服，若能做到玩家位置不移动屏幕就不闪烁会更好。

将“清屏”→“输出”这两个环节调整到“移动”环节之后，一旦判定为不移动，就直接从大循环开始重复。判定为不允许移动之后，就不从“清屏”开始，而从“接收按键”开始，此时屏幕就不会闪烁。将 Move 函数改成具有 int（整型）类型返回值的函数，定义返回数值“–1”表示不允许移动，在外层若接收到“–1”，则判定为不允许移动，直接从头开始循环。Move 函数改成如下代码：

```
int Move(int direct) // 角色移动函数
{
    int dx = 0, dy = 0;
    switch (direct)
    {
    case 1:dx = -1; break;
    case 2:dx = 1; break;
    case 3:dy = -1; break;
    case 4:dy = 1; break;
    }
    if (maze[now_place_X + dx][now_place_Y + dy] == 1)return -1;
    else
    {
        maze[now_place_X + dx][now_place_Y + dy] = 2;
        maze[now_place_X][now_place_Y] = 0;
        now_place_X += dx;
        now_place_Y += dy;
    }
    return 0;
}
```

相应地，main 函数设计为如下代码：

```
int main()
{
    Display_All();
    while (1)
    {
        switch (getch())
        {
        case 'H':if (Move(1) == -1)continue; else break;
        case 'P':if (Move(2) == -1)continue; else break;
        case 'K':if (Move(3) == -1)continue; else break;
        case 'M':if (Move(4) == -1)continue; else break;
        default:continue;
        }
    }
```

```
    Display_All();
    return 0;
}
```

4. 判定玩家胜利

判定为胜利的条件是，每次玩家发生移动后，都对玩家当前所在坐标做一个判定，一旦X值或Y值中有一个值为0或Max−1时，就判定为获胜。然后，我们可用一个全局变量将其记录下来，比如：

```
bool if_win = false;    // 记录玩家是否胜利的变量
```

然后在Move函数中加上如下所示底纹部分的代码：

```
int Move(int direct)    // 角色移动函数
{
    int dx = 0, dy = 0;
    switch (direct)     // 根据传进来的数字信号转成数组对应值的增量
    {
    case 1:dx = -1; break;
    case 2:dx = 1; break;
    case 3:dy = -1; break;
    case 4:dy = 1; break;
    }
    if (maze[now_place_X + dx][now_place_Y + dy] == 1)return -1;
    else
    {
        maze[now_place_X + dx][now_place_Y + dy] = 2;
        maze[now_place_X][now_place_Y] = 0;
        now_place_X += dx;
        now_place_Y += dy;
    }
    if (now_place_X == Max_Maze_Height - 1 || now_place_Y == Max_Maze_Width
            - 1 || now_place_X == 0 || now_place_Y == 0)if_win = true;
    return 0;
}
```

在“输出屏幕函数”中加上if_win标记判断的语句：

```
void Display_All() // 输出屏幕函数
{
    system("cls");
    Display_Maze();
    if (if_win)printf("You Win!");
}
```

5. 增加辅助功能

（1）按“Q”退出

在main函数中添加识别键盘符“q”的一条语句，形成如下代码：

```
int main()
{
    Display_All();
    while (1)
    {
        switch (getch())
        {
        case 'H':if (Move(1) == -1)continue; else break;
                        // 这里的"continue"作用于外层的 while 循环，下同
        case 'P':if (Move(2) == -1)continue; else break;
        case 'K':if (Move(3) == -1)continue; else break;
        case 'M':if (Move(4) == -1)continue; else break;
        case 'q':return 0; // 在按键盘时多为小写状态，在识别时按小写字母判断
        default:continue;
        }
    }
    Display_All();
    return 0;
}
```

同时在“屏幕输出函数”中加上提示按“Q”退出的语句，增加界面友好性：

```
void Display_All()          // 输出屏幕函数
{
    system("cls");
    Display_Maze();
    printf("Q:quit \n");
    if (if_win)printf("You Win!");
}
```

（2）移动步数统计

首先设置一个全局变量作为记录，然后每移动一次加 1 并显示出来。例如，

```
int step_count;             // 记录玩家移动步数的变量
int main()
{
    step_count = 0;         // 初始化移动步数统计变量
    Display_All();
    while (1)
    {
    …
```

然后修改 Move 函数的移动部分，语句如下：

```
int Move(int direct)        // 角色移动函数
{
    int dx = 0, dy = 0;
    switch(direct)
    {
    case 1:dx = -1; break;
```

```
        case 2:dx = 1; break;
        case 3:dy = -1; break;
        case 4:dy = 1; break;
        }
        if (maze[now_place_X + dx][now_place_Y + dy] == 1)return -1;
        else
        {
            maze[now_place_X + dx][now_place_Y + dy] = 2;
            maze[now_place_X][now_place_Y] = 0;
            now_place_X += dx;
            now_place_Y += dy;
            step_count++; // 步数加1
        }
        if (now_place_X == Max_Maze_Height - 1 || now_place_Y == Max_Maze_Width
                - 1 || now_place_X == 0 || now_place_Y == 0)if_win = true;
        return 0;
    }
```

最后在“屏幕输出函数”中加入显示步数的语句：

```
void Display_All()      // 输出屏幕函数
{
    system("cls");
        Display_Maze();
    printf("Q:quit  Step:%d\n", step_count);
    if (if_win)printf("You Win!");
}
```

最终显示效果如图5.13所示。

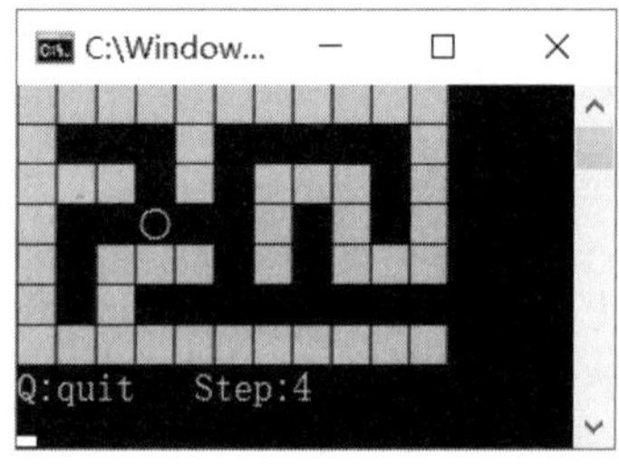

图5.13 带有辅助功能的效果图

6. 设置多关卡

可以尝试多加一些关卡，用宏定义来记录最多的关卡数。例如，

```
#define Max_Maze_Count 2 // 最多关卡数
```

在原二维数组的基础上再加一个维度：

```
int maze[Max_Maze_Count][Max_Maze_Height][Max_Maze_Width] =
{
    //********第一个迷宫初始化********//
    {
        { 1,1,1,1,1,1,1,1,1,1,1 },
        { 1,2,0,0,1,0,0,0,0,0,1 },
        { 1,1,1,0,1,0,1,1,1,0,1 },
        { 1,0,0,0,0,0,1,0,1,0,1 },
        { 1,0,1,1,1,0,1,0,1,1,1 },
        { 1,0,1,0,0,0,0,0,0,0,0 },
        { 1,1,1,1,1,1,1,1,1,1,1 }
    },
```

```
    //********第二个迷宫初始化********//
    {
        { 1,1,1,1,1,1,1,1,1,1,1 },
        { 1,0,0,0,1,0,0,0,0,0,1 },
        { 1,0,1,0,1,0,1,1,1,0,1 },
        { 1,0,1,0,0,0,1,0,0,0,1 },
        { 1,0,1,1,1,0,1,0,1,1,1 },
        { 0,0,1,0,0,0,1,0,0,2,1 },
        { 1,1,1,1,1,1,1,1,1,1,1 }
    }
}
```

由于我们将迷宫数组由二维变成了三维，因此需要一个全局变量来表示当前关卡对应于第几个迷宫，每次输出时最高维就由这个变量表示：

```
int now_maze_number = 0; // 当前迷宫号
```

然后将所有上述用到 maze[X][Y]的代码都改成 maze[now_maze_number][X][Y]：

```
void Display_Maze() // 输出迷宫函数
{
int i,j;
    for (i = 0; i < Max_Maze_Height; i++)
    {
        for ( j = 0; j < Max_Maze_Width; j++)
        {
            switch (maze[now_maze_number][i][j])
            {
            case 0:printf("  "); break;
            case 1:printf("■"); break;
            case 2:printf("○"); now_place_X = i; now_place_Y = j; break;
            }
        }
        printf("\n");
    }
}

int Move(int direct) // 角色移动函数
{
    int dx = 0, dy = 0;
    switch (direct)
    {
    case 1:dx = -1; break;
    case 2:dx = 1; break;
    case 3:dy = -1; break;
    case 4:dy = 1; break;
    }
    if (maze[now_maze_number][now_place_X + dx][now_place_Y + dy] ==
            1)return -1;
```

```
    else
    {
        maze[now_maze_number][now_place_X + dx][now_place_Y + dy] = 2;
        maze[now_maze_number][now_place_X][now_place_Y] = 0;
        now_place_X += dx;
        now_place_Y += dy;
        step_count++;
    }
    if (now_place_X == Max_Maze_Height - 1 || now_place_Y == Max_Maze_Width
            - 1 || now_place_X == 0 || now_place_Y == 0)if_win = true;
    return 0;
}
```

然后在“输出屏幕函数”中加入一条显示当前关卡的语句：

```
void Display_All() // 输出屏幕函数
{
    system("cls");
    printf("第%d关\n", now_maze_number + 1); // 记得要加1，因为这是数组索引号
    Display_Maze();
    printf("Q:quit   Step:%d\n", step_count);
    if (if_win)printf("You Win!");
}
```

最后，每当玩家走到出口并被判定为“胜利”之后，就要设置切换成新的关卡。判定胜利发生在玩家按下方向键移动角色之后，对应代码如下所示：

```
int main()
{
    step_count = 0;
    Display_All();
    while (1)
    {
        switch (_getch())
        {
        case 'H':if (Move(1) == -1)continue; else break;
        case 'P':if (Move(2) == -1)continue; else break;
        case 'K':if (Move(3) == -1)continue; else break;
        case 'M':if (Move(4) == -1)continue; else break;
        case 'q':return 0;
        default:continue;
        }
        Display_All();
        if (if_win) // 如果赢了，即将要切换新关卡
        {
            if (now_maze_number >= Max_Maze_Count - 1)
                        // 当前迷宫已是迷宫库中的最后一个时，即将结束程序
            {
                printf("你好厉害哦，所有迷宫都被你走完啦！");
                getch(); // 相当于暂停，让玩家知道自己赢了
```

```
                return 0; // 结束 main 函数，结束程序
            }
            else // 否则就要初始化一些变量使其接下来显示下一关的迷宫
            {
                printf("按任意键进入下一关\n");
                getch(); // 相当于暂停，让玩家知道自己赢了
                now_maze_number++; // 当前迷宫号得加 1
                step_count = 0; // 步数要重新统计了
                if_win = false; // 不改成 false 的话，下次直接就判为"胜利"了
                Display_All(); // 然后显示一下新迷宫
            }
        }
    }
    return 0;
}
```

现在，整个迷宫小游戏基本成型，如图 5.14 至图 5.16 所示。

图 5.14　胜利界面

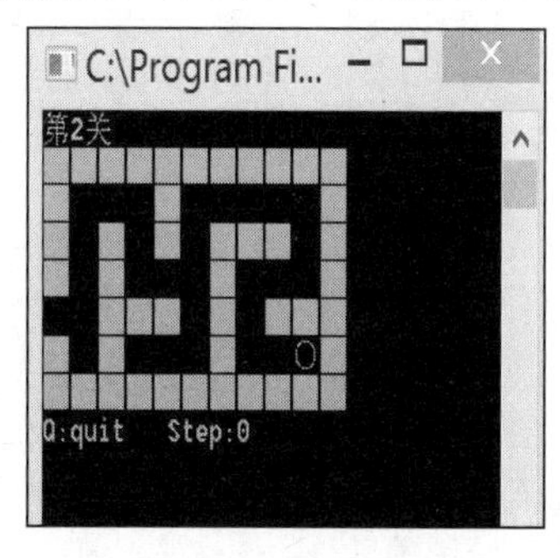

图 5.15　进入新关卡图

图 5.16　完胜界面

5.3　贪吃蛇游戏

5.3.1　构思框架

玩家通过操控键盘上的四个方向键，使得行进中的蛇能根据玩家所按的方向键改变方向（见图 5.17），吃到食物身体会加长（见图 5.18），撞到自己或墙游戏结束（见图 5.19）。还有一些辅助功能，如在游戏期间显示当前得分，按“Q”退出，按“P”或按空格键暂停游戏或继续，按“R”重新开始。

5.3.2　代码设计

1．屏幕画面更新机制的建立

由于控制台屏幕光标不能后退，输出的文字也不能撤回，要实现移动一次画面就有所变动（蛇在不停地前进），每次屏幕画面的更改只能通过清屏语句清空屏幕，然后再输出需要显示的内容。因此，在控制台程序中，屏幕内容需要不断切换，即通过不断进行“清屏→输出”循环实现。

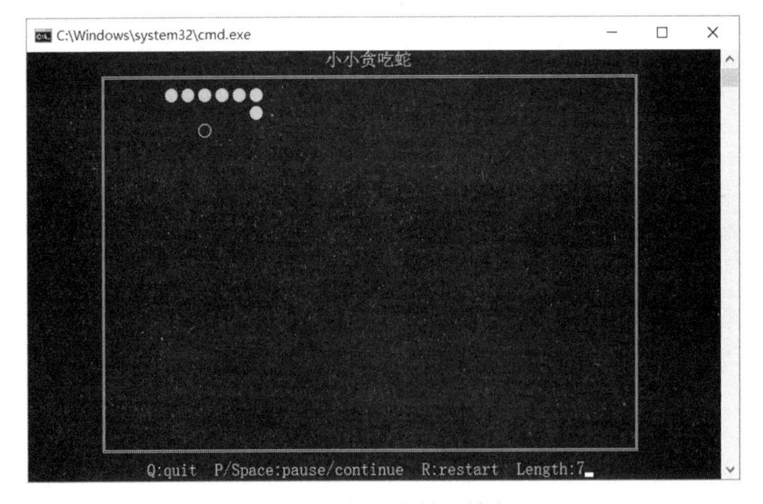

图 5.17 按方向键可转弯

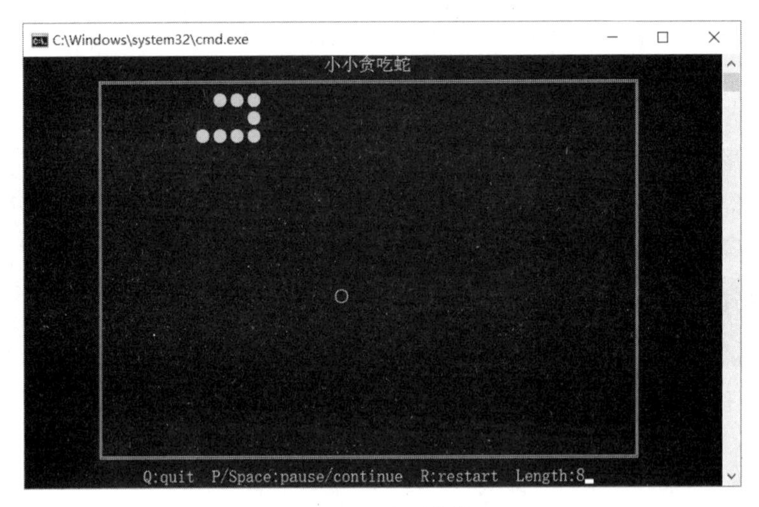

图 5.18 吃到食物

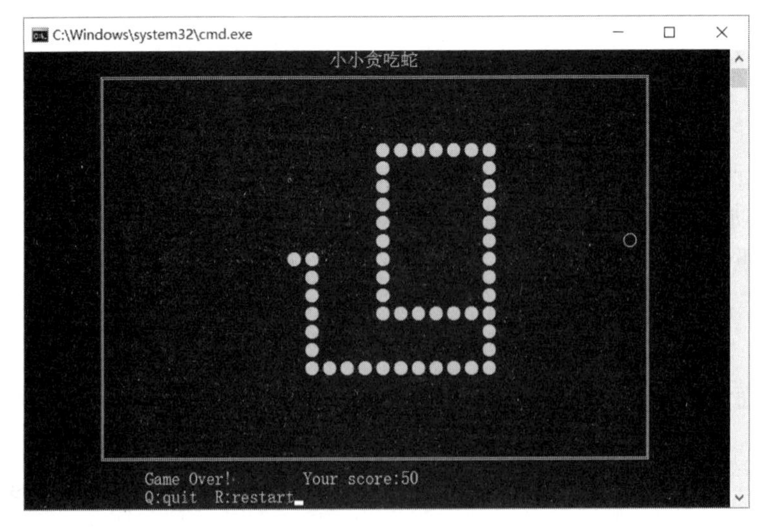

图 5.19 游戏结束

将“清屏”和“输出”封装在“显示”函数中，构成以下代码框架：

```
#include<stdio.h>
#include<windows.h>      // 清屏语句的头文件

void Display_All()       // 输出屏幕函数
{
    system("cls");
    // 此处为待填充显示的代码
}
int Start()              // 游戏开始函数
{
    while (1)            //保证循环持续，之后再逐渐修改破坏循环的条件
    {
        Display_All();
    }
   return 0;
}
int main()
{
    while(1)
    {
        Start();
    }
    return 0;
}
```

2. 游戏界面的建立、存储与显示

游戏界面包含两部分，即外围墙和墙内的蛇。外围墙的大小固定不变，外围墙的宽和高用如下宏定义指定：

```
#define Max_Area_Width 30
#define Max_Area_Height 20
```

在左右不可拉伸的普通控制台中，每行能输出的半角字符是 80 个，即 80 个标准字符，如数字、字母，半角空格“ ”等。而墙的符号“╔”、“═”、“╝”等是全角符号，每个全角符号占用两个标准符号，即每行只能输出 40 个全角符号。因此，在设计外围圈的大小时，宽度不要超过 38（左右两边的墙还各占一个全角符号），具体大小可根据自己的计算机性能决定。

定义一个数组来记录墙内的信息。比如，用“0”表示空地，输出“ ”；用“9”表示蛇身，输出“●”；用“1”表示食物，输出“○”。定义记录显示屏的数组如下：

```
int screen[Max_Area_Height][Max_Area_Width];
```

“输出屏幕函数”的代码如下：

```
void Display_All() // 输出屏幕函数
{
   int i,j;
```

```
    system("cls"); // 清个屏
    printf("\t\t\t\t   小小贪吃蛇\n"); // 只是个标题
    //***************最上一层的墙***************//
    printf("\t╔");
    for ( i = 0; i < Max_Area_Width; i++)
    {
        printf("=");
    }
    printf("╗\n");
    //****************中间部分****************//
    for (i = 0; i < Max_Area_Height; i++)
    {
        printf("\t║"); // 左边的墙
        for ( j = 0; j < Max_Area_Width; j++) // 中间的符号
        {
            switch (screen[i][j])
            {
            case 0: printf(""); break;
            case 9: printf("●"); break;
            default: printf("o"); break;
            }
        }
        printf("║\n"); // 右边的墙
    }
    //***************最下一层的墙***************//
    printf("\t╚");
    for (i = 0; i < Max_Area_Width; i++)
    {
        printf("=");
    }
    printf("╝\n");
}
```

执行“输出屏幕函数”，得到图 5.20 所示的结果。

考虑到蛇的每一步都在移动，且移动有方向，因此要将蛇身的变量按顺序从头到尾记录下来，以方便之后的操作。建立一个二维数组，记录蛇身每个点所在的坐标。比如，定义一个数组 a[20][2]，把蛇头坐标的 X 值装进 a[0][0]，把 Y 值装进 a[0][1]，以此类推。

游戏中的蛇越吃越长，蛇最长时会满屏，因此数组长度的最大值是满屏的像素数，定义如下：

```
int body[Max_Area_Height * Max_Area_Width][2];
```

蛇长在游戏过程中是变化的，因此定义一个记录蛇当前长度的变量 length，每次只需对 body 数组中的 length 个元素进行操作：

```
int length;
```

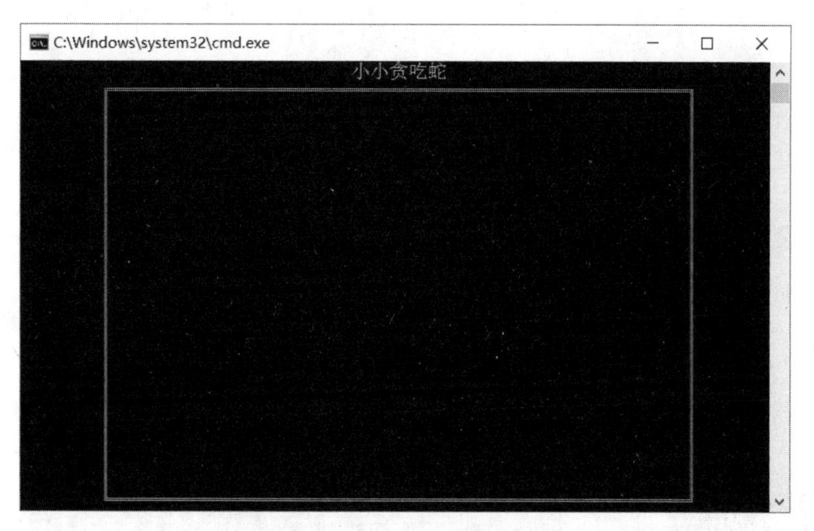

图 5.20 游戏界面显示结果

编写初始化屏幕和蛇身的函数：

```
void Init_Screen()                    // 初始化屏幕函数
{
    int i,j;
     for (i = 0; i < Max_Area_Height; i++)
     {
         for (j = 0; j < Max_Area_Width; j++)
         {
             screen[i][j] = 0;     // 先将全部初始化为 0
         }
     }
     for (i = 0; i <= length; i++)
     {
       screen[body[i][0]][body[i][1]] = 9; // 将body 数组的蛇身部分赋给 screen 数组
     }
}

void Init_Snake()                     // 初始化一条蛇，设原始长度为 7，放在左上角
{
  int i;
     snake_head = 6;
     snake_tail = 0;
     snake_length = 7;
     for (i = 0; i < 7; i++)
     {
         snake_body[i][0] = 0;
         snake_body[i][1] = i;
     }
}
```

在 main 函数中调用上述两个函数：

```
int main()
{
    while(1)
    {
        Init_Snake();
        Init_Screen();
        Start();
    }
    return 0;
}
```

运行程序得到如图 5.21 所示的结果。

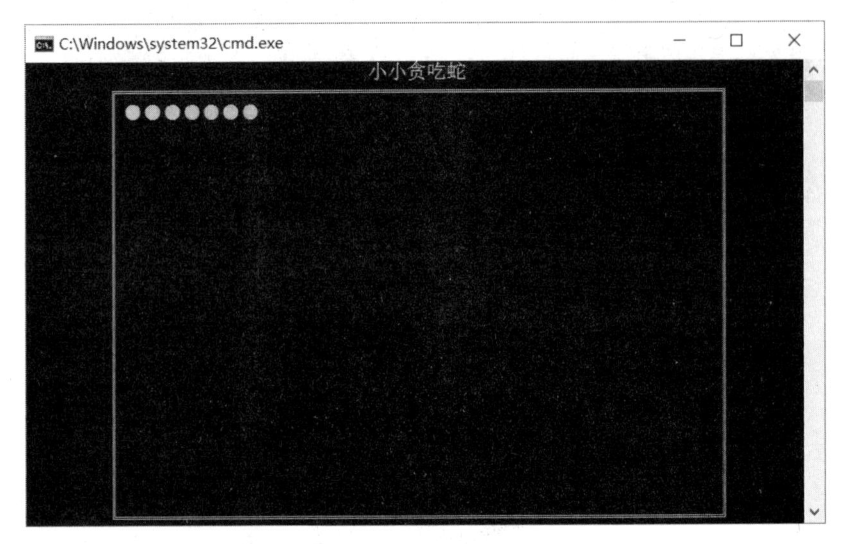

图 5.21　游戏界面

3．蛇的移动

（1）移动方向的判断与实现

玩家操作四个方向键改变蛇前进的方向，玩家不操作时，蛇则一步一步地持续前进。在程序运行的同时，要能接收用户按下方向按键的信息。编写 kbhit()函数实现每次移动蛇之前判定用户是否按下方向键，未按则持续前进，已按则朝新方向前进。

定义一个全局变量，记录当前蛇朝哪个方向前进，规定“上”、“下”、“左”、“右”依次为 1、2、3、4：

```
int direct;                  // 当前移动方向
```

将 Start()函数填充成如下代码：

```
int Start()                  // 游戏开始函数
{
    while (1)
    {
        if (!kbhit())        // 当此函数返回值为假，即程序运行期间用户未按下键盘上的任何
                             // 键时，执行 if 语句中的程序
```

```
        {
            Move_Snake();          // 每执行一次，蛇就移动一次
            Display_All();
        }
        else
        {
            switch (getch())
                    // 若 kbhit 函数的返回值为真，即程序运行期间用户按下了键盘上
                    // 的任何键，则直接用 getch()获取在此期间用户按下的键
            {
            case 'H': direct = 1; break;
            case 'P': direct = 2; break;
            case 'K': direct = 3; break;
            case 'M': direct = 4; break;
            }
        }
    }
return 0;
}
```

默认情况下，蛇向右前进，即 direct 的初始化值为 4：

```
int main()
{
    while(1)
    {
        Init_Screen();
        direct = 4;
        Start();
    }
    return 0;
}
```

（2）移动函数

编写 Move_Snake 函数，对蛇的前进方向进行判定：如果是路，蛇头、蛇身及蛇尾全部向前移；如果是墙或蛇身，就判定为输；如果是食物，则将前方的食物变成新的蛇头，再重新随机放置食物。

分析蛇移动的状态，当蛇从如图 5.22 所示的状态向前（右）移动一步走到如图 5.23 所示的状态时，body 数组就由如图 5.24 的状态变成如图 5.25 所示的状态。

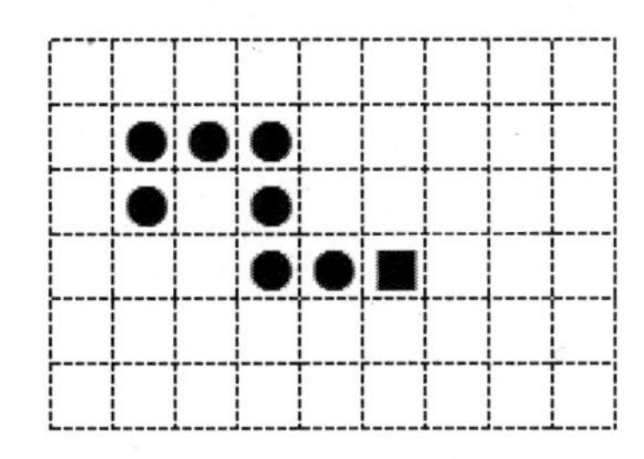

图 5.22　移动前的蛇

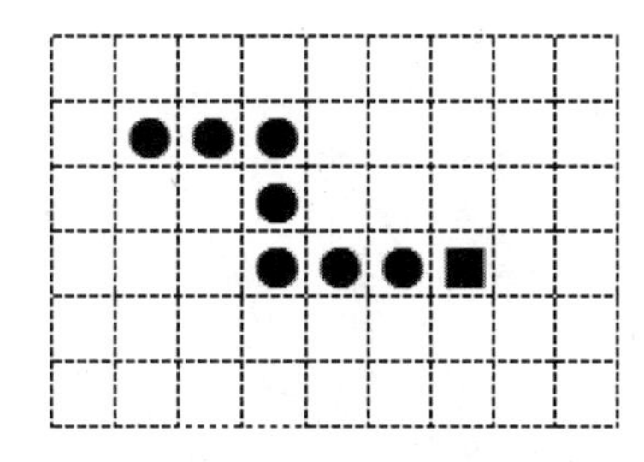

图 5.23　移动后的蛇

	body[n] [0]	body[n] [1]
body[0] [n]	3	5
body[1] [n]	3	4
body[2] [n]	3	3
body[3] [n]	2	3
body[4] [n]	1	3
body[5] [n]	1	2
body[6] [n]	1	1
body[7] [n]	2	1
⋮	⋮	⋮

图 5.24 移动前的数组

	body[n] [0]	body[n] [1]
body[0] [n]	3	6
body[1] [n]	3	5
body[2] [n]	3	4
body[3] [n]	3	3
body[4] [n]	2	3
body[4] [n]	1	3
body[6] [n]	1	2
body[7] [n]	1	1
⋮	⋮	⋮

图 5.25 移动后的数组

当数组从图 5.24 所示的状态变成图 5.25 所示的状态时，数组的变化相比于之前的状态，连续 7 个相邻的元素仍然是相邻的，只是剔除了原来的尾部元素，而新的蛇头元素接在原蛇头的前方。因此，定义两个变量作为当前的蛇头和蛇尾的“指针”，然后每次更新 screen 屏幕数组时，就从 head 开始直到 tail。蛇每移动一次，就将 head 指针和 tail 指针向后移一位。为了使头“指针”移动得更加方便，可将头指针和尾指针颠倒位置，图 5.26 所示为移动前的数组，图 5.27 所示为移动后的数组。

	body[n] [0]	body[n] [1]
tail→body[0] [n]	2	1
body[1] [n]	1	1
body[2] [n]	1	2
body[3] [n]	1	3
body[4] [n]	2	3
body[5] [n]	3	3
body[6] [n]	3	4
head→body[7] [n]	3	5
⋮	⋮	⋮

图 5.26 新移动前的数组

	body[n] [0]	body[n] [1]
body[0] [n]	2	1
tail→body[1] [n]	1	1
body[2] [n]	1	2
body[3] [n]	1	3
body[4] [n]	2	3
body[5] [n]	3	3
body[6] [n]	3	4
body[7] [n]	3	5
head→body[8] [n]	3	6
⋮	⋮	⋮

图 5.27 移动后的数组

Move_Snake 函数的代码如下：

```
int Move_Snake() // 移动蛇
{
    int dx = 0;
    int dy = 0;
    switch (direct)
    {
    case 1: dx = -1; break;
    case 2: dx = 1; break;
    case 3: dy = -1; break;
    case 4: dy = 1; break;
    default: break;
    }
    snake_tail++;
    snake_head++;
```

```
    snake_body[snake_head][0] = snake_body[snake_head - 1][0] + dx;
    snake_body[snake_head][1] = snake_body[snake_head - 1][1] + dy;
    return 0;
}
```

当 head 指针移动到 body 数组结尾时（见图 5.28），若蛇继续移动，则需要将加 1 之后的 head 指针对 Max 做取余运算，这样长度有限的 body 数组就可变成一个类似环状的结构。

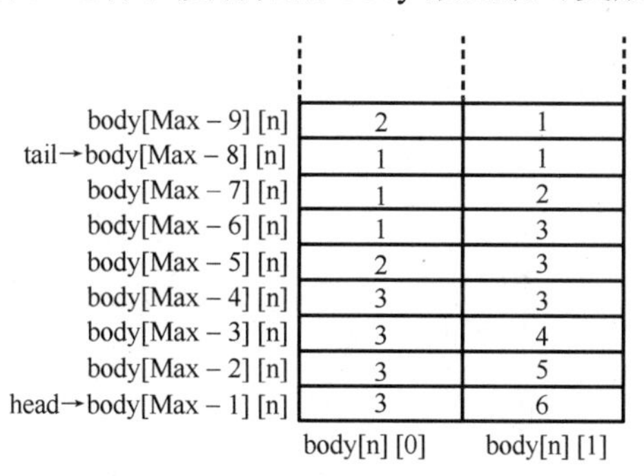

图 5.28　指针指向 body 数组结尾

```
int Move_Snake() // 移动蛇
{
    int dx = 0;
    int dy = 0;
int max = Max_Area_Height * Max_Area_Width;
    switch (direct)
    {
    case 1: dx = -1; break;
    case 2: dx = 1; break;
    case 3: dy = -1; break;
    case 4: dy = 1; break;
    default: break;
    }
    snake_tail++;
    snake_tail %= max;
    snake_head++;
    snake_head %= max;
    snake_body[snake_head][0] = snake_body[(snake_head + max - 1) % max][0] + dx;
    snake_body[snake_head][1] = snake_body[(snake_head + max - 1) % max][1] + dy;
    return 0;
}
```

如果蛇头的前方是食物，蛇就会变长一格，即把前方的食物变成新蛇头，加在旧蛇头的前方，蛇的尾部不变：

```
snake_head++;
snake_head %= max;
snake_body[snake_head][0] = snake_body[(snake_head + max - 1) % max][0] + dx;
snake_body[snake_head][1] = snake_body[(snake_head + max - 1) % max][1] + dy;
snake_length++;
```

应在蛇移动之前对蛇头前方一格的元素进行判定：如果是平地，则直接移动；如果是食物，则增长移动；如果是9（蛇身），就输了，返回值“–1”：

```
int Move_Snake() // 移动蛇
{
    int dx = 0;
    int dy = 0;
    int max = Max_Area_Height * Max_Area_Width;
    switch (direct)
    {
    case 1: dx = -1; break;
    case 2: dx = 1; break;
    case 3: dy = -1; break;
    case 4: dy = 1; break;
    default: break;
    }
    switch (screen[snake_body[snake_head][0] + dx][snake_body[snake_head][1] + dy])
    {
    case 9: return -1; // 当前方为蛇身的某一处时，就输了，返回-1
    case 0: // 当前方为空地时，头尾指针都加 1
    {
        snake_tail++;
        snake_tail %= max;
        snake_head++;
        snake_head %= max;
        snake_body[snake_head][0] = snake_body[(snake_head + max - 1)
                    % max][0] + dx;
        snake_body[snake_head][1] = snake_body[(snake_head + max - 1)
                    % max][1] + dy;
        break;
    }
    case 1: // 当前方为食物时，仅头指针加 1，蛇的长度加 1
    {
        snake_head++;
        snake_head %= max;
        snake_body[snake_head][0] = snake_body[(snake_head + max - 1)
                    % max][0] + dx;
        snake_body[snake_head][1] = snake_body[(snake_head + max - 1)
                    % max][1] + dy;
        snake_length++;
        break;
    }
    }
    return 0;
}
```

判定撞墙的条件为：前方坐标的X值与Y值中，若存在一个小于0或大于等于数组宽度或高度的值，即为撞墙。

```
int Move_Snake()          // 移动蛇
{
    int dx = 0;
    int dy = 0;
    int max = Max_Area_Height * Max_Area_Width;
    switch (direct)
    {
    case 1: dx = -1; break;
    case 2: dx = 1; break;
    case 3: dy = -1; break;
    case 4: dy = 1; break;
    default: break;
    }
    if (snake_body[snake_head][0] + dx < 0 || snake_body[snake_head][0]
            + dx >= Max_Area_Height || snake_body[snake_head][1] +
            dy < 0 || snake_body [snake_head][1] + dy >= Max_Area_Width)
                    // 当蛇的前方为墙边界时，就输了，返回-1
    {
        return -1;
    }
    else switch (screen[snake_body[snake_head][0] + dx][snake_body
        [snake_head][1] + dy])
    {
    case 9: return -1;  // 当前方为蛇身的某一处时，就输了，返回-1
    ...
    return 0;
}
```

（3）屏幕更新函数

如果未将新结果赋值给 screen 数组，玩家看到的始终还是初始状态，因此需要编写屏幕更新函数来显示蛇的当前状态。如果蛇只是向前纯移动，那么 screen 数组中蛇前方的值从 0 变成 9，蛇尾部的值从 9 变成 0；如果蛇吃到食物，那么 screen 数组中蛇前方的值从 1 变成 9，而尾部的值不变，同时设置参数 if_longer 来表示是纯移动还是增长移动。此时，屏幕更新函数代码如下：

```
void Update_Screen(bool if_longer)          // 屏幕更新函数
{
    screen[snake_body[snake_head][0]][snake_body[snake_head][1]] = 9;
    if (!if_longer)
    {
        int max = Max_Area_Height * Max_Area_Width;
        screen[snake_body[(snake_tail + max - 1) % max][0]][snake_body
                [(snake_tail + max - 1) % max][1]] = 0;
    }
}
```

设 0 是纯移动，1 是增长移动，在 Move_Snake 函数的相应处分别调用纯移动函数和增长移动函数：

```
int Move_Snake() // 移动蛇
{
    ...
    else switch (screen[snake_body[snake_head][0] + dx][snake_body
            [snake_head][1] + dy])
    {
    case 9: return -1; // 当前方为蛇身的某一处时，就输了，返回-1
    case 0: // 当前方为空地时，头尾指针都加 1
    {
        snake_tail++;
        snake_tail %= max;
        snake_head++;
        snake_head %= max;
        snake_body[snake_head][0] = snake_body[(snake_head + max - 1) %
                max][0] + dx;
        snake_body[snake_head][1] = snake_body[(snake_head + max - 1) %
                max][1] + dy;
        Update_Screen(0);
        break;
    }
    case 1: // 当前方为食物时，仅头指针加 1，蛇的长度加 1
    {
        snake_head++;
        snake_head %= max;
        snake_body[snake_head][0] = snake_body[(snake_head + max - 1) %
                max][0] + dx;
        snake_body[snake_head][1] = snake_body[(snake_head + max - 1) %
                max][1] + dy;
        snake_length++;
        Update_Screen(1);
        break;
    }
    }
    return 0;
}
```

这时，蛇的移动就顺利地呈现在屏幕中，如图 5.29 所示。

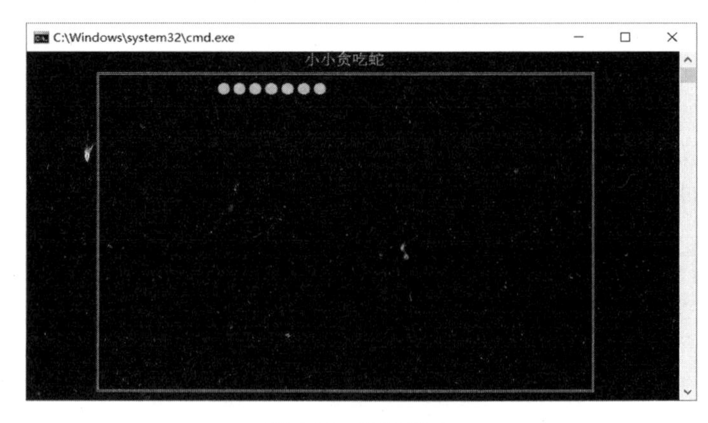

图 5.29 移动的蛇

按“下”方向键后，会出现如图 5.30 所示的状态。

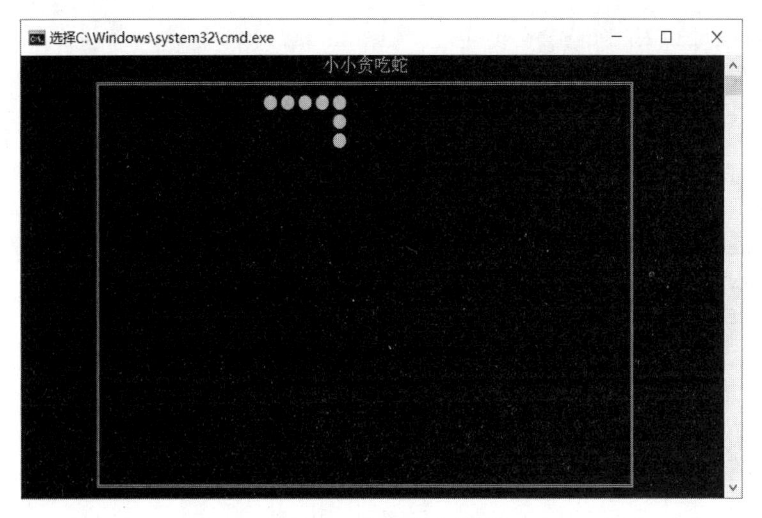

图 5.30　向下拐弯的蛇

（4）反方向移动的屏蔽

蛇在移动过程中，若玩家按下与蛇前进方向相反的方向键，则蛇应沿原方向前进。方向变量 direct 的值发生变化后，就要执行 Move_Snake()函数。因此，对反方向进行限制的代码应写在 Move_Snake()函数的起始位置。此时，需借助一个变量来记录蛇原来朝哪个方向移动：

```
int last_direct;          // 记录上一次移动的方向
int main()
{
    while (1)
    {
        Init_Snake();
        Init_Screen();
        direct = 4;
        last_direct = 4;
...
int Move_Snake()          // 移动蛇
{
...
last_direct = direct;     //记录蛇移动的方向
    return 0;
}
```

对即将要前行的方向进行判断，如果方向正好与上次前进的方向相反，则将方向调整成原来的方向。在 Move_Snake 函数的开头部分加上如下代码：

```
int Move_Snake() // 移动蛇
{
    int dx = 0;
    int dy = 0;
    int max = Max_Area_Height * Max_Area_Width;
    if (last_direct == 1 && direct == 2)direct = 1;
    else if (last_direct == 2 && direct == 1)direct = 2;
```

```
        else if (last_direct == 3 && direct == 4)direct = 3;
        else if (last_direct == 4 && direct == 3)direct = 4;
        switch (direct)
        {
        case 1: dx = -1; break;
        case 2: dx = 1; break;
        case 3: dy = -1; break;
        case 4: dy = 1; break;
        default: break;
        }
    ...
    }
```

4. 食物的随机分配

食物要能在屏幕上的空地上随机出现。类库中提供了获取随机数的函数，将所得的随机数值做取余运算并做位置定位，就可实现食物的随机分配。获得随机数的原理是，用当前的系统时间播种，生成随机数：

```
#include<time.h>                    // 可提供计算随机数的函数的头文件
srand((unsigned)time(NULL));        // 初始化随机函数种子
int rand_num = rand();
```

变量 rand_num 记录的是随机数值，需将变量 rand_num 对能出现的地盘数取余：

```
rand_num %= Max_Area_Height * Max_Area_Width - snake_length;
```

此时的 rand_num 就是食物即将出现的空地编号。所谓编号，是指从第一行第一列按行序开始数的号码，第 rand_num 个可放置食物的空地编号是 rand_num。例如，一个 a[8][10]数组，a[0][0]的编号为 1，a[1][0]的编号为 11，a[3][5]的编号为 36，a[i][j]的编号为 i*10+j+1。

根据编号找到对应的元素，并将食物放在那里，将其值变成 1。设置一个缓存变量做标记，从 screen[0][0]开始按行序数，若当前为合法空地，缓存变量加 1，否则缓存变量不做操作，直到缓存变量的值等于编号 rand_num 的值，此时所指的元素即为可放置食物的地方：

```
void Update_Food()                          // 在空地随机分配食物
{
    srand((unsigned)time(NULL));            // 初始化随机函数种子
    int rand_num;
    rand_num = rand() % (Max_Area_Height * Max_Area_Width - snake_length);
    int temp = 0;
    int x = 0, y = 0;
    while (temp < rand_num)
    {
        if (x >= Max_Area_Width)
        {
            x = 0;
            y++;
        }
```

```
        else
        {
            x++;
        }
        if (screen[y][x] == 0)temp++;
    }
    screen[y][x] = 1;
}
```

在初始化屏幕函数、Move_Snake 函数中，蛇吃掉食物之后，分别调用函数：

```
void Init_Screen()                  // 初始化屏幕函数
{
   int i,j;
    for (i = 0; i < Max_Area_Height; i++)
    {
        for ( j = 0; j < Max_Area_Width; j++)
        {
            screen[i][j] = 0;   // 先将全部初始化为 0
        }
    }
    for ( i = snake_head; i >= snake_tail; i--)
    {
        screen[snake_body[i][0]][snake_body[i][1]] = 9;
                                    // 将 body 数组的蛇身部分赋给 screen 数组
    }
    Update_Food();
}

int Move_Snake()                    // 移动蛇
{
   ...
    case 1:                         // 当前方为食物时，仅头指针加 1，蛇的长度加 1
    {
        snake_head++;
        snake_head %= max;
        snake_body[snake_head][0] = snake_body[(snake_head + max - 1) %
                max][0] + dx;
        snake_body[snake_head][1] = snake_body[(snake_head + max - 1) %
                max][1] + dy;
        snake_length++;
        Update_Screen(1);
        Update_Food();
        break;
    }
    }
    last_direct = direct;
    return 0;
}
```

程序在初始状态、靠近食物和吃掉食物之后的运行结果，如图 5.31 至图 5.33 所示。

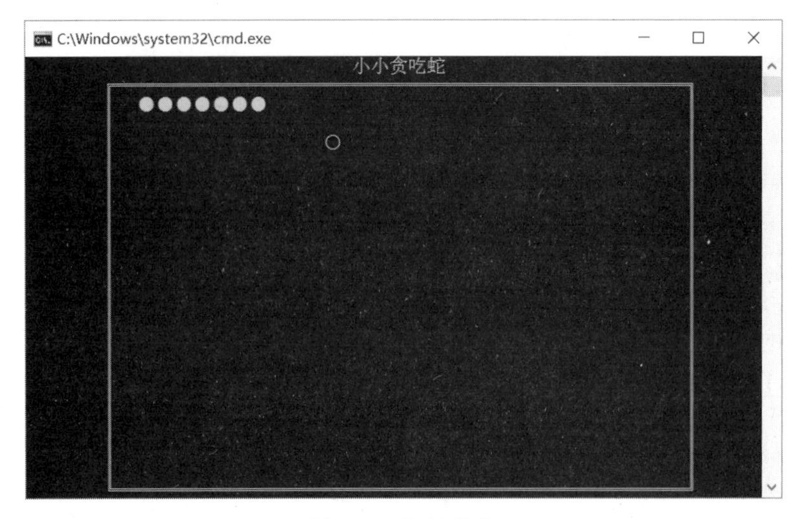

图 5.31　初始状态

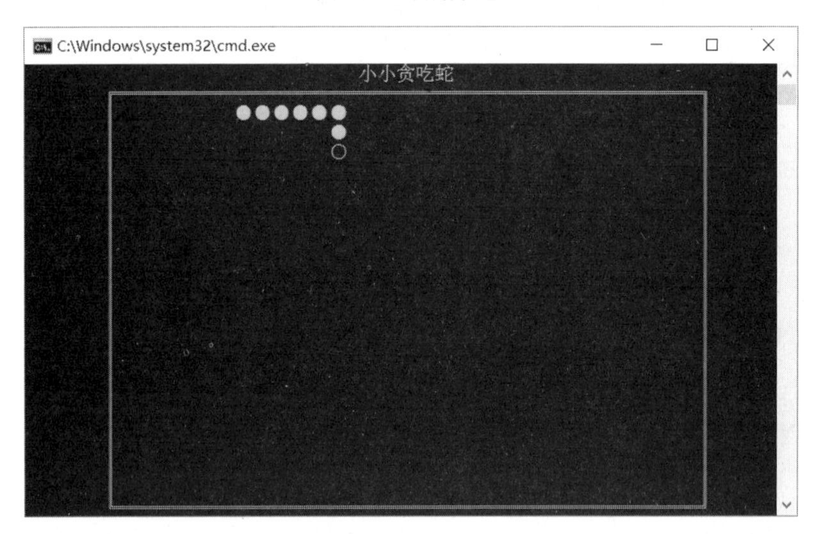

图 5.32　靠近食物

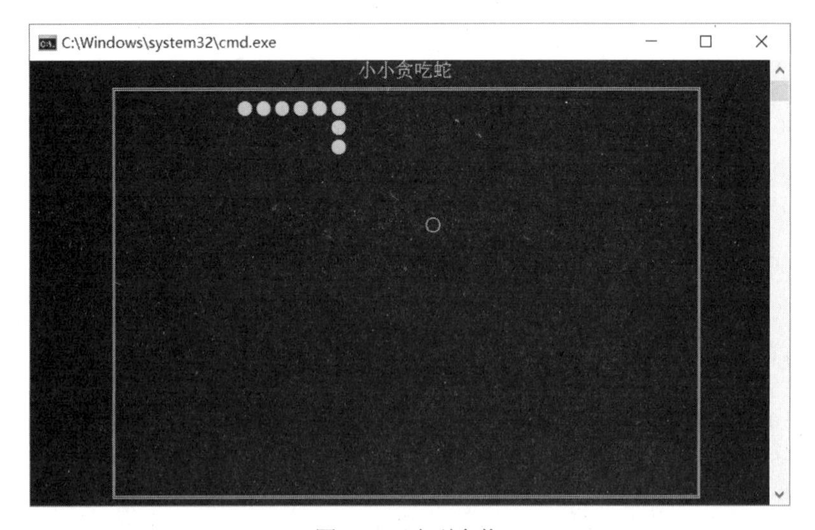

图 5.33　吃到食物

5. 增加辅助功能

辅助功能主要包括：按“Q”退出、按“R”重新开始游戏、按“P”或空格暂停或继续游戏、显示玩家分数和缓冲机制。

（1）按“Q”退出和按“R”重置

按“Q”退出与按“R”重置最终实现的结果不同，所以设置两个不同的值进行返回：

```
int Start() // 游戏开始函数
{
...
switch (getch())
        {
        case 'H': direct = 1; break;
        case 'P': direct = 2; break;
        case 'K': direct = 3; break;
        case 'M': direct = 4; break;
        case 'q': return 0;
        case 'r': return 1;
        }
    }
}
return 0;
}

int main()
{
    while (1)
    {
        Init_Snake();
        Init_Screen();
        direct = 4;
        last_direct = 4;
        switch (Start())
        {
        case 0: return 0;// 退出程序
        case 1: continue;// 重新开始
        }
    }
    return 0;
}
```

（2）暂停/继续功能

在移动蛇之前进行状态判断，定义一个全局变量记录当前状态是否为暂停状态：若当前状态为非暂停，按“P”暂停；若当前状态为暂停，按“P”或空格键继续游戏。

```
bool if_pause; // 记录当前状态是否为暂停
int Start() // 游戏开始函数
{
```

```
    while (1)
    {
        if (if_pause) // 如果当前游戏状态为暂停，则进入此段代码
        {
            printf("\n\t     Pausing...");
            while (if_pause)
            {
                switch (getch())
                {
                case 'p': case ' ': if_pause = false; break;
                case 'q': return 0;
                case 'r': return 1;
                }
            }
        }
        if (!kbhit())
        {
            Move_Snake();
            Display_All();
            printf("\t Q:quit  P/Space:pause/continue R:restart Length:%d",
                    snake_length);
        }
        else
        {
            switch (getch())
            {
            case 'H': direct = 1; break;
            case 'P': direct = 2; break;
            case 'K': direct = 3; break;
            case 'M': direct = 4; break;
            case 'p': case ' ': if_pause = true; break;
            case 'q': return 0;
            case 'r': return 1;
            }
        }
    }
    return 0;
}

int main()
{
    while (1)
    {
        Init_Snake();
        Init_Screen();
        direct = 4;
        last_direct = 4;
```

```
        if_pause = false;
        switch (Start())
        {
        case 0: return 0;
        case 1: continue;
        }
    }
    return 0;
}
```

（3）显示分数

当 Move_Snake 函数的返回值为-1 时，游戏结束，显示玩家分数，按“Q”退出，按“R”重新开始。Start 函数修改后的代码如下：

```
int Start() // 游戏开始函数
{
 ...
        if (!kbhit())
         {
             if (Move_Snake() == -1)
             {
                 Display_All();
                 return -1;
             }
             Display_All();
             printf("\t Q:quit  P/Space:pause/continue R:restart Length:%d",
                    snake_length);
         }
    ...
}

int main()
{
    while (1)
    {
        Init_Snake();
        Init_Screen();
        direct = 4;
        last_direct = 4;
        if_pause = false;
        switch (Start())
        {
        case 0: return 0;
        case 1: continue;
        }
        printf("\t Game Over!\tYour score:%d\n\t Q:quit  R:restart",
                snake_length);
        do
```

```
            {
                char k = getch();
                if (k == 'q')return 0;
                else if (k == 'r')break;
                else continue;
            } while (1);
        }
        return 0;
    }
```

游戏结束的界面如图 5.34 所示。

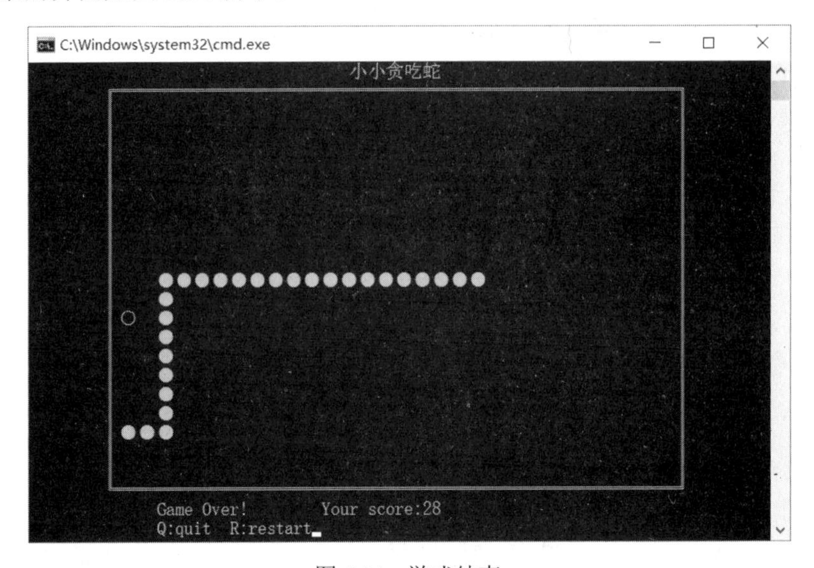

图 5.34　游戏结束

（4）缓冲机制

游戏重新开始前，会等待用户按一个按键，因此有缓冲时间，不会那么急迫。此时，界面如图 5.35 所示。

图 5.35　缓冲界面

Start 函数修改后的代码如下：

```
int main()
{
    while (1)
    {
        Init_Snake();
        Init_Screen();
        direct = 4;
        last_direct = 4;
        if_pause = false;
        system("cls");
        printf("贪吃蛇小游戏，按任意键开始。");
        getch();
        switch (Start())
        {
        case 0: return 0;
        case 1: continue;
        }
        printf("\t   Game Over!\tYour score:%d\n\t   Q:quit  R:restart",
                snake_length);
        do
        {
            char k = getch();
            if (k == 'q')return 0;
            else if (k == 'r')break;
            else continue;
        } while (1);
    }
    return 0;
}
```

5.4　推箱子游戏

5.4.1　构思框架

推箱子游戏通过键盘上的四个方向键控制“玩家”上下左右移动，将箱子推到指定的地点。游戏的基本规则是：单个箱子前方没有障碍物时，按一次方向键，玩家就可向前推动一步，但只能推不能拉，遇到障碍物时不能移动，障碍物包括墙和其他箱子，所有箱子都到达目的地后就过关，并记录下玩家在此过程中所走过的步数。

游戏的初始状态如图 5.36 所示，其中方形“■”为墙，空心三角形“△”为玩家所在位置，空心圆圈“○”为没到达目的地的箱子，中心带点的圆圈“⊙”为目的地，按“Q”退出，按“R”重置，Step 为步数。

按左方向键“←”后，如图 5.37 所示，出现的实心圆圈“●”表示到达目的地的箱子，玩家的位置也会随之移动；若再次按左方向键，玩家占据目的地时，状态会用实心三角形“▲”表示，如图 5.38 所示；所有箱子都推到目的地后，会显示胜利消息“You Win!”，如图 5.39 所示。

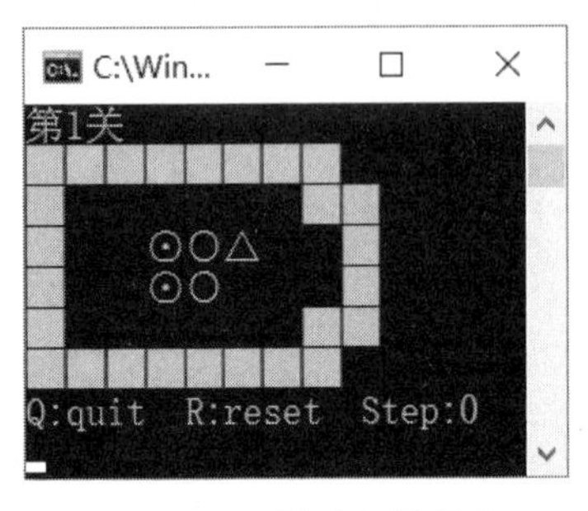

图 5.36 游戏初始状态

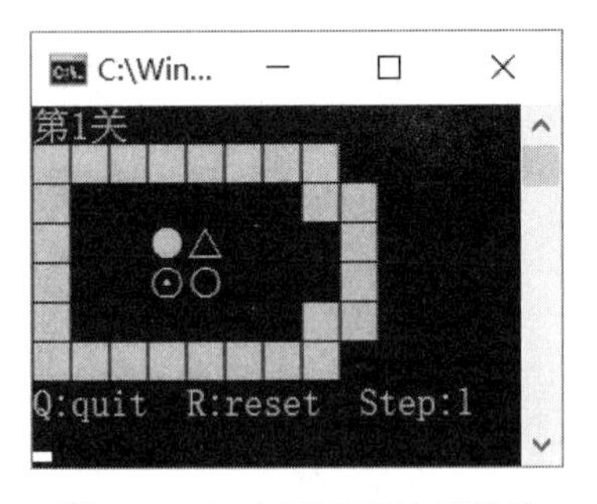

图 5.37 一个箱子到达目的地

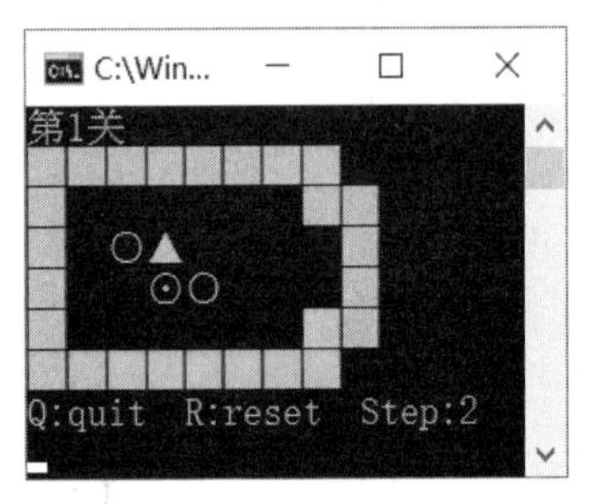

图 5.38 玩家占据目的地

图 5.39 胜利过关

5.4.2 代码设计

1. 屏幕画面更新机制

使用清屏语句清空屏幕，实现每一次屏幕画面的更改，然后输出需要显示的内容。因此，在控制台程序中，屏幕内容的不断切换是通过不断进行“清屏→输出”循环实现的，如图 5.40 所示。将“清屏”和“输出”封装在“显示”函数内，就可构成下面的代码：

```
#include<stdio.h>
#include<windows.h>      // 可提供清屏语句的头文件
void Display_All()       // 输出屏幕函数
{
    system("cls");
    // 此处为待填充显示的代码
}

int main()
{
    while (1) //先这么写吧，保证循环持续，之后再逐渐补充破坏循环的条件
    {
```

```
            Display_All();
        }
    }
```

2．游戏界面的建立、存储与显示

在推箱子游戏的界面中，外墙的一圈不是规则的矩形，但我们仍然可把整个界面视为一个矩阵，并抽象为二维数组，界面中的每个图形符号都放在二维数组的一个存储单元中，如图 5.41 所示。

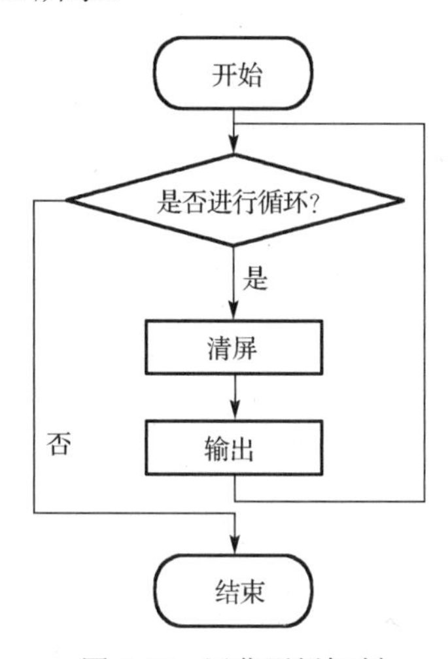

图 5.40　屏幕更新机制

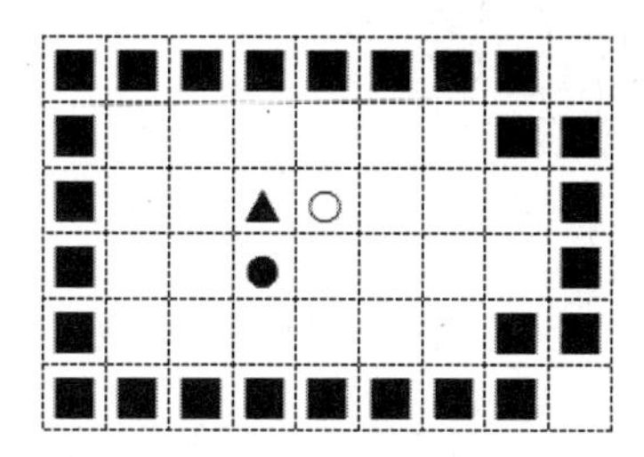

图 5.41　抽象成二维数组图

在程序代码中，并不直接把图形符号放在二维数组中，而是设置数字和符号间的对应关系，并按照对应数字进行存储，输出时则做相应的处理，转换为图形符号。数字与符号的对应关系如下：

- 0 表示平地，输出符号为“　”（两个半角空格或一个全角空格）。
- 1 表示墙，输出符号为“■”。
- 2 表示目的地，输出符号为“⊙”。
- 3 表示箱子，输出符号为“○”。
- 4 表示玩家所在地，输出符号为“△”。
- 5 表示箱子与目的地重合地，输出符号为“●”。
- 6 表示玩家与目的地重合地，输出符号为“▲”。

以图 5.41 所示的界面为例，建立一个 6×9 的二维数组，对数组进行初始化，游戏界面之外的数据不赋初值，这并不影响界面的显示。例如，初始化时，area[0][8]和 area[5][8]的值可以省略不写。关键代码如下：

```
/*宏定义宽和高*/
#define Max_Area_Width 9
#define Max_Area_Height 6

/*二维数组初始化*/
int area[Max_Area_Height][Max_Area_Width] =
```

```
{
        { 1,1,1,1,1,1,1,1 },
        { 1,0,0,0,0,0,0,1,1 },
        { 1,0,0,2,3,4,0,0,1 },
        { 1,0,0,2,3,0,0,0,1 },
        { 1,0,0,0,0,0,0,1,1 },
        { 1,1,1,1,1,1,1,1 }
}
```

输出界面就是用双重循环将二维数组中的元素逐个输出。由于定义了数字与符号之间的对应关系，因此可通过如下代码实现输出转换：

```
void Display_Area() // 输出界面函数
{
    int i,j;
    for ( i = 0; i < Max_Area_Height; i++)
        {
            for ( j = 0; j < Max_Area_Width; j++)
            {
                switch (area[i][j])
                {
                case 0:printf("  "); break;  //0 为平地
                case 1:printf("■"); break;  //1 为墙
                case 2:printf("⊙"); break;  //2 为目的地
                case 3:printf("○"); break;  //3 为箱子
                case 4:printf("△"); break;  //4 为玩家所在地
                case 5:printf("●"); break;  //5 为箱子与目的地重合地
                case 6:printf("▲"); break;  //6 为玩家与目的地重合地
                }
            }
            printf("\n"); // 记得每输出一行后要输出一个换行符
        }
}
```

在“输出屏幕函数”中调用“输出界面函数”，就可得到图 5.42 所示的结果。

```
void Display_All() // 输出屏幕函数
{
    system("cls");
    Display_Area();
}
```

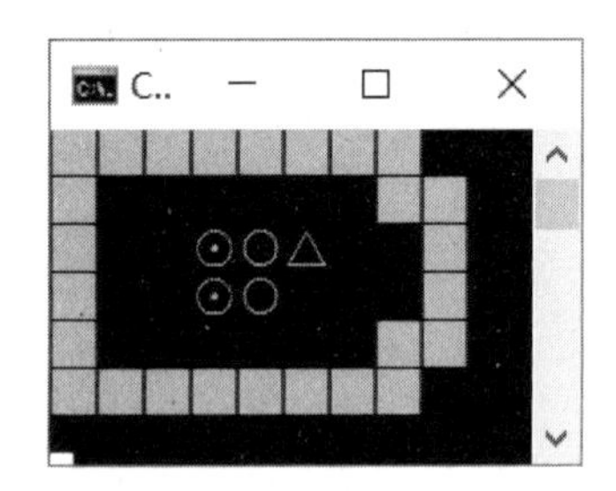

图 5.42　游戏界面显示结果

3. 控制角色移动

角色的移动是整个程序最核心的部分，它包括通过四个方向键控制玩家角色的移动、箱子的移动。

（1）捕捉方向

利用 getch()函数来灵敏回应玩家的按键盘操作。键盘上的上“↑”、下“↓”、左“←”、右“→”四个方向键，用 getch()函数接收到的 ASCII 码分别对应，它们分别是大写字母 H、P、K、M。为方便起见，在函数参数中用数字 1、2、3、4 分别对应上、下、左、右操作。当计算机执行到 getch()函数时，程序会暂停，等待用户按一个字符，这时可通过不同按键的选择来实现不同分支的程序代码。

每次按下按键前，都需要显示界面，以便玩家知道应按哪个按键。因此，这部分代码应和“输出屏幕函数”相邻，并处在同一个 while 循环中。为了避免角色未移动但屏幕却重新输出一次所造成的闪烁，需要构建如图 5.43 所示的屏幕更新机制。下面是 main 函数的代码：

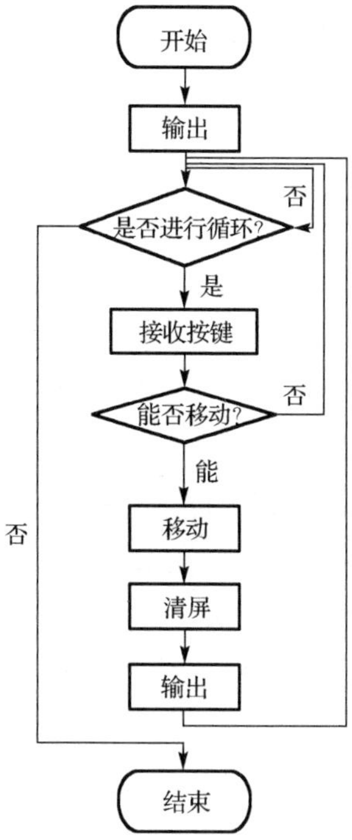

开始 → 输出 → 是否进行循环? —是→ 接收按键 → 能否移动? —能→ 移动 → 清屏 → 输出 → (回到"是否进行循环?")；能否移动? —否→ 回到"是否进行循环?"；是否进行循环? —否→ 结束

图 5.43　屏幕更新机制原理

```
int main()
{
    Display_All();
    while (1)
    {
        switch (getch())
        {
        case 'H':if (Move(1) == -1)continue; else break;
        case 'P':if (Move(2) == -1)continue; else break;
        case 'K':if (Move(3) == -1)continue; else break;
        case 'M':if (Move(4) == -1)continue; else break;
        default:continue;
        }
    }
    Display_All();
    return 0;
}
```

（2）移动函数的编写

Move 函数是控制玩家角色发生位移的函数，它通过改变三角形“△”的坐标实现。定义两个全局变量来记录玩家角色当前位置的坐标：

```
int now_place_X, now_place_Y;   // 记录玩家角色当前所在位置的坐标变量
```

同时，在“输出界面函数”中增加语句来更新玩家的当前位置。代码如下：

```
void Display_Area() // 输出界面函数
{
  int i,j;
    for ( i = 0; i < Max_Area_Height; i++)
    {
        for ( j = 0; j < Max_Area_Width; j++)
        {
            switch (area[i][j])
```

```
                {
                case 0:printf("  "); break;
                case 1:printf("■"); break;
                case 2:printf("⊙"); break;
                case 3:printf("○"); break;
                case 4:printf("△"); now_place_X = i; now_place_Y = j; break;
                case 5:printf("●"); break;
                case 6:printf("▲"); now_place_X = i; now_place_Y = j; break;
                }
            }
            printf("\n");
        }
    }
```

在 Move( )函数中实现相应的方向增量。我们可把二维数组的行列号视为二维坐标系中的 x 轴、y 轴，如图 5.44 所示。玩家的位置向上移动，dx 值减 1；向下移动，dx 值加 1；向左移动，dy 值减 1；向右移动，dy 值加 1。实现代码如下：

```
int Move(int direct) // 角色移动函数
{
    int dx = 0, dy = 0;
    switch (direct)
    {
    case 1:dx = -1; break;
    case 2:dx = 1; break;
    case 3:dy = -1; break;
    case 4:dy = 1; break;
    }
    return 0;
}
```

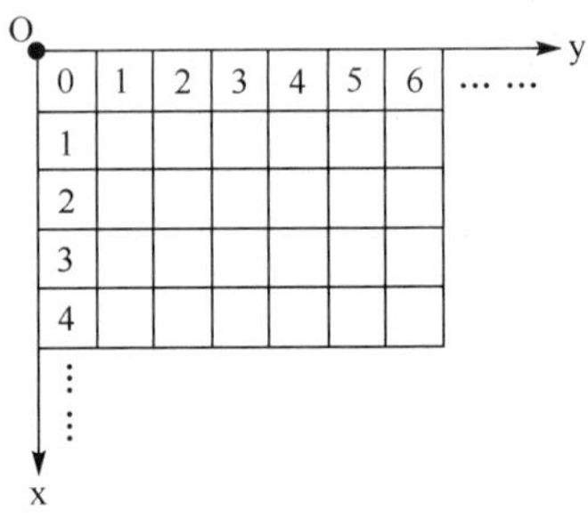

图 5.44 数组二维坐标示意图

（3）箱子所处的环境及目的地情况分析

图 5.45 和图 5.46 为人的不同姿态，图 5.47 为箱子，图 5.48 为空地，图 5.49 为目的地。

图 5.45 人的站姿

图 5.46 人的推姿

图 5.47 箱子

图 5.48 空地

图 5.49 目的地

① 第一种情况：人的前方没有箱子。根据人的所在地、人的下一步所在地，可分为图 5.50 至图 5.53 所示的 4 种状态。

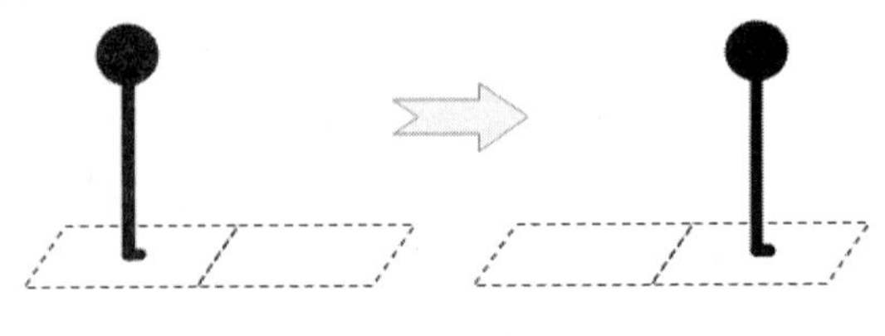

图 5.50 状态 1-1

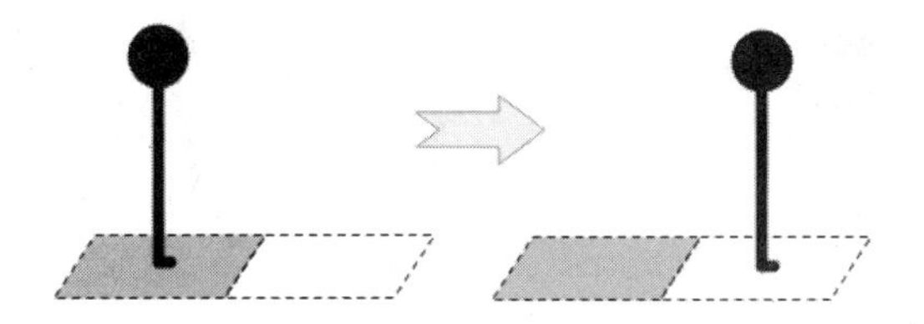

图 5.51　状态 1-2

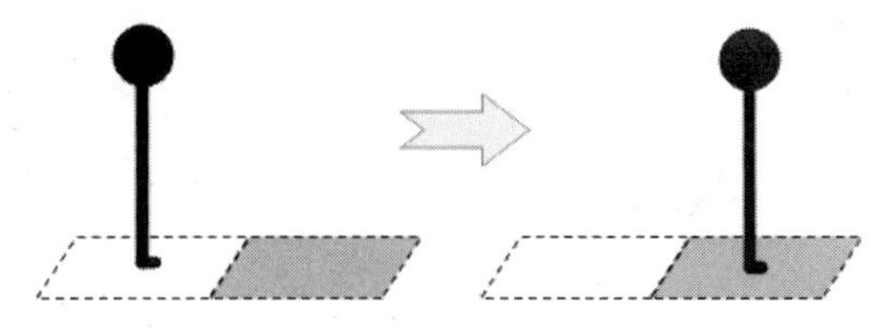

图 5.52　状态 1-3

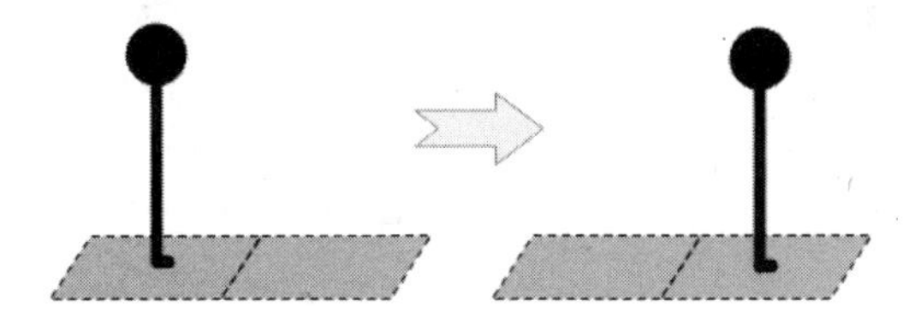

图 5.53　状态 1-4

人的最初所在地用“now”表示，人的下一步所在地用“next”表示。根据之前规定的符号显示规则，将上述四种状态转化成数字：

- 状态 1-1：从 now = 4，next = 0 变成 now = 0，next = 4。
- 状态 1-2：从 now = 6，next = 0 变成 now = 2，next = 4。
- 状态 1-3：从 now = 4，next = 2 变成 now = 0，next = 6。
- 状态 1-4：从 now = 6，next = 2 变成 now = 2，next = 6。

② 第二种情况：人的前方有箱子。根据人的所在地、人的下一步所在地及箱子的下一步所在地，可分为如图 5.54 至图 5.61 所示的 8 种状态。

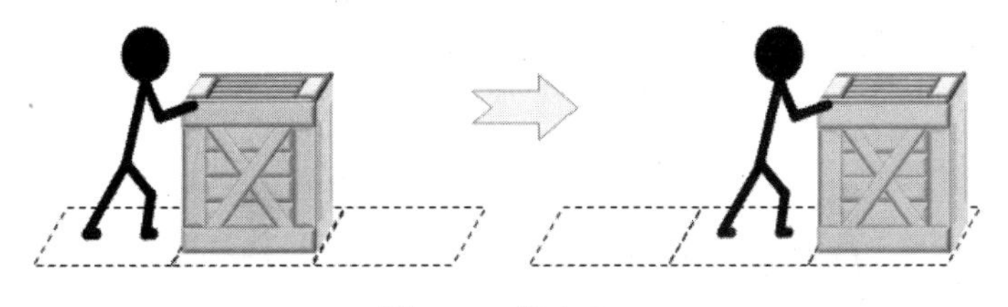

图 5.54　状态 2-1

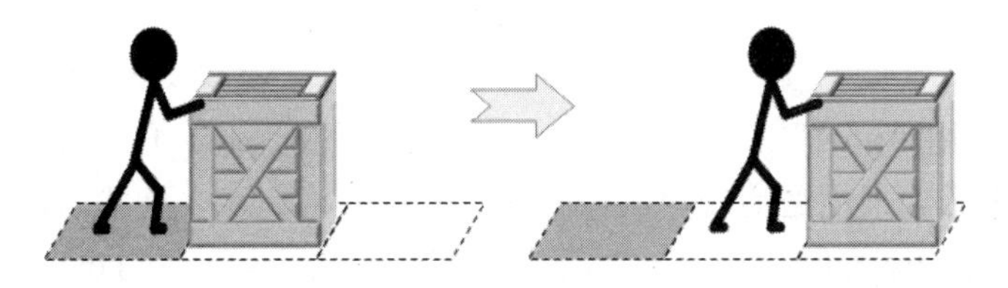

图 5.55　状态 2-2

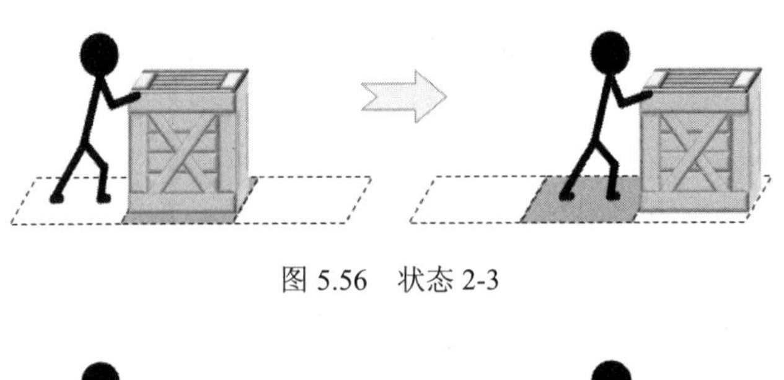

图 5.56　状态 2-3

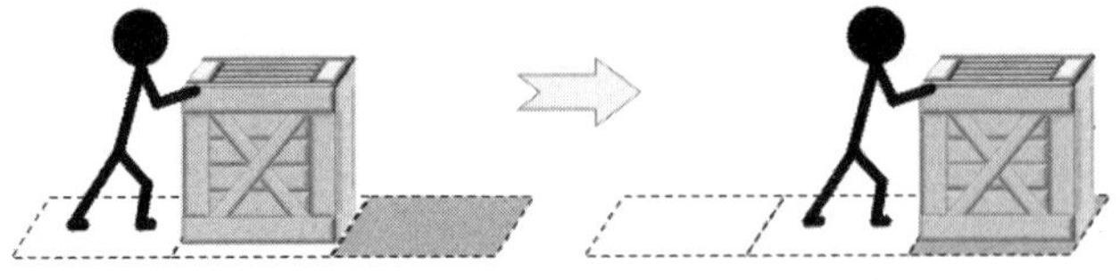

图 5.57　状态 2-4

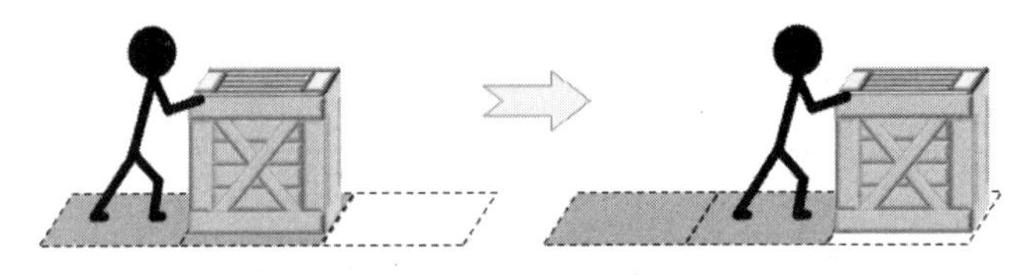

图 5.58　状态 2-5

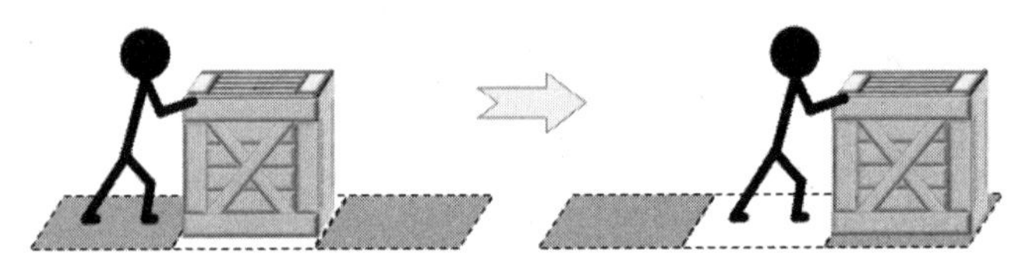

图 5.59　状态 2-6

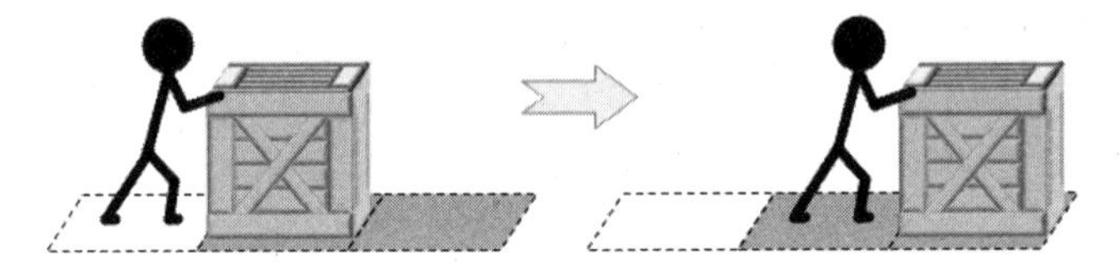

图 5.60　状态 2-7

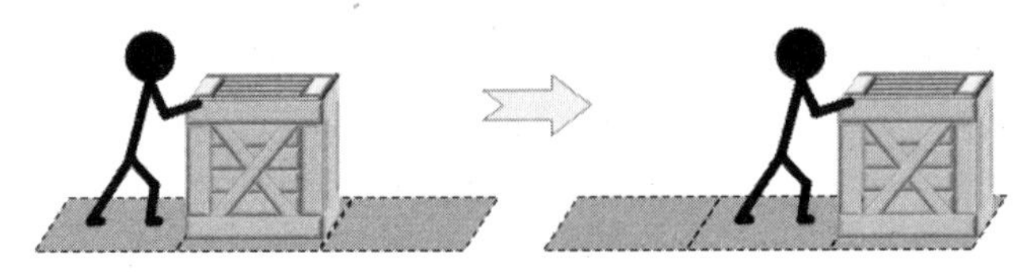

图 5.61　状态 2-8

人的最初所在地用“now”表示，人的下一步所在地用“next_1”表示，箱子的下一步所在地用“next_2”表示。根据之前规定的符号显示规则，将上述 8 种状态转化成数字：

- 状态 2-1：从 now = 4，next_1 = 3，next_2 = 0 变成 now = 0，next_1 = 4，next_2 = 3。
- 状态 2-2：从 now = 6，next_1 = 3，next_2 = 0 变成 now = 2，next_1 = 4，next_2 = 3。

- 状态 2-3：从 now = 4，next_1 = 5，next_2 = 0 变成 now = 0，next_1 = 6，next_2 = 3。
- 状态 2-4：从 now = 4，next_1 = 3，next_2 = 2 变成 now = 0，next_1 = 4，next_2 = 5。
- 状态 2-5：从 now = 6，next_1 = 5，next_2 = 0 变成 now = 2，next_1 = 6，next_2 = 3。
- 状态 2-6：从 now = 6，next_1 = 3，next_2 = 2 变成 now = 2，next_1 = 4，next_2 = 5。
- 状态 2-7：从 now = 4，next_1 = 5，next_2 = 2 变成 now = 0，next_1 = 6，next_2 = 5。
- 状态 2-8：从 now = 6，next_1 = 5，next_2 = 2 变成 now = 2，next_1 = 6，next_2 = 5。

人的前面是墙，人的前面是箱子，箱子的前面是墙且人的前面是两个箱子，这三种情况不允许人前进。玩家的前进状态为上述的 4+8 种状态，因此需要把这 4+8 种状态转换成对应的数字，再做相应的输出。下面我们将这些状态整理成表 5.1 进行分析。

表 5.1　12 种状态对比

状　态	当 前 情 况			移动后情况		
	now	next_1	next_2	now	next_1	next_2
	4	0		0	4	
	6	0		2	4	
	4	2		0	6	
	6	2		2	6	
	4	3	0	0	4	3
	6	3	0	2	4	3
	4	5	0	0	6	3
	4	3	2	0	4	5
	6	5	0	2	6	3
	6	3	2	2	4	5
	4	5	2	0	6	5
	6	5	2	2	6	5

分析表格中的所有数据后，我们发现了三个“规律”：

1．任何状态中，移动后的“now”值恰好都是移动前的“now”值减 4。

2．在第一种情况下，移动后的“next_1”值恰好都是移动前的“next_1”值加 4。

3．在第二种情况下，移动后的“next_1”值恰好都是移动前的“next_1”值加 1，移动后的“next_2”值恰好都是移动前的“next_2”值加 3。

因此，上面的 12 种状态可化简为表 5.2。

表 5.2　12 种状态的简化

情形	当前情况			移动后情况		
	now	next_1	next_2	now	next_1	next_2
一	X	Y		X–4	Y+4	
二		Y	Z		Y+1	Z+3

```
int Move(int direct) // 角色移动函数
{
    int dx = 0, dy = 0;
    switch (direct) // 根据参数的数值确定坐标的增量，也就是行列号的变化
    {
    case 1:dx = -1; break;
    case 2:dx = 1; break;
    case 3:dy = -1; break;
    case 4:dy = 1; break;
    }
    switch (next_1)
    {
    case 0:case 2: next_1; break; // 第一种情况
    case 3:case 5: // 第二种情况
    {
        switch (next_2)
        {
        case 0:case 2:
        {
            next_1 += 1;
            next_2 += 3;
            break;
        }
        default: return -1;
        }
        break;
    }
    default: return -1;
    }
    now-= 4;
    now_place_X += dx; // 玩家当前 x 轴加上增量，即为玩家下一步的行号
    now_place_Y += dy; // 玩家当前 y 轴加上增量，即为玩家下一步的列号
    return 0;
}
```

将代码中加底纹的 now 用 area[now_place_X][now_place_Y]代替，将 next_1 用 area[now_place_X + dx][now_place_Y + dy]代替；将 next_2 用 area[now_place_X + dx * 2][now_place_Y + dy * 2]代替，可得如下代码：

```
int Move(int direct)    // 角色移动函数
{
```

```
        int dx = 0, dy = 0;
        switch (direct)       // 根据参数的数值确定坐标的增量，也就是行列号的变化
        {
        case 1:dx = -1; break;
        case 2:dx = 1; break;
        case 3:dy = -1; break;
        case 4:dy = 1; break;
        }
        switch (area[now_place_X + dx][now_place_Y + dy])
        {
        case 0:case 2:area[now_place_X + dx][now_place_Y + dy] += 4; break;
                              // 第一种情况
        case 3:case 5:        // 第二种情况
        {
            switch (area[now_place_X + dx * 2][now_place_Y + dy * 2])
            {
            case 0:case 2:
            {
                area[now_place_X + dx][now_place_Y + dy] += 1;
                area[now_place_X + dx * 2][now_place_Y + dy * 2] += 3;
                break;
            }
            default: return -1;
            }
            break;
        }
        default: return -1;
        }
        area[now_place_X][now_place_Y] -= 4;
        now_place_X += dx;
        now_place_Y += dy;
        return 0;
    }
```

代码执行后，出现游戏界面，通过键盘控制操作界面变化的过程如图 5.62 至图 5.67 所示。

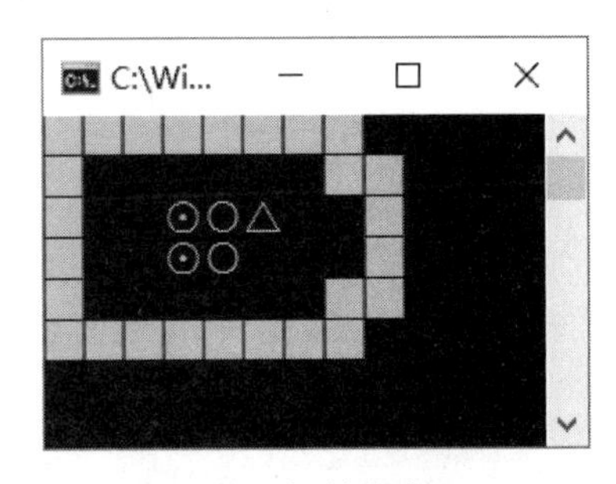

图 5.62　初始状态

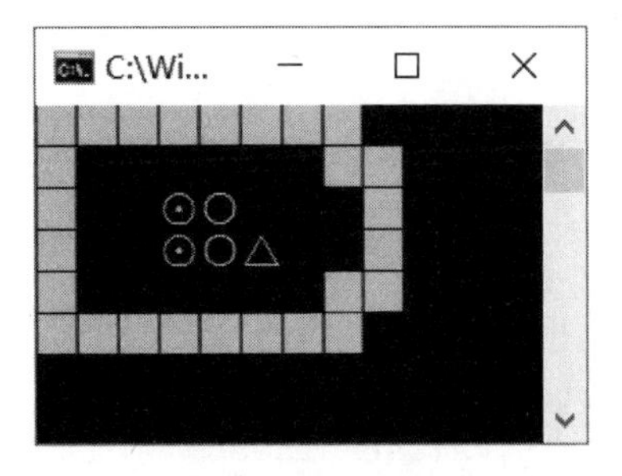

图 5.63　按“下”之后

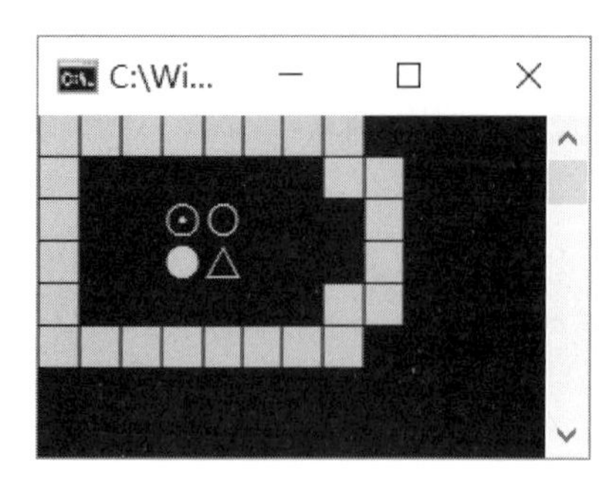

图 5.64 接着按“左”之后

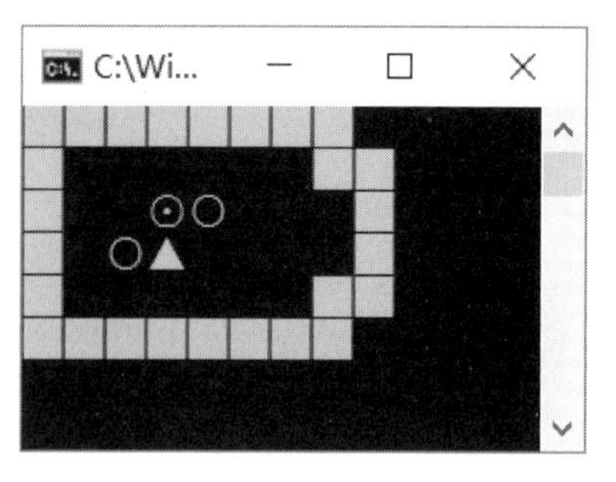

图 5.65 接着按“左”之后

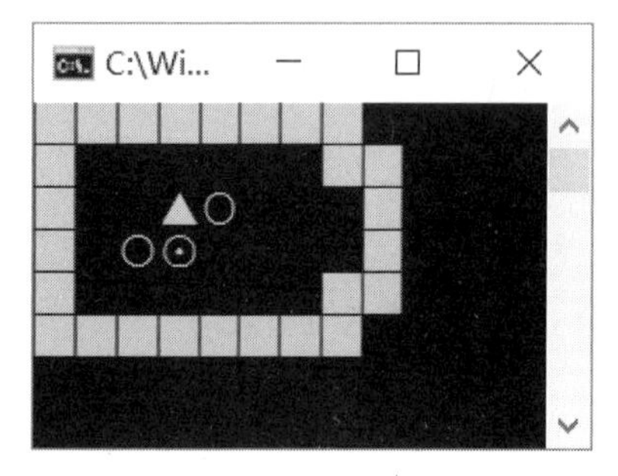

图 5.66 接着按“上”之后

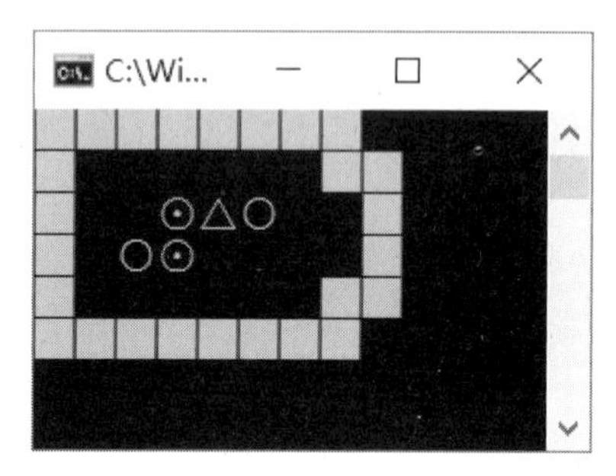

图 5.67 接着按“右”之后

4. 判定玩家胜利

根据游戏规则，所有箱子都到达目的地就算胜利。判定胜利依据是，在 area[X][Y]中，只要没有数值为 2（单独目的地）和数值为 3（单独箱子）的元素存在，就算胜利。我们构建出如下 If_Win()函数：

```
int If_Win()          // 判断当前状态是否为胜利状态的函数
{
    int i,j;
    for ( i = 0; i < Max_Area_Height; i++)
    {
        for (j = 0; j < Max_Area_Width; j++)
        {
            if (area[i][j] == 2 || area[i][j] == 3)return 0;
        }
    }
    return 1;
}
```

定义一个全局变量接收上述函数的返回值：

```
int if_win = 0; // 记录玩家是否胜利的变量
```

把 If_Win()函数的调用加到 Move 函数的末尾，玩家每移动一次，就判定当前状态是否为胜利状态：

```
int Move(int direct)     // 角色移动函数
{
    int dx = 0, dy = 0;
```

```
    switch (direct)     // 根据参数的数值确定坐标的增量，也就是行列号的变化
    {
    case 1:dx = -1; break;
    case 2:dx = 1; break;
    case 3:dy = -1; break;
    case 4:dy = 1; break;
    }
    switch (area[now_place_X + dx][now_place_Y + dy])
    {
    case 0:case 2:area[now_place_X + dx][now_place_Y + dy] += 4; break;
                        // 第一种情况
    case 3:case 5:      // 第二种情况
    {
        switch (area[now_place_X + dx * 2][now_place_Y + dy * 2])
        {
        case 0:case 2:
        {
            area[now_place_X + dx][now_place_Y + dy] += 1;
            area[now_place_X + dx * 2][now_place_Y + dy * 2] += 3;
            break;
        }
        default: return -1;
        }
        break;
    }
    default: return -1;
    }
    area[now_place_X][now_place_Y] -= 4;
    now_place_X += dx;
    now_place_Y += dy;
    if_win = If_Win();
    return 0;
}
```

最后在“输出屏幕函数”中通过 If_Win()函数的返回值判断是否胜利：

```
void Display_All() // 输出屏幕函数
{
    system("cls");
    Display_Area();
    if (if_win)printf("You Win!");
}
```

5. 增加辅助功能

游戏的辅助功能包括：步数统计、按“Q”退出，按“R”重置。

（1）步数统计

先定义一个全局变量，记录玩家的移动步数：

```
int step_count;
int main()
{
    step_count = 0;          // 在游戏开始前将变量初始化为 0
    Display_All();
    while (1)
    {
    …
```

接着在 Move 函数末尾加上相应的语句，使得每次移动后步数统计的变量加 1：

```
int Move(int direct)          //角色移动函数
{
    int dx = 0, dy = 0;
    switch (direct)
    {
    case 1:dx = -1; break;
    case 2:dx = 1; break;
    case 3:dy = -1; break;
    case 4:dy = 1; break;
    }
    switch (area[now_place_X + dx][now_place_Y + dy])
    {
    case 0:case 2:area[now_place_X + dx][now_place_Y + dy] += 4; break;
                        // 第一种情况
    case 3:case 5:      // 第二种情况
    {
        switch (area[now_place_X + dx * 2][now_place_Y + dy * 2])
        {
        case 0:case 2:
        {
            area[now_place_X + dx][now_place_Y + dy] += 1;
            area[now_place_X + dx * 2][now_place_Y + dy * 2] += 3;
            break;
        }
        default: return -1;
        }
        break;
    }
    default: return -1;
    }
    area[now_place_X][now_place_Y] -= 4;
    now_place_X += dx;
    now_place_Y += dy;
    if_win = If_Win();
    step_count++; // 步数加 1
    return 0;
}
```

最后在“输出屏幕函数”中加入步数输出语句：

```
void Display_All() // 输出屏幕函数
{
    system("cls");
    Display_Area();
    printf("Step:%d\n", step_count);
    if (if_win)printf("You Win!");
}
```

运行之后，会出现如图 5.68 所示的效果。

（2）按“Q”退出

首先在 main 函数的 switch 语句中，增加分支来识别键盘上的“q”或“Q”。代码如下：

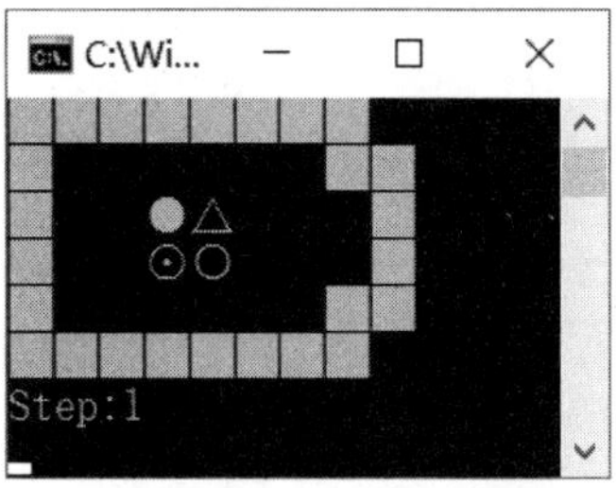

Step:1

图 5.68　带步数显示效果图

```
int main()
{
    step_count = 0;
    Display_All();
    while (1)
    {
        switch (getch())
        {
        case 'H':if (Move(1) == -1)continue; else break;
        case 'P':if (Move(2) == -1)continue; else break;
        case 'K':if (Move(3) == -1)continue; else break;
        case 'M':if (Move(4) == -1)continue; else break;
        case 'Q':                    // 按"Q"或"q"即可退出程序
        case 'q':return 0;
        default:continue;
        }
    }
    Display_All();
    return 0;
}
```

然后在“输出屏幕函数”中增加输出提示：

```
void Display_All()        // 输出屏幕函数
{
    system("cls");
    Display_Area();
    printf("Q:quit  Step:%d\n", step_count);
    if (if_win)printf("You Win!");
}
```

（3）按“R”重置

在每次关卡开始之前，用另一个数组记录当前关卡的初始状态。需要重置时，再把备份好的数组的元素复制到当前正在使用的数组中。

```
void Copy() // 备份函数
{
    int i,j;
    for (i = 0; i < Max_Area_Height; i++)
    {
        for (j = 0; j < Max_Area_Width; j++)
        {
            copied[i][j] = area[i][j];
        }
    }
}
```

在“重置关卡”函数中，正好与备份函数的赋值方向相反，且要将步数统计重置为0：

```
void Reset() // 重置关卡函数
{
    int i,j;
    for (i = 0; i < Max_Area_Height; i++)
    {
        for (j = 0; j < Max_Area_Width; j++)
        {
            area[i][j] = copied[i][j];
        }
    }
    step_count = 0;
}
```

在main( )函数中，关卡开始之前做一次备份，并在switch中加上对“r”或“R”的识别，以及调用重置关卡函数：

```
int main()
{
step_count = 0;
    Copy();
    Display_All();
    while (1)
    {
        switch (getch())
        {
        case 'H':if (Move(1) == -1)continue; else break;
        case 'P':if (Move(2) == -1)continue; else break;
        case 'K':if (Move(3) == -1)continue; else break;
        case 'M':if (Move(4) == -1)continue; else break;
        case 'R':       // 按"R"或"r"可重置本关
        case 'r':Reset(); break;
        case 'q':return 0;
        default:continue;
        }
    }
    Display_All();
```

```
    return 0;
}
```

最后在“输出屏幕函数”中加入相应的提示信息：

```
void Display_All() // 输出屏幕函数
{
    system("cls");
    Display_Area();
    printf("Q:quit  R:reset  Step:%d\n", step_count);
    if (if_win)printf("You Win!");
}
```

玩家走一步后的状态如图 5.69 所示，按“R”重置后的状态如图 5.70 所示。

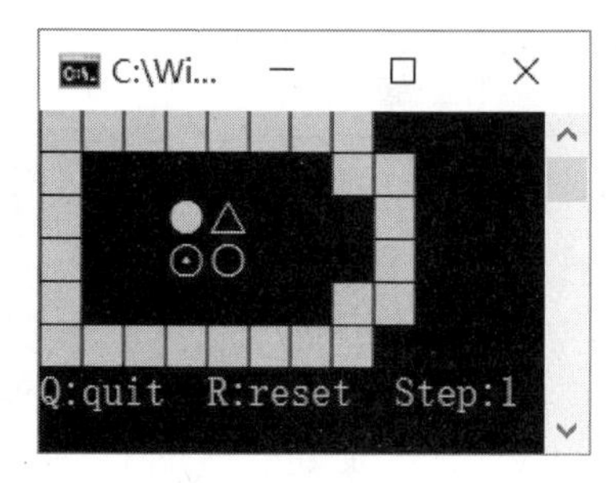

图 5.69　玩家走了一步

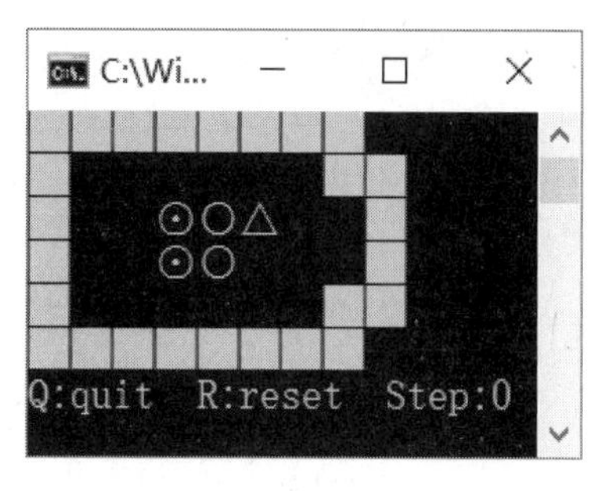

图 5.70　重置之后

6. 设置多关卡

我们可将游戏设计成多关卡的闯关模式。下面以 10 个关卡为例加以说明。我们利用一个宏来记录最多关卡数：

```
#define Max_Stage_Count 10 // 最多关卡数
```

使用二维数组来存储一关的初始界面，再加上一个维度来表示关卡数。下面是每一关的初始数据及对应的界面（见图 5.71 至图 5.80）。

```
int area[Max_Stage_Count][Max_Area_Height][Max_Area_Width] =
{
    //********第一关初始化********//
    {
        { 0,0,1,1,1 },
        { 0,0,1,2,1 },
        { 0,0,1,0,1,1,1,1 },
        { 1,1,1,3,0,3,2,1 },
        { 1,2,0,3,4,1,1,1 },
        { 1,1,1,1,3,1 },
        { 0,0,0,1,2,1 },
        { 0,0,0,1,1,1 }
    },
```

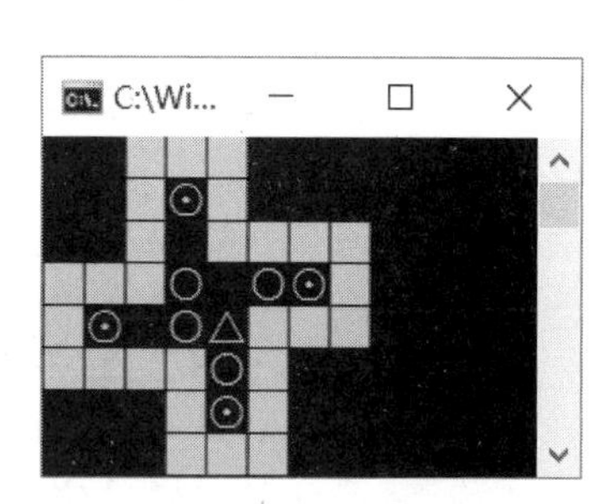

图 5.71　第一关预览图

```
//********第二关初始化********//
{
    { 1,1,1,1,1 },
    { 1,4,0,0,1 },
    { 1,0,3,3,1,0,1,1,1 },
    { 1,0,3,0,1,0,1,2,1 },
    { 1,1,1,0,1,1,1,2,1 },
    { 0,1,1,0,0,0,0,2,1 },
    { 0,1,0,0,0,1,0,0,1 },
    { 0,1,0,0,0,1,1,1,1 },
    { 0,1,1,1,1,1 }
},
//********第三关初始化********//
{
    { 0,1,1,1,1,1,1,1 },
    { 0,1,0,0,0,0,0,1,1,1 },
    { 1,1,3,1,1,1,0,0,0,1 },
    { 1,0,4,0,3,0,0,3,0,1 },
    { 1,0,2,2,1,0,3,0,1,1 },
    { 1,1,2,2,1,0,0,0,1 },
    { 0,1,1,1,1,1,1,1,1 }
},
//********第四关初始化********//
{
    { 0,1,1,1,1 },
    { 1,1,0,0,1 },
    { 1,4,3,0,1 },
    { 1,1,3,0,1,1 },
    { 1,1,0,3,0,1 },
    { 1,2,3,0,0,1 },
    { 1,2,2,5,2,1 },
    { 1,1,1,1,1,1 }
},
//********第五关初始化********//
{
    { 0,1,1,1,1,1 },
    { 0,1,0,0,1,1,1 },
    { 0,1,4,3,0,0,1 },
    { 1,1,1,0,1,0,1,1 },
    { 1,2,1,0,1,0,0,1 },
    { 1,2,3,0,0,1,0,1 },
    { 1,2,0,0,0,3,0,1 },
    { 1,1,1,1,1,1,1,1 }
},
```

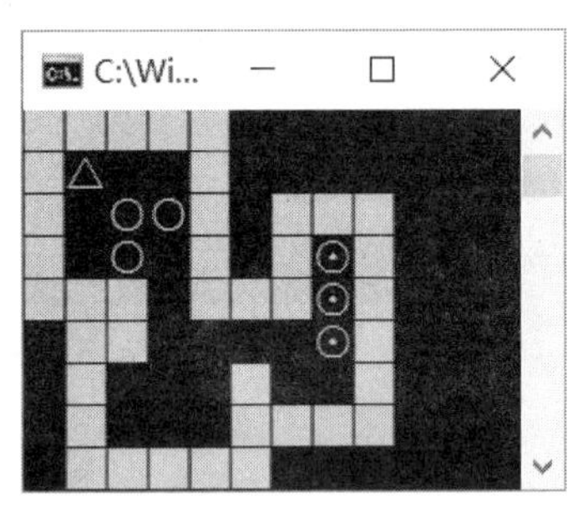

图 5.72　第二关预览图

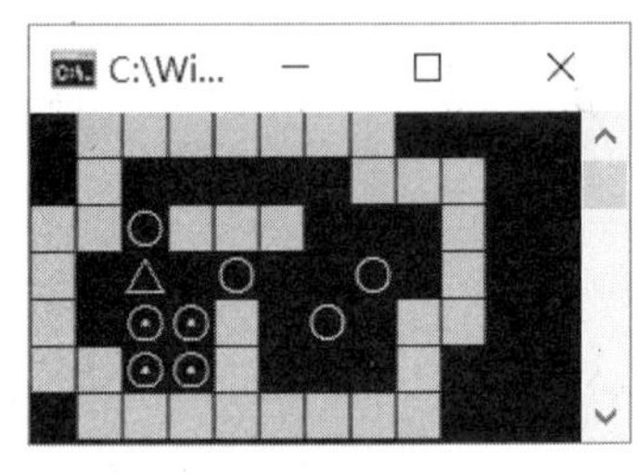

图 5.73　第三关预览图

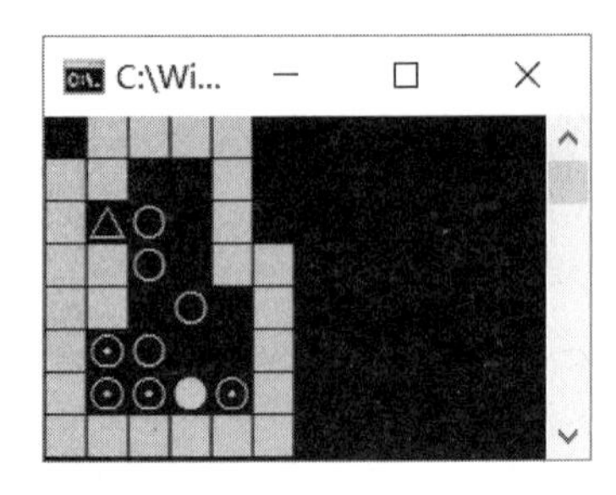

图 5.74 第四关预览图

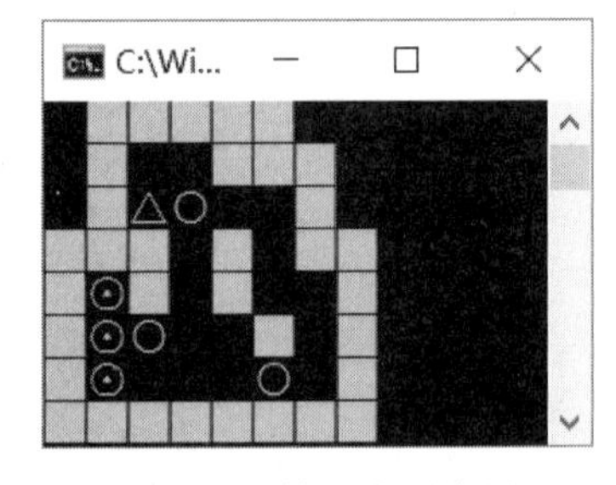

图 5.75　第五关预览图

```
    //********第六关初始化********//
    {
        { 0,0,0,1,1,1,1,1,1,1 },
        { 0,0,1,1,0,0,1,0,4,1 },
        { 0,0,1,0,0,0,1,0,0,1 },
        { 0,0,1,3,0,3,0,3,0,1 },
        { 0,0,1,0,3,1,1,0,0,1 },
        { 1,1,1,0,3,0,1,0,1,1 },
        { 1,2,2,2,2,2,0,0,1 },
        { 1,1,1,1,1,1,1,1,1 }
    },
    //********第七关初始化********//
    {
        { 0,0,0,1,1,1,1,1,1 },
        { 0,1,1,1,0,0,0,0,1 },
        { 1,1,2,0,3,1,1,0,1,1 },
        { 1,2,2,3,0,3,0,0,4,1 },
        { 1,2,2,0,3,0,3,0,1,1 },
        { 1,1,1,1,1,1,0,0,1 },
        { 0,0,0,0,0,1,1,1,1 }
    },
    //********第八关初始化********//
    {
        { 0,0,1,1,1,1,1,1 },
        { 0,0,1,0,0,0,0,1 },
        { 1,1,1,3,3,3,0,1 },
        { 1,4,0,3,2,2,0,1 },
        { 1,0,3,2,2,2,1,1 },
        { 1,1,1,1,0,0,1 },
        { 0,0,0,1,1,1,1 }
    },
    //********第九关初始化********//
    {
        { 0,1,1,1,1,0,0,1,1,1,1,1 },
        { 1,1,0,0,1,0,0,1,0,0,0,1 },
        { 1,0,3,0,1,1,1,1,3,0,0,1 },
        { 1,0,0,3,2,2,2,2,0,3,0,1 },
        { 1,1,0,0,0,0,1,0,4,0,1,1 },
        { 0,1,1,1,1,1,1,1,1,1,1 }
    },
    //********第十关初始化********//
    {
        { 1,1,1,1,1,1,1,1 },
        { 1,0,0,1,0,0,0,1 },
        { 1,0,3,2,2,3,0,1 },
        { 1,4,3,2,5,0,1,1 },
        { 1,0,3,2,2,3,0,1 },
        { 1,0,0,1,0,0,0,1 },
        { 1,1,1,1,1,1,1,1 }
    }
};//关卡数组集
```

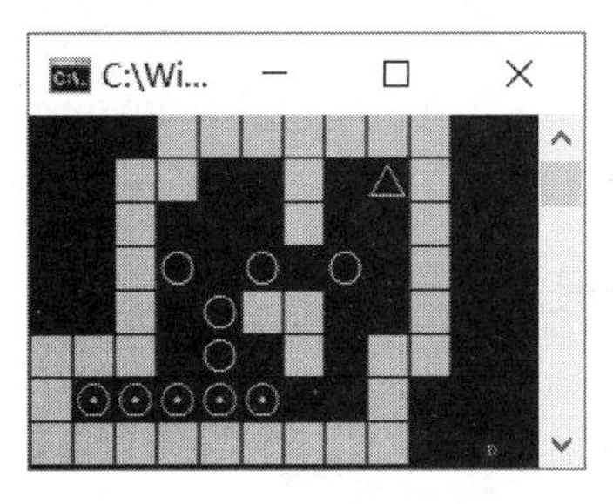

图 5.76　第六关预览图

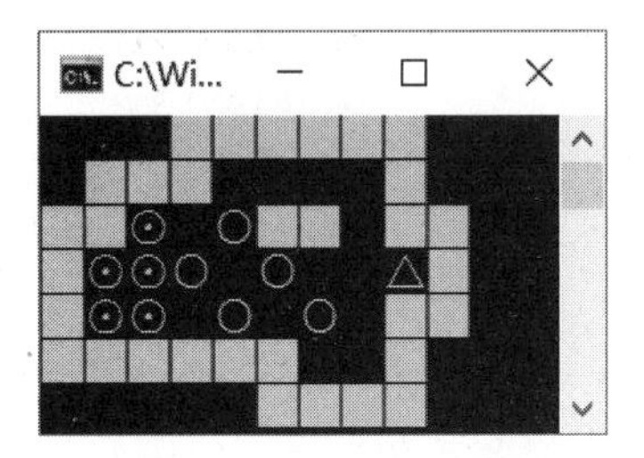

图 5.77　第七关预览图

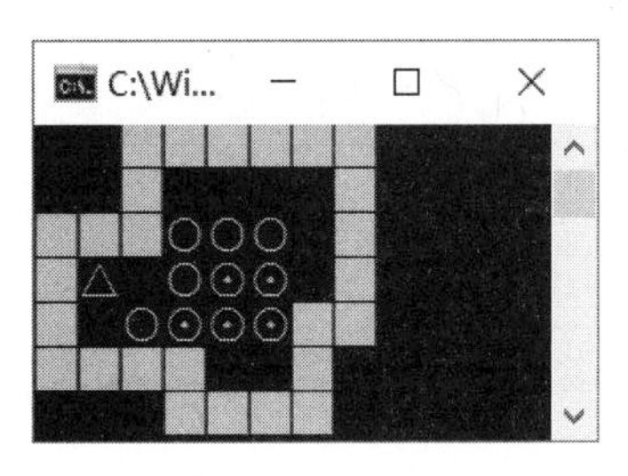

图 5.78　第八关预览图

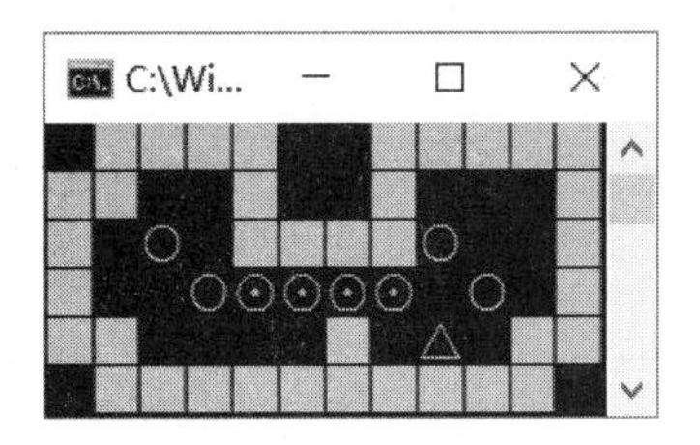

图 5.79　第九关预览图

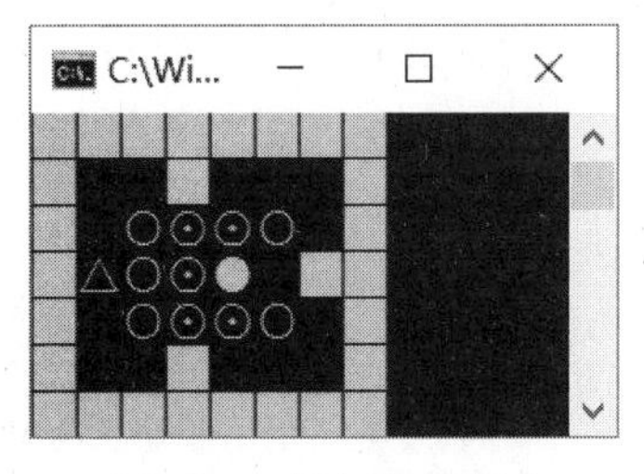

图 5.80　第十关预览图

需要一个全局变量来记录当前的关卡号：

```
int now_stage_number = 0; // 当前关卡号
```

将前面代码中的二维数组元素 area[X][Y]，都改成相应的三维数组元素的形式 area[now_stage_number][X][Y]。

在“输出屏幕函数”中，加上一条输出语句来显示当前关卡的信息：

```
void Display_All()        // 输出屏幕函数
{
    system("cls");
    printf("第%d关\n", now_stage_number + 1);
    Display_Area();
    printf("Q:quit  R:reset  Step:%d\n", step_count);
    if (if_win)printf("You Win!");
}
```

每当玩家被判定为“胜利”之后，就要切换为新的关卡。由于判定胜利发生在玩家按下方向键移动角色之后，因此代码如下所示：

```
int main()
{
    step_count = 0;
    Copy();
    Display_All();
    while (1)
    {
        switch (_getch())
        {
        case 'H':if (Move(1) == -1)continue; else break;
                    // 这里的"continue"作用于外层的 while 循环，下同
        case 'P':if (Move(2) == -1)continue; else break;
        case 'K':if (Move(3) == -1)continue; else break;
        case 'M':if (Move(4) == -1)continue; else break;
case 'R':
        case 'r':Reset(); break;    // 按"R"或"R"可重置本关
case 'Q':
        case 'q':return 0;          // 按"Q"或"q"即可退出程序
        default:continue;
        }
        Display_All();
        if (if_win)                 // 如果赢了，即将要切换新关卡
        {
            if (now_stage_number >= Max_Stage_Count - 1)
            {
                printf("你好厉害哦，所有关卡都被你闯完啦！");
                getch();
                return 0;
            }
```

```
                else                 // 否则就要初始化一些变量使其接下来显示下一关
                {
                    printf("按任意键进入下一关\n");
                    getch();                        // 相当于暂停，让玩家知道自己赢了
                    now_stage_number++;             // 当前关卡号加 1
                    step_count = 0;                 // 步数要重新统计了
                    if_win = 0;                     // 不改成 0 的话下次直接就判为"胜利"
                    Copy();                         // 备份新关卡的信息
                    Display_All();                  // 然后显示新关卡的界面
                }
            }
        }
        return 0;
    }
```

执行效果如图 5.81 到图 5.84 所示。

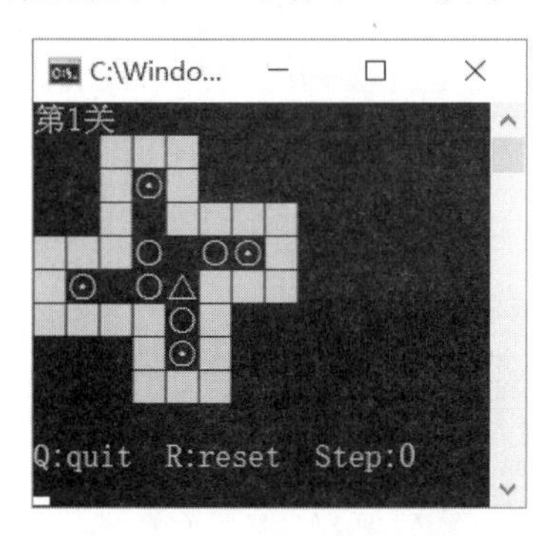

图 5.81　初始状态

图 5.82　第一关胜利

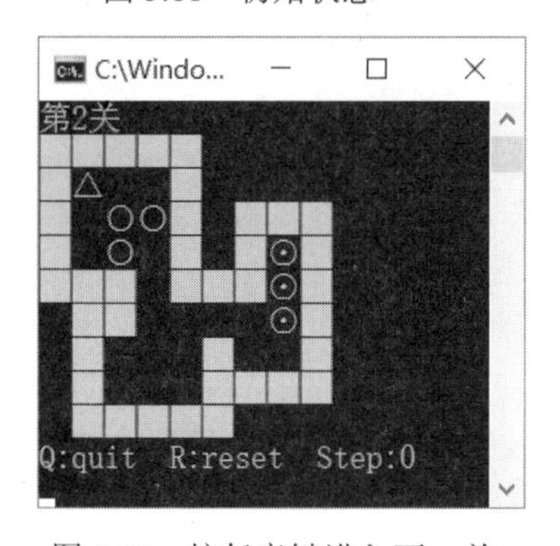

图 5.83　按任意键进入下一关

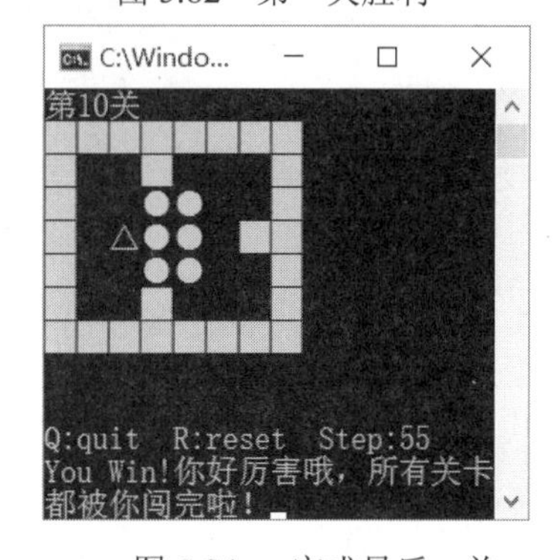

图 5.84　完成最后一关

5.5　扫 雷 游 戏

5.5.1　构思框架

扫雷程序的原始状态是完整矩形分布的小方块，如图 5.85 所示。单击[4][3]处的方块得到图 5.86 所示的界面，方块上显示的数字是几，就意味着该方块的上、下、左、右、左上、左下、右上、右下 8 个方块中共有几个地雷。

单击[6][5]对应的方块，如图 5.87 所示，方块显示的数值应为“0”，即该方块周围一圈的 8 个方块中，没有一个有地雷，此时不显示数值，并自动地对周围一圈 8 个方块执行单击翻牌操作。

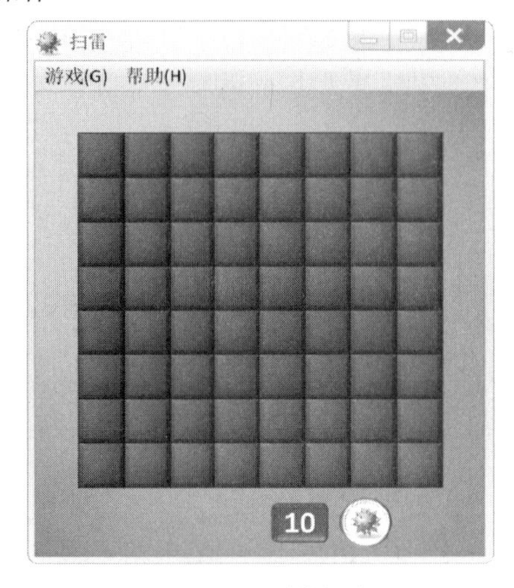

图 5.85 原始状态

图 5.86 左键单击[4][3]对应的方块

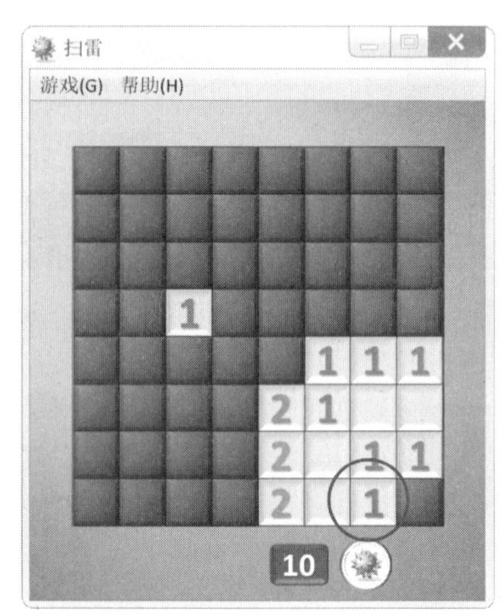

图 5.87 自动递归翻牌

右键单击某个未知方块，该方块会用旗帜标记。例如，右键单击[7][7]对应的方块，会得到如图 5.88 所示的界面。玩家可根据自己的判断任意标记旗帜，在已用旗帜标记的方块上再次单击右键，方块上会被问号“?”标记，如图 5.89 所示。

对已翻开且数值不为 0 的方块同时单击左键和右键，该方块周围 8 个方块中被旗帜标记的方块数之和，恰好等于这个方块所显示的数字，此时会对被击方块周围 8 个未被翻牌的方块执行单击翻牌操作。对[4][5]对应的方块执行双击操作，会得到如图 5.90 所示的界面。若旗帜标记得准确，则会顺利翻牌；若标记的位置有错，则相当于踩到地雷，游戏以失败告终。例如，对[6][4]对应的方块进行双击操作，会得到如图 5.91 所示的界面。

对于控制台应用程序的界面来说，操作时不能像常见窗体界面那样用鼠标单击对应的方块，而要通过方向键来移动准星，然后按下不同数字，实现不同的操作方式，进而实现扫雷操作。图 5.92 所示为原始界面（图中符号“■”表示未知方块），按下方向键“右”后将得到图 5.93 所示的界面。

图 5.88 [7][7]对应方块被旗帜标记

图 5.89 多旗帜标记与问号标记

图 5.90 对[4][5]执行双击操作

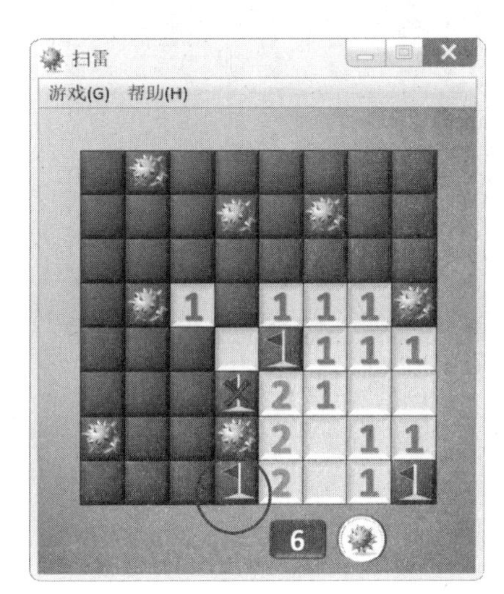

图 5.91 标志旗帜位置有误

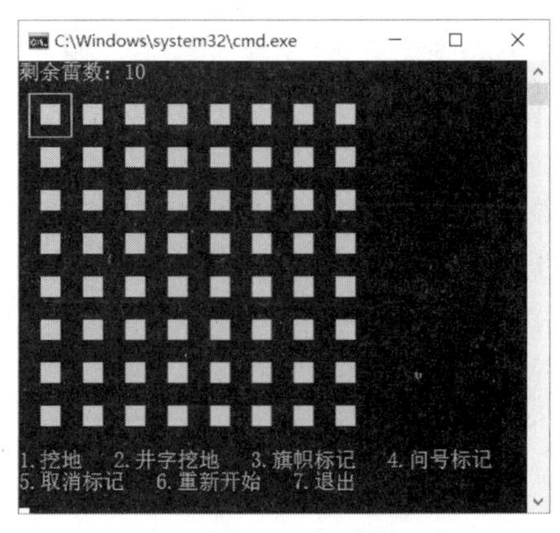

图 5.92 原始界面

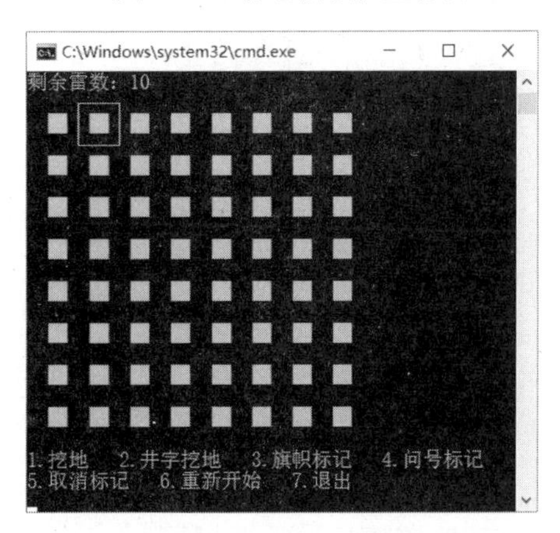

图 5.93 向右移动一格的界面

按“3”，则会对当前方块进行旗帜标记，得到如图 5.94 所示的界面（图中的符号“♀”表示旗帜）。再按“5”，则会取消对当前已标记方块的标记，得到如图 5.95 所示的界面。

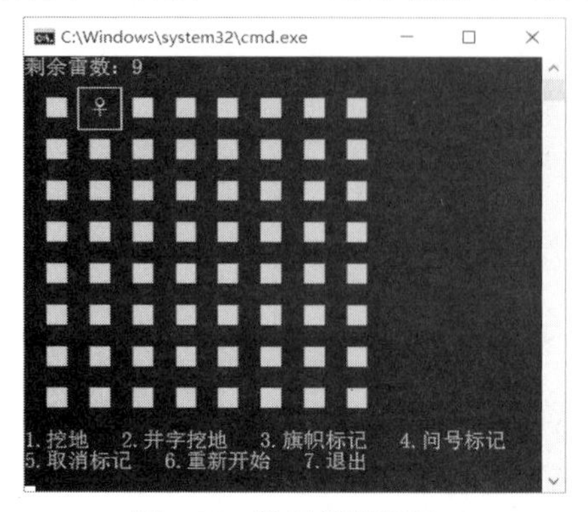

图 5.94　进行旗帜标记

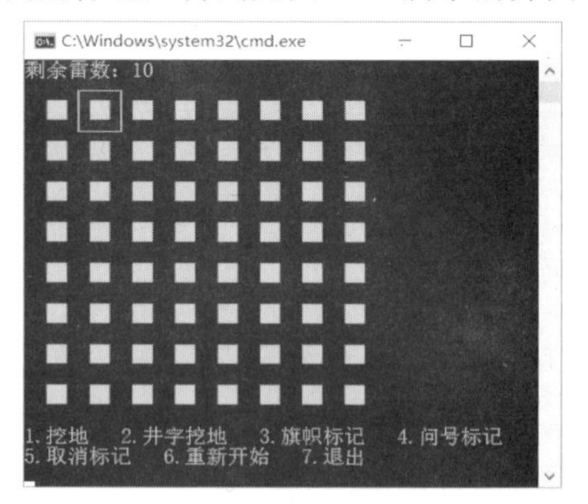

图 5.95　取消标记

按“4”，会对当前方块进行问号标记，得到如图 5.96 所示的界面。再按“1”，会对当前方块执行单击翻牌操作，得到如图 5.97 所示的界面。

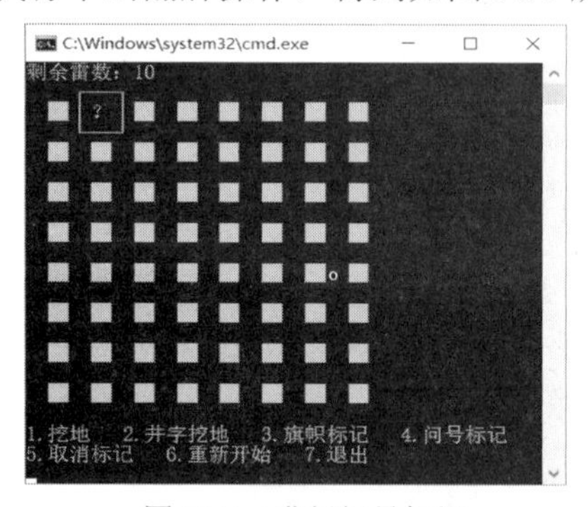

图 5.96　进行问号标记

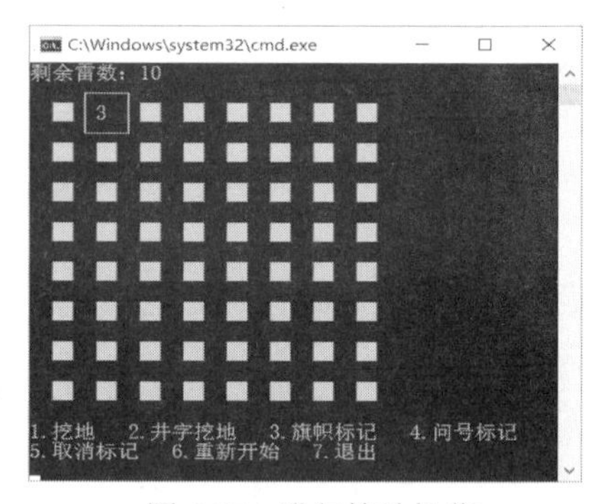

图 5.97　进行挖地操作

随意在该方块周围的方块中标记三幅旗帜，得到图 5.98 所示的界面。按“2”执行井字挖地，相当于鼠标扫雷时的左右键同时单击，得到图 5.99 所示的界面。图中的符号“×”表示玩家旗帜标记错误，此处无雷。符号“⊙”表示显式地雷。仍然显示符号“♀”表示此处有雷，玩家标记正确。

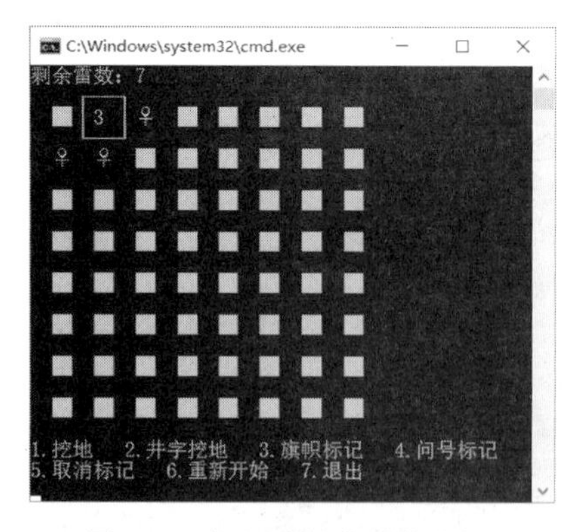

图 5.98　标记足够数量的旗帜

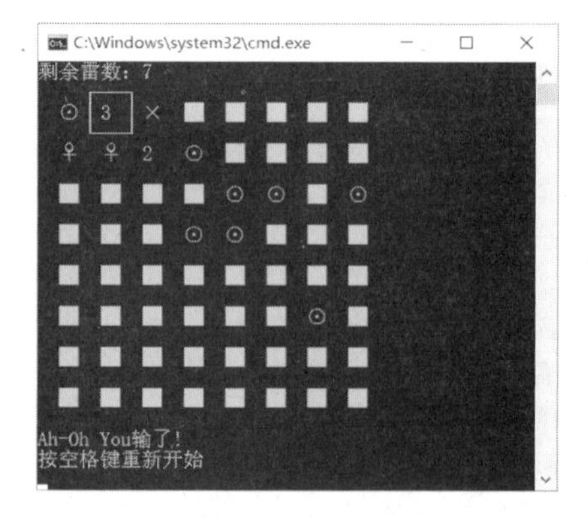

图 5.99　井字挖地撞雷

将所有非雷方块全部成功翻开，就表示获胜，得到图 5.100 所示的界面。

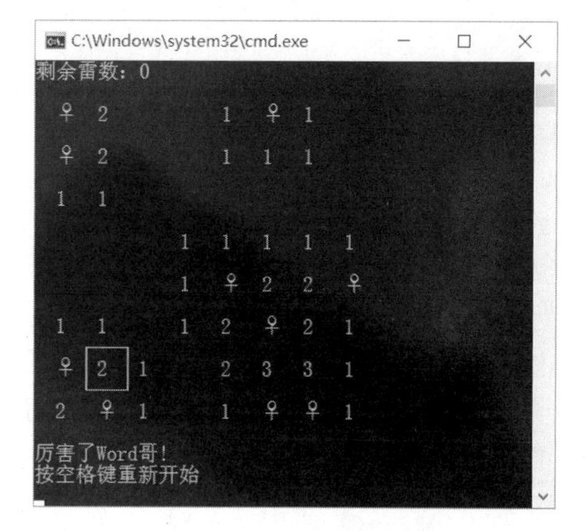

图 5.100　扫雷胜利界面

5.5.2　代码设计

1. 屏幕画面更新机制的建立

控制台程序中屏幕内容的不断切换，是通过不断进行“清屏→输出”循环实现的。将“清屏”和“输出”封装在“显示”函数中，流程图如图 5.101 所示。

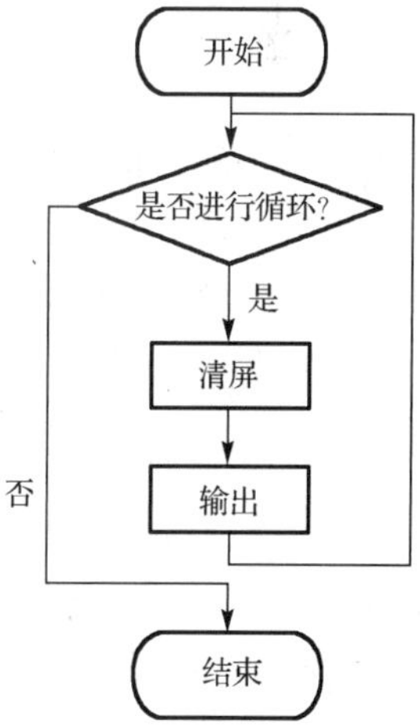

代码如下：

```
#include<stdio.h>
#include<windows.h>         // 可提供清屏语句的头文件

void Display_All()          // 屏幕输出函数
{
    system("cls");
                            // 此处为待填充显示的代码
}

int Start()                 // 游戏开始函数
{
    while (1)               //保证循环持续，以后再逐渐修改循环的条件
    {
        Display_All();
    }
   return 0;
}

int main()
{
```

开始 / 是否进行循环? / 是 / 清屏 / 输出 / 否 / 结束

图 5.101　屏幕更新机制原理

```
    while(1)
    {
        Start();
    }
    return 0;
}
```

2. 游戏界面的存储与显示

扫雷游戏整体体现为二维方形，最直接的方式就是用二维数组来进行存储。扫雷游戏分简单、中等、困难等级别，并能在玩游戏的过程当中实现难度的切换，所以数组的边界一定要定义得足够大。考虑到一般控制台屏幕的长度和宽度有限，我们暂时就把数组的最大边界定为 16×16，并做如下变量定义：

```
int area[16][16];             // 雷区
```

下面是记录当前难度级别的界面边界的变量：

```
int area_width;               // 记录当前雷区宽度的方格数的变量
int area_height;              // 记录当前雷区高度的方格数的变量
```

通过这个数组记录的是其周围的雷数 0～8，而在界面上不仅会显示阿拉伯数字，还会显示未翻牌符号“■”、旗帜符号“♀”和旗帜标记错误符号“×”、地雷符号“⊙”等。然而，除阿拉伯数字外的信息都是表示状态的信息，它们不能和数字信息发生冲突，因此仅使用单层二维数组 area[X][Y]不够用，需要再加上一层同样大小的 area[X][Y]数组来记录对应方块的当前状态。于是，之前定义的雷区数组 area 可调整为

```
int area[16][16][2]; // 雷区
```

数组元素 area[i][j][1]的值如下：

- 0 表示未翻牌，符号为“■”。
- 1 表示已翻牌，将显示另一层 area[i][j][0]记录的数值，若为 1～8 则直接显示数值，若为 0 则输出一个全角空格，若为 9 则表示地雷，符号为“⊙”。
- 2 表示旗帜标记，符号为“♀”。
- 3 表示问号标记，符号为“?”。
- 4 表示曾用旗帜标记但游戏以失败告终，符号为“×”。

在界面中，不仅会显示每个元素，还会显示当前的准星，因此需要两个变量来记录当前准星所对准的方块的坐标值：

```
int current_X; // 记录当前准星所指方块坐标的 X 值的变量
int current_Y; // 记录当前准星所指方块坐标的 Y 值的变量
```

例如，当 area_width = 8，area_height = 8，current_X = 3，current_Y = 5 且所有方块处于未翻牌状态时，应输出如图 5.102 所示的界面。

area_height = 8 时，一共输出 8×2 + 1 = 17 行，应以两行为一个单位输出——先输出一空行，再输出一行元素，并在最后一行输出完毕后再补输出一行。每输出一个元素之前，配上一个全角空格，直至输出每行的最后一个元素后，输出一个换行符。但输出的准星包含在一个元素周围，因此难点是如何准确地输出准星。

当准星所在位置非边界时，如图 5.103 所示，非边界若正在输出空白行，则当 X = current_X，Y = current_Y 时输出“┌─┐”；当 X= c urrent_X + 1，Y = current_Y 时，输出“└─┘”。若正在输出元素行，则当 X = current_X，Y = current_Y 或 Y=current_Y+1 时，都先输出符号“│”，再输出元素。

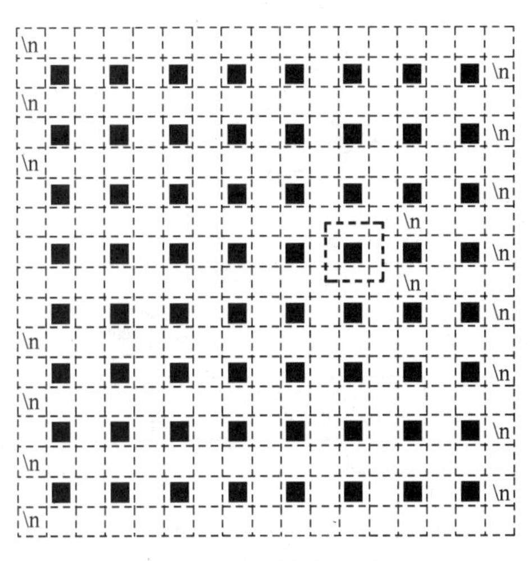

图 5.102　理想输出界面

当准星所在位置是右边或下边的边界时，如图 5.104 所示，则当 current_X = area_height 时输出最后一行元素，结束后再补输出一行（current_Y*2 个全角空格和一个“└─┘\n”）；当 current_Y = area_width 时输出准星元素，结束后再补输出一个“│\n”。

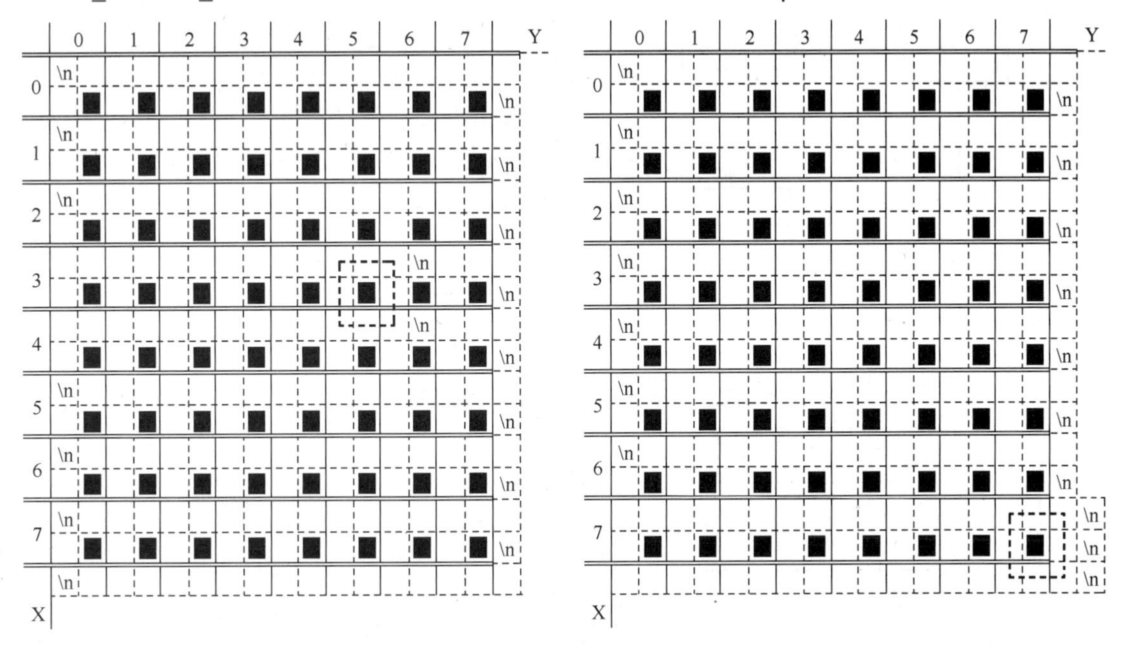

图 5.103　输出界面结构分析　　　　图 5.104　输出界面特殊情况讨论

整个输出架构可用图 5.105 所示的流程图表示。

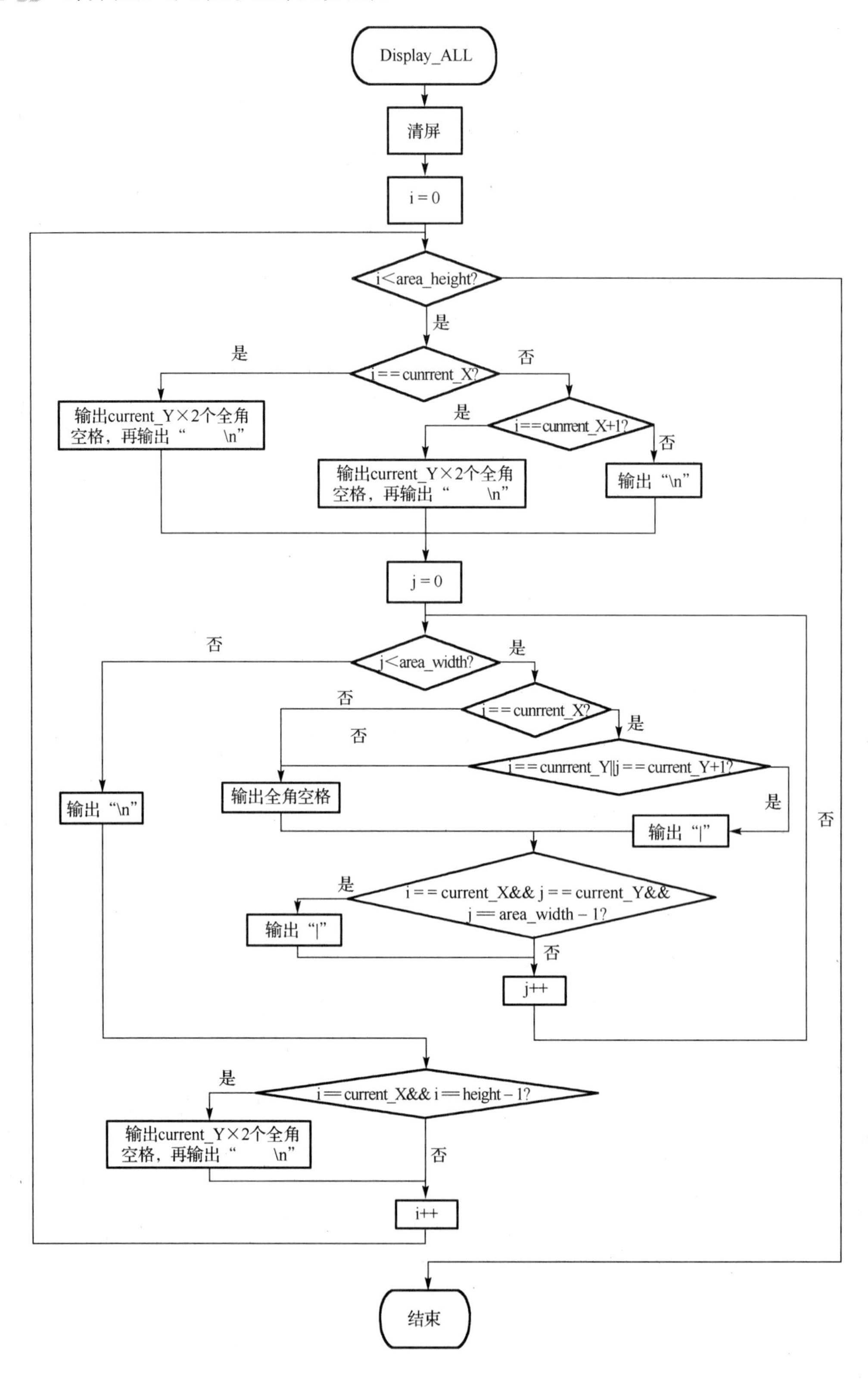

图 5.105　屏幕输出函数结构流程图

屏幕输出函数填充的代码如下：

```
void Display_All() // 屏幕输出函数
{
    int i,j;
    system("cls");
    for (i = 0; i < area_height; i++)
    {
        //*******************两行为一单位的前一行*******************//
        for ( j = 0; j < area_width; j++)
        {
            if (i != current_X&&i != current_X + 1)
                        // 若所在行与准星输出无关，直接输出空行
            {
                printf("\n");
                break;
            }
            if (i == current_X && j == current_Y)
            {
                printf("┌─┐\n");
                break;
            }
            else if (i == current_X + 1 && j == current_Y)
            {
                printf("└─┘\n");
                break;
            }
            else printf("　　");      // 两个全角空格作为填充物
        }
        //*******************两行为一单位的后一行*******************//
        for ( j = 0; j < area_width; j++)
        {
            if (i == current_X && (j == current_Y || j == current_Y +1))
                    printf("|");      // 若当前输出列为准星左右两旁
            else printf("  ");
            switch (area[i][j][1])
        // 0 表示未翻牌; 1 表示已翻牌，将显示对应 area[i][j][0]的数值，其中 0~8
            为对应数值，9 表示地雷; 2 表示旗帜标记; 3 表示问号标记; 4 表示曾用旗帜
            标记但游戏以失败告终，对应处用"错误"符号表示旗帜标记错误
            {
            case 1:if (area[i][j][0] == 0)printf("  "); else if (area[i][j][0]
                == 9)printf("⊙"); else printf("%d ", area[i][j][0]); break;
            case 2:printf("♀"); break;
            case 3:printf("? "); break;
            case 4:printf("×"); break;
            default:printf("■"); break;
            }
            if (i == current_X && j == current_Y && j == area_width - 1)printf("|");
```

```
                                        // 补充当 current_Y=area_width-1 时准星的外边界
            }
            printf("\n");
            if (i == current_X && i == area_height - 1) // 准星在最后一行的补充
            {
                for ( j = 0; j < area_height; j++)
                {
                    if (i == current_X && j == current_Y)
                    {
                        printf("└┘");
                        break;
                    }
                    else printf("   ");
                }
            }
        }
        printf("\n");
    }
```

将变量 area_height 和 area_width 的初始值暂时设为 8，运行程序得到图 5.106 所示的界面。

图 5.106　输出界面

但是，目前准星还不能移动，它要用字符函数 getch() 的无回显性来实现。Start 函数修改如下：

```
    int Start() // 游戏开始函数
    {
        char key;
        while (1)
        {
            Display_All();
            do
            {
                key = getch();
            } while (key != 'H'&&key != 'P'&&key != 'K'&&key != 'M');
                    // 如果所按按键不符合要求，则锁定在此循环内部
            switch (key)
            {
            case 'H':if (current_X > 0)current_X--; break;
            case 'P':if (current_X < area_height - 1)current_X++; break;
            case 'K':if (current_Y > 0)current_Y--; break;
            case 'M':if (current_Y < area_width - 1)current_Y++; break;
            }
        }
        return 0;
    }
```

此时运行程序，准星的位置就可通过方向键来控制，如图 5.107 所示。

3. 雷区的初始化

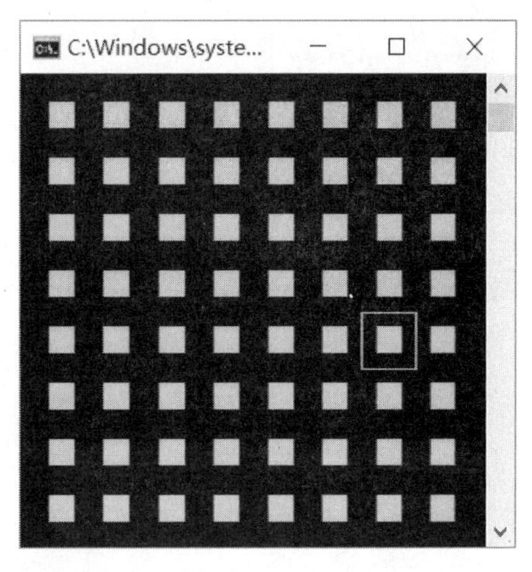

图 5.107　可移动的准星

在扫雷游戏中，所有指定个数的地雷是随机出现的，因此我们采用时间作为种子提供随机数的方式来分配。只需要一个一个地分配，如果有重复的，就跳过，直到完全分配完成即可。获得随机数的原理是，用当前的系统时间播种，生成随机数。

```
#include<time.h>
        // 可提供计算随机数的函数的头文件
```

然后，如果执行下面两行代码：

```
srand((unsigned)time(NULL));
        // 初始化随机函数种子
int rand_num = rand();
```

由于允许出现地雷的范围是整个雷区，共有area_height*area_width个方块，因此只需对rand_num取余（rand_num%=area_height*area_width）。通过高维取商、低维取余的方式（area[rand_num/area_width][rand_num%area_width]），将随机值分配给指定的方块。在分配之前要进行判定：若指定方块为空地，则可分配；若指定方块已分配为地雷，则跳过，进行下一步的分配。定义一个记录地雷总数的全局变量：

```
int mines_count; // 记录当前总雷数的变量
void Mines_Init() // 地雷随机分配函数
{
   int i,j,temp, count = 0;
    for ( i = 0; i < area_height; i++)
    {
        for (j = 0; j < area_width; j++)
        {
            area[i][j][0] = 0; //0 表示空地，1～8 表示周围有 1～8 个雷，9 表示雷
            area[i][j][1] = 0; //0 表示未开辟，1 表示已开辟，2 表示问号标记，
                                    3 表示旗帜标记
        }
    }
    srand((unsigned)time(NULL)); // 用时间作为种，每次产生的随机数不一样

    while (count < mines_count)
    {
        temp = rand() % (area_height*area_width); // 产生的随机数
        if (area[temp / area_width][temp%area_width][0] == 0)
        {
            area[temp / area_width][temp%area_width][0] = 9;
            count++;
        }
    }
}
```

雷区中仅有地雷并不够，还要显示周围地雷数的数字，因此需要计算出所有非地雷方块的数值。按照定义，非地雷方块的数值应为该方块周围一圈的地雷数之和。在如图 5.108 所示的圆圈方块处，其周围应有且仅有 1 个雷。

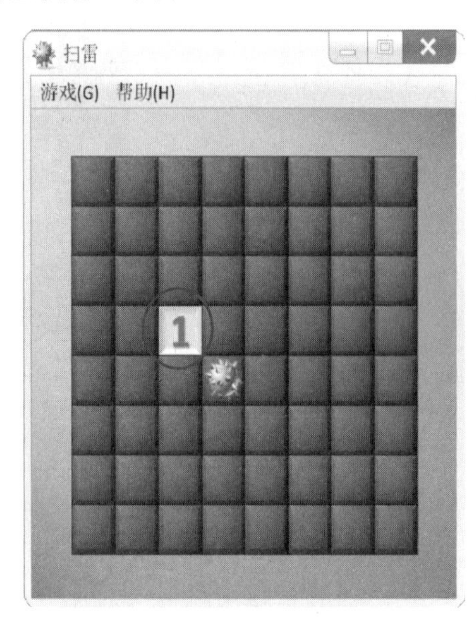

图 5.108 方块数值示意图 1

在计算雷区所有非雷方块的数值时，地雷周围一圈方块的数字都是 1，如图 5.109 所示。多个地雷所在的九格井字域有所重叠时，非雷方块数值对每一次重叠累加 1，如图 5.110 所示。

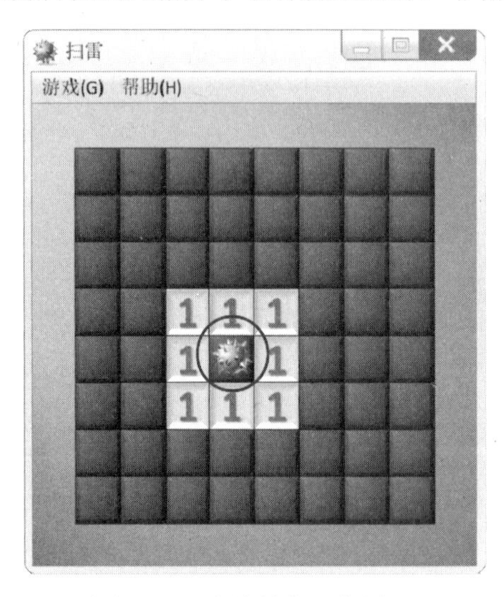

图 5.109 方块数值示意图 2

图 5.110 方块数值示意图 3

该函数的代码如下：

```
void Number_Calculate() // 非雷方块数值的计算
{
    int i,j;
    for ( i = 0; i < area_height; i++)
```

```
        {
            for (j = 0; j < area_width; j++)
            {
                if (area[i][j][0] == 9) // 定位是雷的方块
                {
                    if (i - 1 >= 0 && j - 1 >= 0)
                            // 【左上方块】计算前对数值的合法性进行判定，若非法，
                               则超出了雷区的边界，下同
                    {
                        if (area[i - 1][j - 1][0] != 9)area[i - 1][j - 1][0]++;
                            // 计算前对该方块数值进行判定，如果是雷则无须计算，下同
                    }
                    if (i - 1 >= 0) // 【上方块】
                    {
                        if (area[i - 1][j][0] != 9)area[i - 1][j][0]++;
                    }
                    if (i - 1 >= 0 && j + 1 < area_width) // 【右上方块】
                    {
                        if (area[i - 1][j + 1][0] != 9)area[i - 1][j + 1][0]++;
                    }
                    if (j - 1 >= 0) // 【左方块】
                    {
                        if (area[i][j - 1][0] != 9)area[i][j - 1][0]++;
                    }
                    if (j + 1 < area_width) // 【右方块】
                    {
                        if (area[i][j + 1][0] != 9)area[i][j + 1][0]++;
                    }
                    if (i + 1 < area_height && j - 1 >= 0) // 【左下方块】
                    {
                        if (area[i + 1][j - 1][0] != 9)area[i + 1][j - 1][0]++;
                    }
                    if (i + 1 < area_height) // 【下方块】
                    {
                        if (area[i + 1][j][0] != 9)area[i + 1][j][0]++;
                    }
                    if (i + 1 < area_height && j + 1 < area_width) // 【右下方块】
                    {
                        if (area[i + 1][j + 1][0] != 9)area[i + 1][j + 1][0]++;
                    }
                }
            }
        }
    }
```

将上述两个函数封装到“雷区初始化函数”中，并将准星定位到左上角的方块处，得到如下代码：

```
void Area_Init()                       // 雷区初始化函数
{
    Mines_Init();
    Number_Calculate();
    current_X = current_Y = 0;         // 将准星初始化于左上角
}
```

再将其封装到“重置游戏函数”中：

```
void Reset()               // 重置游戏函数
{
   Area_Init();
}
```

预先设定，若游戏持续，Start 函数将返回假值；若玩家选择退出程序，则 Start 函数返回真值。因此，main 函数的代码可修改如下：

```
int main()
{
    do
    {
        Reset();
    } while (!Start());
    return 0;
}
```

4. 挖地操作并判定输赢

挖地雷只允许对状态未知的方块或用问号标记的方块进行操作，否则不执行挖地操作。此外，若当前方块的数值为 0，则对该方块周围一圈的 8 个方块自动执行挖地操作。

结合递归调用函数的思想，“挖地操作函数”可以写成如下代码：

```
void Open(int X, int Y) // 挖地操作函数
{
    if (area[X][Y][1] != 0 && area[X][Y][1] != 3)return;
    // 如果当前方块不是未知的也不是问号标记状态时，不允许执行挖地操作
    area[X][Y][1] = 1; // 将状态设置成已开辟状态
    if (area[X][Y][0] == 0)
    // 如果当前方块的数值为 0，则对该方块周围一圈的 8 个方块自动执行挖地操作
    {
        if (X - 1 >= 0 && Y - 1 >= 0)Open(X - 1, Y - 1);
                                                // 【左上方块】
        if (X - 1 >= 0)Open(X - 1, Y);          // 【上方块】
        if (X - 1 >= 0 && Y + 1 < area_width)Open(X - 1, Y + 1);
                                                // 【右上方块】
        if (Y - 1 >= 0)Open(X, Y - 1);          // 【左方块】
        if (Y + 1 < area_width)Open(X, Y + 1);  // 【右方块】
        if (X + 1 < area_height&&Y - 1 >= 0)Open(X + 1, Y - 1);
                                                // 【左下方块】
        if (X + 1 < area_height)Open(X + 1, Y); // 【下方块】
```

```
            if (X + 1 < area_height&&Y + 1 < area_width)Open(X + 1, Y + 1);
                                                                 // 【右下方块】
        }
    }
```

然后，在 Start 函数中增加如下加底纹语句：

```
    int Start() // 游戏开始函数
    {
        char key;
        while (1)
        {
            Display_All();
            do
            {
                key = getch();
            } while (key != 'H'&&key != 'P'&&key != 'K'&&key != 'M' && key != '1');
            switch (key)
            {
            case 'H':if (current_X > 0)current_X--; break;
            case 'P':if (current_X < area_height - 1)current_X++; break;
            case 'K':if (current_Y > 0)current_Y--; break;
            case 'M':if (current_Y < area_width - 1)current_Y++; break;
            case '1':Open(current_X, current_Y); break; // 按"1"执行挖地操作
            }
        }
        return 0;
    }
```

运行程序，在任意处按“1”就可实现挖地操作，如图 5.111 所示。

图 5.111　对[1][3]对应方块执行挖地操作

考虑到挖地过程中有可能遇到地雷，因此每次执行完挖地操作后，都要对当前的雷区情况进行判断：若出现地雷，则游戏失败；若所有非雷方块的状态都是“已开辟”，则游戏胜利。游戏结束后，把雷区内的所有地雷显示出来。显示地雷的函数如下：

```
    void Show_Mines()         // 显示地雷函数
    {
        int i,j
        for (i = 0; i < area_height; i++)
        {
            for ( j = 0; j < area_width; j++)
            {
                if (area[i][j][0] == 9 && area[i][j][1] != 2)area[i][j][1] = 1;
                        // 若雷方块未被旗帜标记，则直接显示为地雷
                if (area[i][j][0] != 9 && area[i][j][1] == 2)area[i][j][1] = 4;
                        // 若雷方块已被旗帜标记，将其作为标记错误符号显示
```

```
            }
        }
    }
```

首先定义一个全局变量，记录当前游戏胜利的状态。判定游戏胜败的函数如下：

```
int if_win; // 记录当前游戏胜利状态的变量，1 为胜利，-1 为失败，0 为游戏继续

void If_Win() // 判定游戏胜败函数
{
    int i, j;
    int counts = area_height * area_width - mines_count;
            // 有area_height * area_width - mines_count 个需要玩家开辟的方块
    for (i = 0; i < area_height; i++)
    {
        for (j = 0; j < area_width; j++)
        {
            if (area[i][j][0] != 9 && area[i][j][1] == 1)counts--;
                // 若当前方块非雷且已开辟，则待开辟变量可减 1
            if (area[i][j][0] == 9 && area[i][j][1] == 1)
                // 若当前方块为雷且已开辟，则游戏失败，并显示当前雷区的所有地雷
            {
                if_win = -1;
                Show_Mines();    // 显示当前雷区的所有地雷
                return;
            }
        }
    }
    if (counts == 0)    // 若所有待开辟方块被成功地开辟，则游戏胜利
    {
        if_win = 1;
        Show_Mines();
    }
    else if_win = 0;    // 否则，游戏继续
}
```

由于每次执行挖地操作都会对游戏胜败做一次判断，因此在执行挖地操作后调用该函数：

```
int Start() // 游戏开始函数
{
    char key;
    while (1)
    {
        Display_All();
        do
        {
            key = getch();
        } while (key != 'H'&&key != 'P'&&key != 'K'&&key != 'M' && key != '1');
```

```
        switch (key)
        {
        case 'H':if (current_X > 0)current_X--; break;
        case 'P':if (current_X < area_height - 1)current_X++; break;
        case 'K':if (current_Y > 0)current_Y--; break;
        case 'M':if (current_Y < area_width - 1)current_Y++; break;
        case '1':Open(current_X, current_Y); If_Win(); break;
                                                    // 按"1"执行挖地操作
    }
    }
    return 0;
    }

    void Reset()         // 重置游戏函数
    {
        Area_Init();
        if_win = 0;
    }
```

在“屏幕输出函数”中添加显示游戏的结果，并结束当前游戏的代码：

```
    void Display_All()       //屏幕输出函数
    {
        ...
                }
            }
        }
        printf("\n");
        switch (if_win)
        {
        case -1:printf("Ah-Oh You输了!\n按空格键重新开始\n"); break;
        case 0:printf("1.挖地   2.井字挖地   3.旗帜标记   4.问号标记   5.取消标记
                        6.重新开始   7.退出\n"); break;
        case 1:printf("厉害了Word哥!\n按空格键重新开始\n"); break;
        }
    }
```

在 Start 函数中设置一个循环机制：

```
    int Start() // 游戏开始函数
    {
        char key;
        while (1)
        {
            Display_All();
            if (if_win == 0)
```

```
            {
                do
                {
                    key = getch();
                } while (key != 'H'&&key != 'P'&&key != 'K'&&key != 'M' &&
                        (key < '1' || key > '7'));
                switch (key)
                {
                case 'H':if (current_X > 0)current_X--; break;
                case 'P':if (current_X < area_height - 1)current_X++; break;
                case 'K':if (current_Y > 0)current_Y--; break;
                case 'M':if (current_Y < area_width - 1)current_Y++; break;
                case '1':Open(current_X, current_Y); If_Win(); break;
            }
            else
            {
                while (getch() != ' ') {}
                return 0;
            }
        }
        return 0;
    }
```

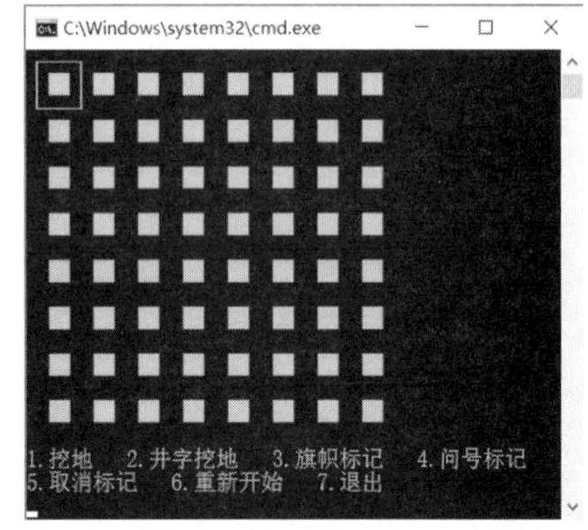

图 5.112 带有提示的界面

运行程序，初始化、挖到地雷和胜利的界面如图 5.112 至图 5.114 所示。

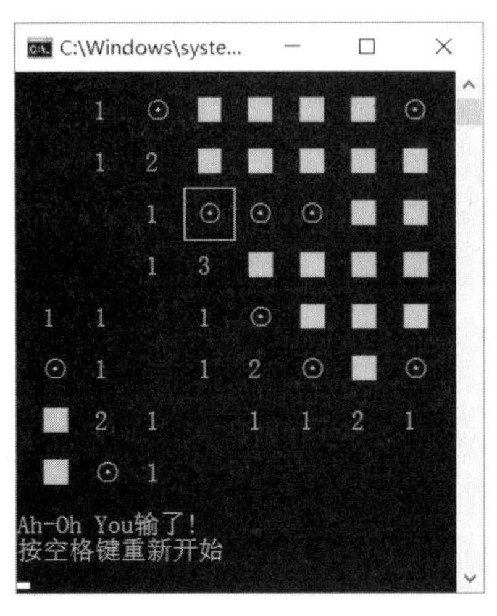

图 5.113 踩雷

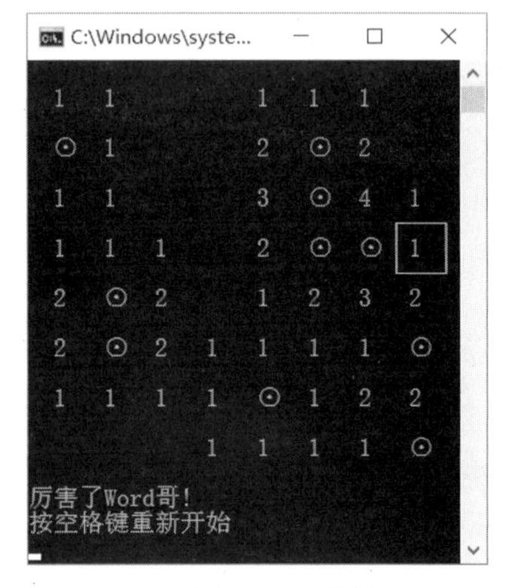

图 5.114 胜利

5. 旗帜标记

井字挖地能操作的前提是存在旗帜标记。旗帜只允许对当前方块处于未开辟状态或问号标记状态时进行标记，且当前的总旗数要小于总雷数。因此，在标记之前先要进行判断。

```
int flags_count;                // 记录当前总旗数的变量
void Reset()                    // 重置游戏函数
{
    Area_Init();
    if_win = 0;
    flags_count = 0;
}

void Display_All()              // 屏幕输出函数
{
   int i;
    system("cls");
    printf("剩余雷数: %d\n", mines_count - flags_count);
                                // 玩家随时查看当前所剩下的雷数
    for (i = 0; i < area_height; i++)
    {
    ...
}
int Start()                     // 游戏开始函数
{
    char key;
    while (1)
    {
        Display_All();
        if (if_win == 0)
        {
            do
            {
                key = getch();
            } while (key != 'H'&&key != 'P'&&key != 'K'&&key != 'M' && (key
                    < '1' || key > '7'));
            switch (key)
            {
            case 'H':if (current_X > 0)current_X--; break;
            case 'P':if (current_X < area_height - 1)current_X++; break;
            case 'K':if (current_Y > 0)current_Y--; break;
            case 'M':if (current_Y < area_width - 1)current_Y++; break;
            case '1':Open(current_X, current_Y); If_Win(); break;
            case '3': // 按"3"执行旗帜标记操作
            {
                if (area[current_X][current_Y][1] == 0 || area[current_X]
                    [current_Y][1] == 3)
                        // 当前方块状态为未开辟或是问号标记才允许标记旗帜
                {
                    if (flags_count < mines_count)
                        // 并且当前总旗帜标记数还不足总雷数方可进行标记
                    {
```

```
                        area[current_X][current_Y][1] = 2;
                        flags_count++;
                    }
                }
                else if (area[current_X][current_Y][1] == 2)
                        //如果当前方块已被旗帜标记，则取消标记，还原为未开辟状态
                {
                    area[current_X][current_Y][1] = 0;
                    flags_count--;
                }
                break;
            }
        }
        else
        {
            while (getch() != ' ') {}
            return 0;
        }
    }
    return 0;
}
```

运行程序，按“3”执行旗帜标记操作，得到的结果如图 5.115 所示。

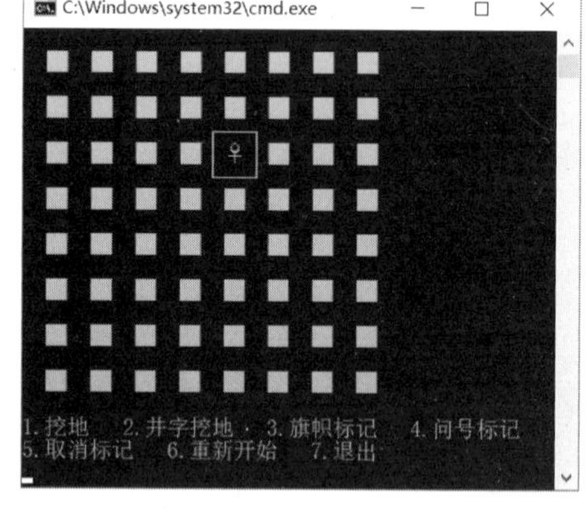

图 5.115 旗帜标记

6. 井字挖地

在井字挖地操作之前，需要统计周围一圈方块中旗帜标记的总数量，若恰好等于当前方块的数值，则允许执行挖地操作。

```
void ExOpen(int X, int Y)   // 井字挖地操作函数
{
    if (area[current_X][current_Y][1] != 1)return;
                // 如果当前方块状态不为"已开辟"状态，则不允许执行井字挖地操作
    int flags_around = 0;
    //**********对周围一圈 8 个方块中标记为旗帜的方块数进行统计**********//
    if (X - 1 >= 0 && Y - 1 >= 0)if (area[X - 1][Y - 1][1] == 2)flags_around++;
    if (X - 1 >= 0)if (area[X - 1][Y][1] == 2)flags_around++;
    if (X - 1 >= 0 && Y + 1 < area_width)if (area[X - 1][Y + 1][1] ==
                2)flags_around++;
    if (Y - 1 >= 0)if (area[X][Y - 1][1] == 2)flags_around++;
    if (Y + 1 < area_width)if (area[X][Y + 1][1] == 2)flags_around++;
    if (X + 1 < area_height&&Y - 1 >= 0)if (area[X + 1][Y - 1][1] ==
                2)flags_around++;
    if (X + 1 < area_height)if (area[X + 1][Y][1] == 2)flags_around++;
    if (X + 1 < area_height&&Y + 1 < area_width)if (area[X + 1][Y + 1][1]
                == 2)flags_around++;
    if (area[X][Y][0] == flags_around)
        // 若周围一圈方块被标记为旗帜的数量恰好等于当前方块的数值，则对周围一圈 8 个
```

```
        方块分别执行挖地操作。其中被标记为旗帜的方块会在"挖地操作函数"的第一条
        语句中淘汰
    {
        if (X - 1 >= 0 && Y - 1 >= 0)Open(X - 1, Y - 1);    // 【左上方块】
        if (X - 1 >= 0)Open(X - 1, Y);                       // 【上方块】
        if (X - 1 >= 0 && Y + 1 < area_width)Open(X - 1, Y + 1);  // 【右上方块】
        if (Y - 1 >= 0)Open(X, Y - 1);                       // 【左方块】
        if (Y + 1 < area_width)Open(X, Y + 1);               // 【右方块】
        if (X + 1 < area_height&&Y - 1 >= 0)Open(X + 1, Y - 1);// 【左下方块】
        if (X + 1 < area_height)Open(X + 1, Y);              // 【下方块】
        if (X + 1 < area_height&&Y + 1 < area_width)Open(X + 1, Y + 1);
                                                             // 【右下方块】
    }
}
int Start() // 游戏开始函数
{
    ...
            switch (key)
            {
            ...
            case '2':ExOpen(current_X, current_Y); If_Win(); break;
                                              // 按"2"执行井字挖地操作
        ...
        }
    ...
}
```

运行程序，井字挖地操作如图 5.116 所示。如果旗帜标记得有误，就会爆炸，如图 5.117 所示。

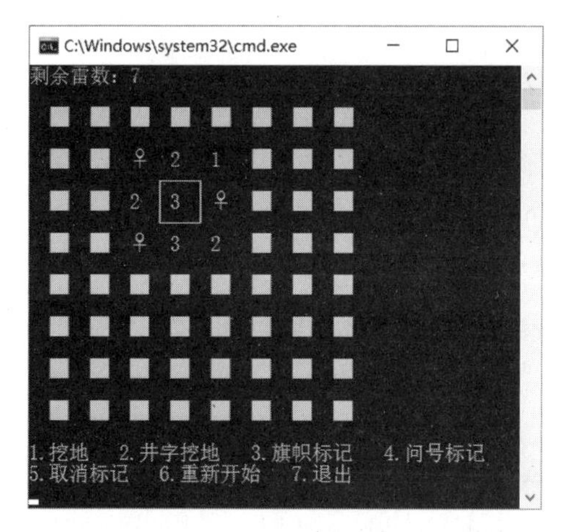

图 5.116 对[2][3]对应的方块执行井字挖地操作

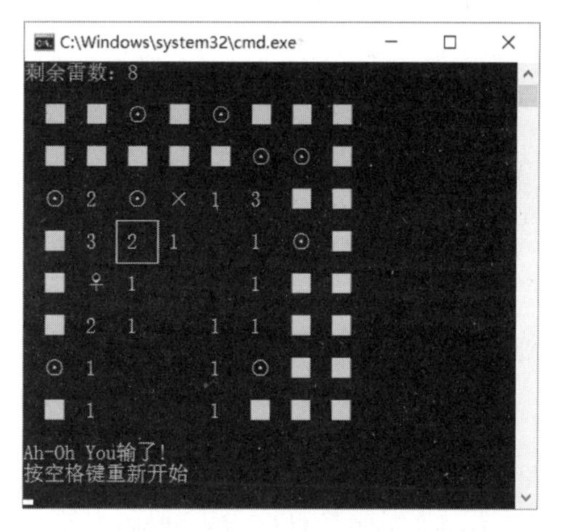

图 5.117 对[3][2]对应的方块执行井字挖地操作

7. 辅助功能

实现按键 4～7 的功能，为游戏提供难度级别选择。

```
int Start() // 游戏开始函数
```

```
{
    ...
    switch (key)
    {
    ...
    case '4': // 按"4"执行问号标记操作
    {
        if (area[current_X][current_Y][1] == 0) area[current_X][current_Y][1] = 3;
                                        // 若当前为未开辟状态则置为问号标记存储
    else if (area[current_X][current_Y][1] ==3)area[current_X][current_Y][1] = 0;
                                        // 若当前已为问号标记则还原为未开辟状态
    break;
}
    case '5': // 按"5"执行取消标记操作
    {
        if (area[current_X][current_Y][1] != 1)
                                        // 只要当前方块不是已开辟状态，都可以将其还原
{
         if (area[current_X][current_Y][1] == 2)flags_count--;
                                        // 若当前方块是旗帜标记状态，则将当前总旗数减 1
         area[current_X][current_Y][1] = 0;
        }
         break;
    }
    case '6':Reset(); break; // 按"6"直接调用重置函数实现游戏重置
    case '7':return -1; // 按"7"退出程序，直接将 Start 函数以返回假值的形式结束
    }
    ...
}
void Reset() // 重置游戏函数
{
    char key;
    system("cls");
    printf("欢迎帮我扫扫地雷，请选择难度：\n1.简单  2.中等  3.困难  4.丧心病狂  5.退出");
    do
    {
        key = getch();
    } while (key<'1' || key>'5');
    switch (key)
    {
    case '1':area_height = area_width = 8; mines_count = 10; break;
    case '2':area_height = area_width = 12; mines_count = 24; break;
    case '3':area_height = 12; area_width = 16; mines_count = 40; break;
    case '4':area_height = area_width = 16; mines_count = 64; break;
    case '5':exit(0); // exit 函数是类库提供的函数，直接调用可退出程序
    default: break;
    }
```

```
        Area_Init();
        if_win = 0;
        flags_count = 0;
    }
```

这时，就完成了扫雷小游戏。运行程序可得到如图 5.118 所示的初始状态，如图 5.119 所示的中等难度的扫雷游戏界面，以及如图 5.120 所示的扫雷游戏胜利界面。

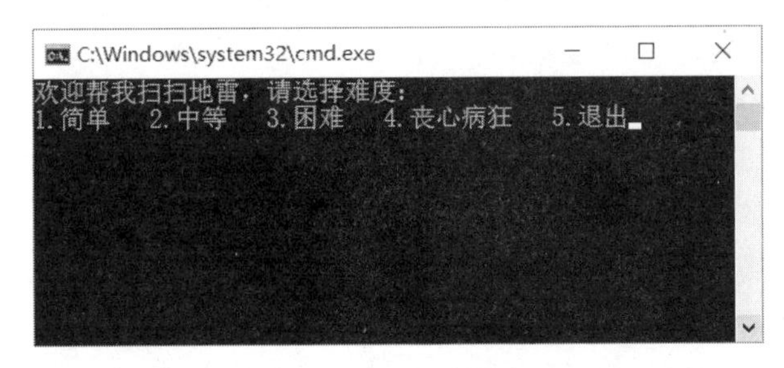

图 5.118　初始状态

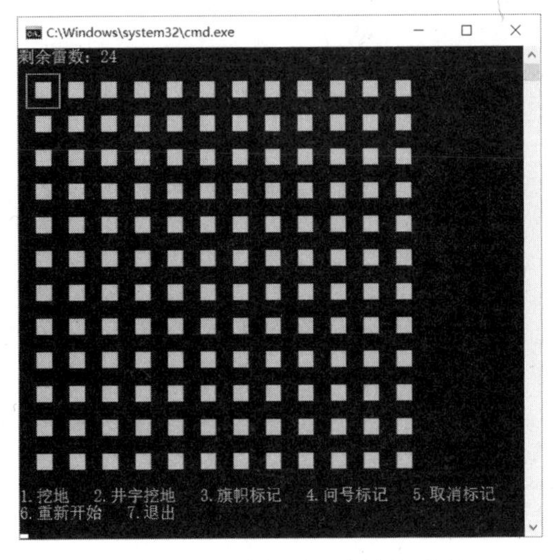

图 5.119　选择了“中等”难度

图 5.120　游戏胜利

参 考 文 献

[1] 颜晖，张泳．C 语言程序设计实验与习题指导．北京：高等教育出版社，2015

[2] 谭浩强，张基温．C 语言习题集与上机指导．北京：高等教育出版社，2006

[3] 苏小红，王宇颖．C 语言程序设计．北京：高等教育出版社，2012

[4] 苏小红，孙志岗．C 语言大学实用教程学习指导．北京：电子工业出版社，2008

[5] 王移芝．大学计算机．北京：高等教育出版社，2013

[6] 何钦铭，张泳．C 语言程序设计经典实验案例集．北京：高等教育出版社，2012

[7] 孙爽滋，苑丽红．计算机基础与程序设计实训教程．北京：兵器工业出版社，2013

[8] 谭浩强，张基温．C 语言程序设计教程．北京：高等教育出版社，2014

[9] 顾沈明．计算机基础．北京：清华大学出版社，2014

[10] 周虹．C 语言程序设计实用教程．北京：机械工业出版社，2010

[11] 李丽娟．C 语言程序设计教程实验指导与习题解答（第 4 版）．北京：人民邮电出版社，2013

[12] Terrence W. Pratt，Marvin V. Zelkowitz．程序设计语言：设计与实现．北京：电子工业出版社，2001